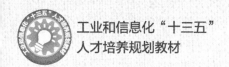

工业和信息化"十三五"
人才培养规划教材

Docker容器技术

配置、部署与应用

戴远泉 王勇 钟小平 ◎ 主编

陈利军 苏绍培 刘蕾 ◎ 副主编

Configure, Deploy and
Apply Containers with Docker

人民邮电出版社

北 京

图书在版编目（CIP）数据

Docker容器技术：配置、部署与应用 / 戴远泉，王勇，钟小平主编. -- 北京 : 人民邮电出版社，2021.1
工业和信息化"十三五"人才培养规划教材
ISBN 978-7-115-53890-1

Ⅰ. ①D… Ⅱ. ①戴… ②王… ③钟… Ⅲ. ①Linux操作系统－程序设计－高等学校－教材 Ⅳ. ①TP316.85

中国版本图书馆CIP数据核字(2020)第070572号

内 容 提 要

本书讲解 Docker 容器的配置、部署与应用，共分为 8 个项目，包括 Docker 安装、Docker 快速入门、Docker 网络与存储配置、Docker 容器与守护进程运维、Docker 容器编排、应用程序容器化、自动化构建与持续集成、Docker 集群配置与应用。本书的重点和特色是 Docker 在应用程序开发和部署方面的实施。本书内容丰富，注重实践性和可操作性，对项目中的每个任务都有相应的操作示范，并穿插大量实例，便于读者快速上手。

本书可作为高职高专院校计算机专业课程的教材，也适合作为软件开发人员、IT 实施和运维工程师学习 Docker 容器技术的参考书，还可作为相关机构的培训教材。

◆ 主　编　戴远泉　王　勇　钟小平
　　副主编　陈利军　苏绍培　刘　蕾
　　责任编辑　左仲海
　　责任印制　王　郁　马振武

◆ 人民邮电出版社出版发行　　北京市丰台区成寿寺路 11 号
　　邮编　100164　电子邮件　315@ptpress.com.cn
　　网址　https://www.ptpress.com.cn
　　固安县铭成印刷有限公司印刷

◆ 开本：787×1092　1/16
　　印张：18.25　　　　　　　　　　2021 年 1 月第 1 版
　　字数：553 千字　　　　　　　　2025 年 2 月河北第 9 次印刷

定价：59.80 元

读者服务热线：(010)81055256　印装质量热线：(010)81055316
反盗版热线：(010)81055315

前言 FOREWORD

容器是继大数据和云计算之后的又一热门技术，越来越多的应用以容器的方式在开发、测试和生产环境中运行。作为目前较为流行的容器平台，Docker 是开发、发布和运行应用的开放平台。利用 Docker 的快速发布、测试和部署的整套方法，可以大大减少开发中的代码编写与运行之间的时间延迟，提高软件开发的效率和质量，实现产品的快速交付和快速迭代。软件开发人员、IT 实施和运维工程师都需要掌握这一新兴技术。

目前，我国很多高等职业院校的计算机相关专业都陆续将 Docker 容器技术作为一门重要的专业课程。党的二十大报告提出：我们要坚持教育优先发展、科技自立自强、人才引领驱动，加快建设教育强国、科技强国、人才强国。为了帮助教师比较全面、系统地讲授这门课程，也为了使学生能够熟练地掌握 Docker 容器的部署和运维，我们共同编写了本书。

本书内容系统、全面、丰富，结构清晰。在内容组织方面，本书采用项目式结构，每个项目通过学习目标明确教学任务。项目中每个任务分为任务说明、知识引入和任务实现三个部分，每个项目的最后是项目实训和项目总结。在内容编写方面，本书重点突出、难点分散、循序渐进。本书在介绍 Docker 基本知识和使用的基础上，以 Docker CE 19.03 版本为例，重点讲解 Docker 在应用程序开发和部署方面的实施，包括 Docker 容器编排、应用程序容器化、自动化构建与持续集成，以及 Docker 集群配置与应用。本书的任务实现环节含有大量动手实践内容，实例涉及 Java、PHP、Python 等语言。

本书的参考学时为 54 学时，其中实践环节为 24～30 学时，请参考下面的学时分配表合理分配学习时间。

	课程内容	学时分配
项目一	Docker 安装	4
项目二	Docker 快速入门	8
项目三	Docker 网络与存储配置	6
项目四	Docker 容器与守护进程运维	6
项目五	Docker 容器编排	6
项目六	应用程序容器化	8
项目七	自动化构建与持续集成	8
项目八	Docker 集群配置与应用	8
	学时总计	54

由于编者水平有限，书中疏漏和不足之处在所难免，敬请广大读者批评指正。

编 者
2023 年 5 月

目录 CONTENTS

项目一

Docker安装

01

学习目标

- 了解 Docker 的概念、架构和特性，调查 Docker 的应用情况；
- 了解 Docker 版本，掌握 Docker 的安装方法；
- 了解 Docker 命令行，掌握 docker 命令的基本语法。

项目描述

扩大国际科技交流合作，加强国际化科研环境建设，形成具有全球竞争力的开放创新生态。国内的 Docker 容器技术应用与国际同步，行业头部企业成功地利用容器技术提高生产效率和降低成本。Docker 是业界领先的软件容器平台之一，常用于开发、发布和运行应用程序，它可以统一软件开发、测试、部署和运维的环境和流程。无论是开发人员还是实施和运维人员，都需要了解和掌握 Docker 容器技术。

本项目将完成 Docker 的安装。在执行 Docker 安装之前，应学习 Docker 的基础知识，包括 Docker 的概念、架构、特性，以及应用场景。完成安装之后，即可开始进行 Docker 命令行的基本使用。

任务一 了解 Docker

任务说明

Docker 是一个开源的容器项目，它使用 Go 语言开发实现，遵从 Apache 2.0 协议。作为运行和管理容器的容器引擎，Docker 让开发人员可以将应用程序及其依赖打包到一个可移植的镜像中，然后发布到任何使用流行的操作系统（如 Linux、Windows 和 mac OS）的计算机上，也可以发布到云端进行部署。Docker 是传统虚拟机的替代解决方案，越来越多的应用程序以容器（一种操作系统层虚拟化方式）方式在开发、测试和生产环境中运行。本任务的具体要求如下。

- 理解 Docker 的概念。
- 了解容器与虚拟机的区别。
- 了解 Docker 引擎、架构与底层技术。
- 了解 Docker 的优势和应用。

知识引入

1. 什么是 Docker

Docker 的徽标🐳表示一艘装有许多集装箱（Container）的货轮。Docker 借鉴集装箱装运货物的场景，让开发人员将应用程序及其依赖打包到一个轻量级、可移植的容器中，然后发布到任何运行 Docker 容器引擎的环境中，以容器方式运行该应用程序。与装运集装箱时不用关心其中的货物一样，Docker 在操作容器时也不关心容器中有什么软件，采用这种方式部署和运行应用程序非常方便。应当注意的是，Docker 中的 Container 应译为容器，以区别于集装箱。

Docker 为应用程序的开发、发布和运行提供了一个基于容器的标准化平台。容器运行的是应用程序，

Docker 平台用来管理容器的整个生命周期。

使用 Docker 时不必担心开发和生产环境之间的不一致,其使用也不局限于任何平台或编程语言。Docker 可以用于整个应用程序的开发、测试和分发周期,并通过一致的用户界面进行管理。Docker 具有为用户在各种平台上安全可靠地部署可伸缩服务的能力。

2. 容器与虚拟机

应用程序的传统运维方式部署慢、成本高、资源浪费、难以迁移和扩展,可能还会受限于硬件设备。而如果改用虚拟机,则一台物理机可以部署多个应用程序,应用程序独立运行在不同的虚拟机中。虚拟机具有以下优势。

- 采用资源池化技术,一台物理机的资源可分配到不同的虚拟机上。
- 便于弹性扩展,增加物理机或虚拟机都很方便。
- 容易云化,如将应用程序部署到云主机等。

虚拟机突破了传统运维的弊端,但也存在一些局限。容器是一种轻量级虚拟化技术,旨在为现有的虚拟机提供切实可行且经济高效的替代解决方案。

容器在主机上本地运行,并与其他容器共享主机的操作系统内核。容器运行一个独立的进程,不会比其他程序占用更多的内存,这就使它具备轻量化的优点。

相比之下,每个虚拟机运行一个完整的客户操作系统,通过虚拟机管理程序以虚拟方式访问主机资源。主机要为每个虚拟机分配资源,当虚拟机数量增多时,操作系统本身消耗的资源势必增多。总体来说,虚拟机提供的环境所包含的资源超出了大多数应用程序的实际需要。

各个容器共享主机的操作系统,容器引擎将容器作为进程在主机上运行,容器使用的是主机操作系统的内核,因此容器依赖于主机操作系统的内核版本。虚拟机有自己的操作系统,且独立于主机操作系统,其操作系统内核可以与主机不同。

容器在主机操作系统的用户空间内运行,并且与操作系统的其他进程相互隔离,启动时也不需要启动操作系统内核空间。因此,与虚拟机相比,容器启动快、开销少,而且迁移更便捷。

就隔离特性来说,容器是应用层面的隔离,虚拟机是物理资源层面的隔离。

容器与虚拟机的对比如图 1-1 所示。

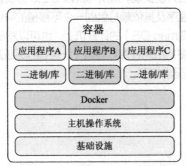 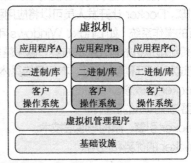

图 1-1 容器与虚拟机

当然,虚拟机上可运行容器。这时,该虚拟机本身就充当一台主机。

3. Docker 引擎

Docker 引擎(Docker Engine)是目前主流的容器引擎。如图 1-2 所示,Docker 引擎是一个包含以下组件的客户/服务器架构的应用程序。

- 服务器:即 Docker 守护进程(Daemon),这是 Docker 的后台应用程序,可使用 dockerd 命令进行管理。Docker 守护进程监听来自 Docker API 的请求,可用于创建和管理 Docker 对象,如镜像、容器、网络和卷。一台主机运行一个 Docker 守护进程。

● REST API：定义程序与 Docker 守护进程交互的接口，便于编程操作 Docker 平台和容器。REST API 是一套目前比较成熟的 Internet 应用程序 API 架构。

● 客户端：即命令行接口（Command-Line Interface，CLI），可使用 docker 命令进行操作。命令行接口又称命令行界面，可以通过命令或脚本使用 Docker 的 REST API 接口来控制 Docker 守护进程，或者与 Docker 守护进程进行交互。当用户使用 docker run 这样的命令时，客户端将这些命令发送到 Docker 守护进程来执行。Docker 客户端可以与多个 Docker 守护进程进行通信。许多 Docker 应用程序都会使用底层的 API 和命令行接口。

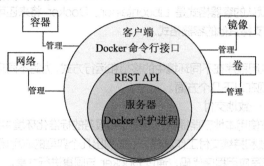

图 1-2　Docker 引擎的组件

运行 Docker 引擎的主机被称为 Docker 主机，该主机上同时运行 Docker 服务器和客户端。

4. Docker 架构

Docker 架构如图 1-3 所示。Docker 客户端与 Docker 守护进程通信，而 Docker 守护进程相当于 Docker 服务器，负责构建、运行和分发容器的繁重任务。Docker 客户端与守护进程可以在同一个系统上运行，也可以让 Docker 客户端连接到远程主机上的 Docker 守护进程。Docker 客户端和守护进程使用 REST API 通过 UNIX 套接字（Socket）或网络接口进行通信。Docker 守护进程和 Docker 客户端属于 Docker 引擎的一部分。

Docker 注册中心用于存储和分发 Docker 镜像。Docker Hub 和 Docker Cloud 是任何人都可以使用的公开注册中心，默认情况下，Docker 守护进程会到 Docker Hub 中查找镜像。除此之外，用户还可以运行自己的私有注册中心。

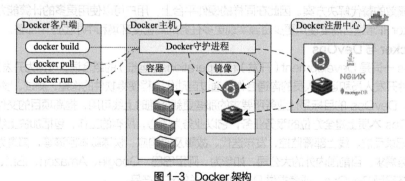

图 1-3　Docker 架构

5. Docker 所用的底层技术

Docker 使用了以下几种底层技术。

● 名称空间（Namespace）：又称命名空间，Linux 的名称空间机制提供了一种资源隔离的解决方案。Docker 通过名称空间机制为容器提供隔离的工作空间，运行容器时，Docker 会为该容器创建一系列的名称空间。

- 控制组（Control Group）：Linux 可以通过控制组设置进程使用 CPU、内存和 I/O 资源的限额，Linux 上的 Docker 引擎正是依赖这种底层技术来限制容器使用的资源。
- 联合文件系统（Union File System，UnionFS）：这是为 Linux、FreeBSD 和 NetBSD 操作系统设计的一种文件系统，可以将其他文件系统合并到一个联合挂载点。作为轻量级的高性能分层文件系统，联合文件系统支持将文件系统中的变更信息进行提交。联合文件系统是实现 Docker 镜像的技术基础，Docker 镜像可以通过分层来实现继承。
- 容器格式（Container Format）：Docker 引擎将名称空间、控制组和联合文件系统打包到一起所使用的就是容器格式。默认的容器格式是 Libcontainer。Docker 将来还可能会通过集成 FreeBSD Jails 或 Solaris Zones 来支持其他的容器格式。

6. Docker 的优势

Docker 重新定义了应用程序在不同环境中的移植和运行方式，为跨不同环境运行的应用程序提供了新的解决方案。其优势表现在以下几个方面。

（1）应用程序快速、一致地交付

Docker 让开发人员在使用本地容器提供应用程序和服务的标准化环境中工作，从而简化开发生命周期。容器非常适合持续集成和持续交付工作流程。下面列出几个典型的应用场景。

- 开发人员在本地编写应用程序代码，通过 Docker 与同事进行共享。
- 开发人员通过 Docker 将应用程序推送到测试环境中，执行自动测试和手动测试。
- 开发人员发现程序错误时，可以在开发环境中进行修复，然后将其重新部署到测试环境，以进行测试和验证。
- 完成应用程序测试之后，向客户提供补丁程序非常简单，只需将更新后的镜像推送到生产环境中。

（2）响应式部署和伸缩应用程序

Docker 基于容器的平台支持高度可移植的工作负载。Docker 容器可以在开发人员的本地便携式计算机、数据中心的物理机或虚拟机、云服务提供商或混合环境中运行。

Docker 的可移植性和轻量级特性也使得动态管理工作负载变得非常容易，管理员可以近乎实时地根据业务需求增加或缩减应用程序和服务。

（3）在同样的硬件上运行更多的工作负载

Docker 是轻量级的应用，且速度很快。Docker 针对基于虚拟机管理程序的虚拟机平台提供了切实可行且经济高效的替代解决方案。因此在同样的硬件平台上，用户可以使用更多的计算能力来实现业务目标。Docker 非常适合需要使用更少资源实现更多任务的高密度环境和中小型应用部署。

7. Docker 与 DevOps

DevOps 一词是 Development（开发）和 Operations（运维）的组合词，可译为开发运维一体化，旨在突出软件开发人员和运维人员的沟通合作，通过自动化流程使得软件的构建、测试、发布更加快捷、频繁和可靠。DevOps 的目标是让业务所要求的那些更新能随时上线可用，提高项目的交付速度并提升质量。DevOps 本质上是全方位的服务业务，它以业务为中心，所有的工作，包括加快上线部署、版本管理、问题记录反馈、线上部署监控、发布迭代、故障及时响应、快速版本回滚等，都是为了更好和更快地满足业务需求。目前国内外的大公司，如华为、阿里巴巴、Google、Amazon、IBM、Microsoft、Apple 等都在采用 DevOps，或者提供 DevOps 相关的支持产品。

DevOps 也是让开发、测试和运维高效协作的流程，可以将它看作这 3 者的交集。作为一种工作模式，DevOps 适合需求变化多、需要快速迭代、频繁上线的场景，如微服务架构的应用就更提倡使用 DevOps 模式。不过，企业转向 DevOps 并不容易，需要付出相当大的代价。

在传统开发模式中，开发团队在开发环境中完成软件开发，在本地完成单元测试，测试通过之后可提交代码到代码版本管理仓库。测试团队从代码版本管理仓库获取代码，打包之后进一步测试。运维团队将应用程序部署到测试环境中，开发团队或测试团队对其进行测试，测试通过后通知部署人员将应用程序发布到生产环境中。这种模式涉及开发、测试和生产 3 个环境，需要开发、测试和运维 3 个团队的合作。多个环境和多个团队之间的这种交互，容易出现彼此环境不一致的情况，以致浪费不必要的人力物力。

容器对软件及其依赖进行标准化打包，在开发和运维之间搭建了一座桥梁，旨在解决开发和运维之间的矛盾，这是实现 DevOps 的理想解决方案。在容器模式中，应用程序以容器的形式存在，所有和该应用程序相关的依赖都在容器中，因此移植非常方便，不会存在传统模式中环境不一致的问题。对于容器化的应用程序，项目的团队全程参与开发、测试和生产环节。项目开始时，根据项目预期创建需要的基础镜像，并将 Dockerfile 分发给所有开发人员，所有开发人员根据 Dockerfile 创建的容器或从内部仓库下载的镜像进行开发，达到开发环境的一致。若开发过程中需要添加新的软件，只需要申请修改基础镜像的 Dockerfile 即可。项目任务结束后，调整 Dockerfile 或者 Docker 镜像，然后分发给测试部门，测试部门就可以进行测试，解决了部署困难等问题。

传统开发流程与容器化开发流程的比较如图 1-4 所示。

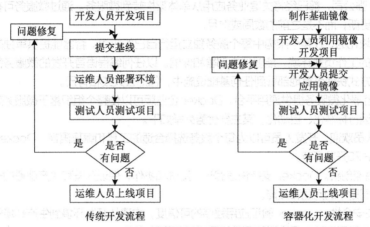

图 1-4　传统开发流程与容器化开发流程的比较

这里补充解释一下基线（Baseline）的概念。基线是软件文档或源代码（或其他产出物）的一个稳定版本，是进一步开发的基础。基线是项目存储库中每个工件（Artifact）版本在特定时期的一个"快照"，它提供一个正式标准，随后的工作基于此标准，并且只有经过授权才能变更这个标准。建立一个初始基线后，以后每次对其进行的变更都将记录为一个差值，直到建成下一个基线。

任务实现

1. 了解 Docker 用例

目前 Docker 的应用涉及许多领域。根据 Docker 官网的相关资料，现将主要的用例进行说明，如下所示。

（1）现代应用程序

构建和设计现代应用程序应以独立于平台的方式进行。现代应用程序支持所有类型的设备，从手机到便携式计算机，到台式计算机，再到所有不同的平台，这样可以充分利用现有的后端服务以及公共或私有云基础设施。Docker 可以完美地容器化应用程序，在单一平台上构建、分享和运行现代应用程序。

现代应用程序包括新的应用程序和需要新功能的现有应用程序。它们是分布式的，需要基于微服务架构实现敏捷性、灵活性，并提供对基于云的服务的访问；它们还需要一组用于开发的不同工具、语言和框架，以及面向运营商的云和 Kubernetes 环境。好在 Docker 知道如何使以上这些复杂的事情变得简单。

现代应用程序对数字化转型至关重要，但是这些程序与构建、分享和运行它的组织一样复杂。现代应用程序是创新的核心，在大量公司都是软件公司的时代，它能使开发人员和运营商快速创新。

Docker对软件构建、分享和运行的方式进行标准化，使用渐进式创新来解决应用开发和基础设施方面的复杂问题。可以通过人员、系统、合作伙伴的广泛组合来构建、分享和运行所有的现代应用程序。Docker是独立容器平台，可方便用户灵活选择工具、语言、框架、云和Kubernetes环境。

（2）微服务

Docker通过容器化微服务激发开发人员的创造力，使开发人员更快地开发软件。微服务用于替代大型的单体应用程序，微服务架构是一个独立部署的服务集合，每个服务都有自己的功能。这些服务可能使用不同的编程语言和技术栈来实现，部署和调整时不会对应用程序中的其他组件产生负面影响。单体应用程序使用一个单元将所有服务绑定在一起，创建依赖，执行伸缩和故障排除之类的任务比较烦琐和耗时，而微服务充分利用独立的功能组件来提高生产效率和速度。像利宝保险、花旗银行、维萨（Visa）这样的世界500强公司，都已经将关键业务应用从单体架构转到微服务。通过微服务可在数小时内完成新应用的部署和更新，而不是之前的数周或数月。

微服务是模块化的，在整个架构中每个服务独立运行自己的应用。容器能提供单独的微服务，它们各自有彼此隔离的工作负载环境，能够独立部署和伸缩。以任何编程语言开发的微服务都可以在任何操作系统上以容器方式快速可靠地部署到任何基础设施中，包括公共或私有云。

Docker为容器化微服务提供通用平台。Docker企业版可以使整个组织基于微服务架构的应用程序的构建、发布和运行标准化、自动化，其主要优势列举如下。

- 受开发人员欢迎。开发人员可以为每个服务选择合适的工具和编程语言，Docker的标准化打包功能可以简化测试和开发环节。

- 有助于高速创新。Docker支持快速编码、测试和协作，保证开发和生产部署的一致性，能够减少应用程序生命周期中的问题和故障。

- 具有内在安全性。Docker验证应用程序的可信度，构建从开发环境到生产环境的安全通道，通过标准化和自动化配置消除容易出错的手动设置来降低风险。

- 在软件日趋复杂的情况下，微服务架构是弹性扩展、快速迭代的首选方案。微服务有助于负责单个服务的小团队降低沟通成本、提高效率。众多的服务会使整个运维工作复杂度剧增，而使用Docker镜像提前进行环境交付，只要让开发人员多花5%的时间，就能节省两倍传统运维的工作量，并且大大提高业务运行的稳定性。

（3）持续集成和持续部署

持续集成和持续部署（Continuous Integration/Continuous Deployment，CI/CD）是通过协作和自动化来简化软件开发的方法，是实现DevOps的关键部分，它可以推动软件大规模、安全的自动化和部署。

CI/CD工作流（Pipeline，或译为流水线）为开发与运维提供基础，这是开发和运维团队协同工作和自动化整个应用程序生命周期的模型。DevOps能够实现比传统开发过程更快、更一致的应用程序发布。CI/CD工作流通过快速可靠的方法发布应用程序，通过工程师之间的合作来支持这个模型。

Docker企业版通过安全的软件供应链使得CI/CD和DevOps更可行。通过Docker，应用程序成为能够通过CI/CD工作流安全传递的对象。漏洞扫描和Docker内容信任确保应用程序的内容有不间断的来源，因为Docker包括从开发到测试，再到质量保证（QA）、预发布和生产的完整过程。

（4）大数据应用

Docker能够释放数据的力量，将数据分析为可操作的观点和结果。从生物技术研究到自动驾驶汽车，再到能源开发，许多领域都在使用像Hadoop、R和TensorFlow这样的数据科技助推科学发现和决策。使用Docker企业版仅需数秒就能部署复杂的隔离环境，从而帮助数据专家创建、分享和再现他们的研究成果。

Docker 使数据专家能够快速地迭代模型，具体表现在以下几个方面。

• 独立于基础设施的 Docker 平台使得数据专家能够对应用程序最优化的基础设施运行数据分析软件；数据专家可以选择并使用适合研究项目的工具和软件包构建模型，无须担心应用程序与环境的冲突。

• 实现研究的再现性。Docker 使用不可变容器消除不同环境的问题，可以确保数据分析和研究的再现性。

• 便于安全协作。平台和生命周期中的集成安全性有利于数据业务的协作，避免数据被篡改和数据完整性被破坏的风险。

（5）边缘计算

Docker 将容器安全地扩展到网络的边缘，直达数据源头。边缘计算指靠近数据源头的计算，常用于收集来自数百甚至数千个物联网设备的数据。使用容器可以将软件安全地发布到网络边缘，在易于修补和升级的轻量级框架上运行容器化的应用程序。

Docker 企业版提供安全的应用程序运维来支持边缘计算。Docker 是轻量级的应用程序平台，所支持的应用程序的可移植性能确保从核心到云，再到边缘设备的无障碍容器部署，Docker 具有粒度隔离功能的轻量级架构，可以减少边缘容器和设备的攻击面。

Docker 提供安全的软件发布，能加速容器发布到边缘，并通过 Docker 注册中心的镜像和缓存架构提高可用性；Docker 确保应用程序开发生命周期的安全，通过数字签名、边缘安全扫描和签名验证保证从核心到边缘的信任链。

（6）云迁移

Docker 便于执行云迁移策略，可以随时随地将应用程序交付到任何云端。大多数大型企业具有混合云或多云战略，但是有许多企业在云迁移目标上落后了。跨不同供应商和地理位置重新构建应用程序比预期更具挑战性。使用 Docker 标准化应用程序，能使它们在任何基础设施上以同样的方式运行。Docker 可在跨越多个云的环境中容器化，并在这些环境中部署传统应用程序和微服务。

Docker 企业版通过可移植的打包功能和统一的运维模式加速云迁移，其具有以下优势。

• 灵活选择混合云和多云。与基础设施无关的容器平台可以运行在任何云上，包括私有的、公共的、混合的或多云的环境。Docker 可以对跨云端的联合应用程序和内部部署的应用程序进行管理。

• 简化运维。经认证的基础架构为企业操作系统、云和虚拟化环境提供经验证和支持的环境。统一的运维模式能简化不同基础架构的安全、策略管理和应用程序运维流程。

• 使软件发布更安全。通过集成的私有注册中心解决方案验证容器化应用程序的来源，在部署之前扫描已知的漏洞，发现新漏洞时及时反馈。

（7）数字化转型

Docker 通过容器化实现数字化转型，与现有人员、流程和容器平台一起推动业务创新。Docker 企业版支持现有应用程序的数字化转型，其举措如下。

• 自由选择实现技术。Docker 可以在不受厂商限定的任何基础结构上构建和部署任何应用程序类型，可以使用任何操作系统、开发语言和技术栈构建应用程序。

• 保证运维敏捷性。Docker 通过新的技术和创新服务来促进开发并加快产品上线速度，实现最佳客户服务水平的敏捷运维，快速实现服务交付、补救、恢复和高可用性。

• 保证集成安全性。Docker 确保法规遵从性并在动态 IT 环境中提供安全保障。

（8）传统 Windows 服务器应用程序的现代化

不要让传统的 Windows 系统成为公司的财务和安全负担，应用程序现代化是十分必要的。Docker 是目前唯一支持传统 Windows 服务器应用程序从桌面到云的容器平台。

Docker 企业版是实现应用程序现代化的捷径。Docker 企业版基于 Docker 与数百家企业客户合作的经验，快速实现传统 Windows 服务器的应用程序现代化。通过容器化这些应用程序，用户可采用现代的、安全的交付模式，并能更容易地扩展新的功能，将应用程序快速迁移到流行的操作系统中。

Docker 久经考验的专业服务能满足企业在治理、工作流、平台方面的特定需求。加速应用程序交付的关键工作流的 Docker 实现方法列举如下。

- 发现、评估和确定 Windows 服务器应用程序现代化的优先级。
- 交付应用程序并支持容器化应用程序的上线发布。
- 在任选的基础设施上部署和运行 Docker 企业版容器平台。
- 建立自动化软件交付的流水线，用于应用程序的持续更改和更新。

Docker 企业版是用于传统和现代应用程序快速开发和渐进交付的行业领先、基于标准的容器平台。无论对于什么云、工具和语言，Docker 都能够将从桌面到云应用程序的工作流交付到 Kubernetes 环境中，简化从开发到运维的流程。使用 Docker 企业版可以达成以下目标。

- 保证传统的 Windows 应用程序安全可靠，经得起未来考验。
- 提高开发人员的工作效率。
- 提高生产部署的频率。
- 增强应用程序弹性。
- 降低高达 40% 的应用程序基础架构成本。

2. 调查国内的 Docker 应用现状

随着互联网的快速发展，Docker 的国内应用与国外越来越同步。经过调查，现将国内比较有代表性的阿里巴巴和京东的 Docker 应用情况整理如下。

（1）阿里巴巴业务容器化

在 Docker 容器化之前，阿里巴巴主要的交易业务就已经容器化——采用 T4 容器化，T4 是基于 LXC（Linux Container）开发的一套系统，是更像虚拟机的容器，因此容器化并不是阿里巴巴推进 Docker 应用的主要原因。

但是，T4 只做了很精简的一层镜像，只给相同的业务域做了一个基础的运行和配置环境，这个镜像没有深入每一个特定的应用。而 Docker 是将每个应用程序的整个依赖栈打包到了镜像中。为此，阿里巴巴于 2015 年引入了 Docker 的镜像机制来完善自己的容器。

阿里巴巴需要更贴合自己运维体系的 Docker 平台，因此推出了兼容 Docker 的 PouchContainer。PouchContainer 是阿里巴巴的开源、高效、轻量级企业级富容器引擎技术，具有隔离性强、可移植性高、资源占用少等特性，可以帮助企业快速实现存量业务容器化，同时提高超大规模下数据中心的物理资源利用率。

PouchContainer 大大改变了原来基于 T4 容器化的开发运维体系，如图 1-5 所示。首先是交付方式发生了变化，之前是构建一个应用程序的代码包，将代码包交给部署团队以发布系统；现在是创建一个空的容器，根据这个业务所在的模板将这个空的容器运行起来，再到容器中安装依赖的一些 IPM 包，设置一些配置，并按每个应用程序设定的列表逐个安装，然后把应用程序包解压到主目录并启动起来。应用程序所依赖的软件和配置列表在内部叫作应用的基线。在将 Docker 镜像整合进来之后，应用程序的代码包和依赖的所有软件都会被打包成一个镜像。应用依赖环境之前需要通过基线来维护，现在都被置入每个应用程序自己的 Dockerfile 中，被整个开发构建和分发运维的过程被大大简化了。

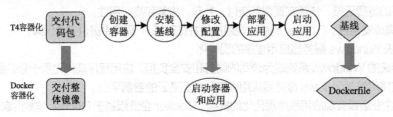

图 1-5　PouchContainer 对开发与运维的改变

然后是开发和运维之间的职责和边界发生了变化。之前开发人员只需要关注功能、性能、稳定性、可扩展性和可测试性等。引入镜像之后，开发人员需要编写 Dockerfile，必须了解应用程序所依赖和运行的环境，才能让应用程序运行起来，原来这些都是由相应运维人员负责的。开发人员还需要额外关注应用程序的可运维性和运维成本，这样可以更好地让开发人员具备全栈的能力，能全方位考虑运维领域，对如何设计更好的系统会有更深刻的理解。

阿里巴巴在 2016 年"双 11"活动时完成了交易核心应用程序的镜像 PouchContainer 化改造；在 2017 年"双 11"时完成了交易全部应用程序的镜像 PouchContainer 化改造；2017 年 11 月 19 日 PouchContainer 正式开源。PouchContainer 现在服务于阿里巴巴集团和蚂蚁金服集团的绝大部分业务单元，其中体量最大的是交易和电商平台。PouchContainer 对业务的支撑能力得到了"双 11"史无前例的检验。开源之后，PouchContainer 成为一项普惠技术，定位于助力企业快速实现存量业务容器化。

阿里云还对外提供公共的容器服务。阿里容器镜像服务（Container Registry）提供安全的应用镜像托管能力、精确的镜像安全扫描功能、稳定的国内外镜像构建服务和便捷的镜像授权功能，方便用户进行镜像全生命周期管理。容器镜像服务简化了注册中心的搭建运维流程，支持多地域的镜像托管，并联合容器服务等云产品，打造云上使用 Docker 的一体化体验。阿里云容器服务（ACS）提供高性能、可伸缩的容器应用管理服务，支持用 Docker 和 Kubernetes 进行容器化应用的生命周期管理，提供多种应用发布方式，保证持续交付能力，并支持微服务架构。容器服务简化了容器管理集群的搭建流程，整合了阿里云虚拟化、存储、网络和安全能力，打造云端最佳容器运行环境。

（2）京东业务容器化

京东是全球范围内 Docker 应用的大用户之一，有数十万个 Docker 容器上线运行。在 2015 年的"6.18"大促活动中，京东启用了基于 Docker 的容器技术来承载关键业务（图片展现、单品页、团购页），当时基于 Docker 容器的弹性云项目已经有近万个 Docker 容器在线上环境运行，并且经受住了大流量的考验。

京东的弹性云项目在京东的业务中担当重任，目前全部应用系统和大部分的数据库服务都在 Docker 平台上运行。像"6.18"这样的流量高峰期，弹性云项目可以自动管理资源，做到弹性扩展。而在流量低谷期，又可以进行资源回收，在提高资源利用率的同时确保了运维系统的稳定性。

京东容器数据库系统命名为 CDS，底层的京东 Docker 容器计算平台命名为 JDOS。JDOS 2.0 是京东新一代的容器技术，是 Docker 的管理平台，实际上京东所有的数据库服务现在已经完全运行在 Docker 上了。京东的弹性数据库不是一个单一的产品，而是京东对在数据库的使用、运维和开发过程中遇到的一系列问题的解决方案，也是总结升华京东实际运维经验进而形成的一个产品系列。

任务二 安装 Docker

任务说明

使用 Docker 部署和运行应用程序的前提是安装 Docker。Docker 针对不同的用户需求提供了多种版本和多种安装方式，用户可根据需要自行选择。本书重点讲解的是 Docker CE。本任务的具体要求如下。

- 了解 Docker 版本。
- 了解 Docker 安装方式。
- 掌握 Docker CE 的安装、升级和卸载方法。

知识引入

1. Docker 的版本

Docker 目前分为以下两种版本。

● Docker Engine。这是 Docker Engine Community（Docker 引擎社区版），本书使用它的惯用简称 Docker CE。此版本是免费提供的，非常适合个人开发者和小型团队的 Docker 使用入门，或者基于容器的应用程序试验。

● Docker 企业版（Docker Enterprise），简称 Docker EE，作为完善的 Docker 平台，其所需费用最高，是专门为企业开发和在生产环境中构建、发布和运行关键业务应用的 IT 团队设计的。

完整的 Docker 企业版包括 Docker Engine – Enterprise（Docker 引擎企业版）、UCP（统一控制平台）、DTR（Docker 可信注册中心）和 Docker Desktop Enterprise（Docker 桌面企业版）。

从 Docker Enterprise 2.1 开始，Docker Enterprise – Basic 改称 Docker Engine – Enterprise，而 Docker Enterprise – Standard 和 Docker Enterprise – Advanced 被合称为 Docker Enterprise。Docker 引擎企业版可独立部署，需要额外收费，是为企业用户开发具有安全和企业级服务等级协议的容器运行时环境而设计的。Docker 版本的功能差异如表 1-1 所示。

表 1-1　Docker 版本的功能差异

所支持的功能	Docker CE	Docker EE
容器引擎和内置的编排、网络和安全功能	支持	支持
经认证的基础设施、插件和独立软件开发商的容器	不支持	支持
使用 Docker 可信注册中心安全扫描的镜像管理	不支持	支持
使用统一控制平台的容器应用管理	不支持	支持
使用 Docker Desktop Enterprise	不支持	支持

2. Docker CE 的发布版本

目前 Docker CE 具有以下 3 个更新频道。

● Nightly：提供下一个主要版本的最新进展的版本，即每日构建版。

● Test：提供稳定版之前用于测试的预发布版本，即测试版。

● Stable：提供最新的、可用的通用版本，即稳定版。

对于 Docker CE 来说，Docker 引擎和 Docker 客户端是开放的。Docker 引擎和 Docker 客户端采用基于时间的版本号方案，使用带点号的三元组表示，格式如下。

```
YY.mm.<patch>
```

其中，YY.mm 代表发布的年月，patch 代表补丁号。版本数字格式用于说明发布频率，但并不保证符合语义化版本规则，所表示的只是一个发行日期。版本数字可能包含其他信息，如 beta 测试版和发布候选版本，这样的版本被视为"预发布"（Pre-Releases）。

从 18.09 版开始，"年-月"版本在其支持周期内，补丁版会根据需要发布以进行错误修复。

Docker CE 的二进制文件可以从 Docker 官网获取，Docker 企业版的二进制文件可以从 Docker Hub 获取。每个"年-月"版本都有相应的发布频道，用户可以根据自己的选择"锁定"一个版本，发布频道在可用时也会收到补丁的发布。

Nightly 频道每天要基于主分支产生一个构建版，其格式如下。

```
0.0.0-YYYYmmddHHMMSS-abcdefabcdef
```

其中，时间部分是以世界标准时间（UTC）表示的提交时间，后缀部分是所提交版本的哈希值前缀，如 0.0.0-20180720214833-f61e0f7。这些构建版允许以主分支上的最新代码进行测试。

注意，Docker CE 以前的 Edge 版已被弃用，现在已被整合到 Nightly 频道中。

Test 频道提供测试版，版本格式为 test-YY.mm，如 test-18.09。

Stable 频道提供稳定版，版本格式为 stable-YY.mm，如 stable-18.09。

对于特定的"年-月"版本，Docker CE 和 Docker 企业版同步进行更新。Docker 企业版是 Docker CE 发布代码的超集。

3. Docker CE 所支持的平台

Docker CE 可用于多种操作系统平台和内部部署。

适合安装 Docker CE 的桌面操作系统有 Mac OS 和 Microsoft Windows 10，前者对应的版本为 Docker Desktop for Mac，后者对应的版本为 Docker Desktop for Windows。

适合安装 Docker CE 的服务器操作系统是 Linux，不同的发行版本对硬件平台架构有特定的要求，具体说明如表 1-2 所示。

表 1-2 不同 Linux 发行版本所支持的硬件架构

平台	x86_64/amd64	ARM	ARM64/AArch64	IBM Power (ppc64le)	IBM Z (s390x)
CentOS	支持	不支持	支持	不支持	不支持
Debian	支持	支持	支持	不支持	不支持
Fedora	支持	不支持	支持	不支持	不支持
Raspbian	不支持	支持	支持	不支持	不支持
Ubuntu	支持	支持	支持	支持	支持

4. Docker 安装方式

通常在 Linux 平台上安装 Docker，可以根据需要选择安装方式。

• 大多数用户通过 Docker 的软件仓库进行安装，这是推荐的方式。

• 有些用户选择下载软件包手动安装，完全手动管理升级，这对在未连接 Internet 的系统上安装 Docker 非常有用。

• 在测试和开发环境中，有些用户选择使用自动化便捷脚本安装 Docker。

另外，如果要试用 Docker，或者在测试环境中安装 Docker，而 Docker 不支持当前操作系统，则可以尝试通过二进制文件来安装 Docker。当然，应尽可能使用为当前操作系统构建的软件包，并使用操作系统的包管理系统来管理 Docker 的安装和升级。

下面以在 CentOS 7 操作系统上通过软件仓库安装 Docker CE 为例，示范安装任务的实现过程。

任务实现

1. 准备安装环境

用于安装 Docker CE 的 CentOS 应当是一个可维护版本的 CentOS 7，这里以 CentOS 7.6 为例，所使用的安装包为 CentOS-7-x86_64-DVD-1810.iso，可以从 CentOS 官网下载该安装包。如果有更新的版本，读者也可以选择。

为方便实验，建议在虚拟机上安装和运行 Docker，本项目在 Windows 计算机中通过 VMware Workstation 软件创建一台运行 CentOS 7 操作系统的虚拟机。

（1）创建虚拟机

虚拟机的基本要求如下。

• 内存建议不低于 4GB。

• 硬盘容量不低于 60GB。

准备安装环境

- 网卡（网络适配器）以桥接模式或 NAT 模式接入宿主机（Windows 计算机）网络。虚拟机的网络连接如图 1-6 所示，采用的是桥接模式。

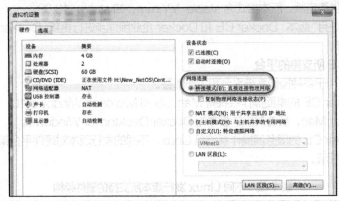

图1-6　网络连接采用桥接模式

（2）在虚拟机中安装 CentOS 7 操作系统

在安装过程中语言默认选择英语，建议读者选择安装带 GUI 的服务器（Server with GUI）版本，如图 1-7 所示，便于查看和编辑配置文件、运行命令行（可打开多个终端界面）。为简化操作，初学者可以考虑直接以 root 身份登录。如果以普通用户身份登录，执行系统配置和管理操作时需要使用 sudo 命令。

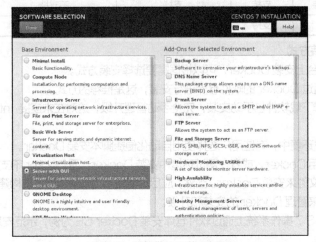

图1-7　选择带 GUI 的服务器

（3）禁用防火墙与 SELinux

为方便测试，建议初学者禁用防火墙与 SELinux。执行以下命令禁用防火墙。

```
systemctl disable firewalld
systemctl stop firewalld
```

要禁用 SELinux，可编辑/etc/selinux/config 文件，将"SELINUX"选项设置为"disabled"，重启系统使之生效。

（4）设置网络

虚拟机的 IP 地址应选择静态地址，建议通过桥接模式直接访问外网，以便测试内外网之间的双向通信。本例中虚拟机的 IP 地址设置为 192.168.199.51，默认网关为 192.168.199.1，DNS 为 192.168.199.1，如图 1-8 所示。

（5）设置主机名

安装好 CentOS 7 操作系统后，通常要更改主机名，这里更改为 host1。

```
hostnamectl set-hostname host1
```

（6）确认日期时间设置正确

安装 CentOS 7 操作系统之后，如果发现本地时间不对，需要进一步修改。例如，本例时间的设置如下：

```
[root@host1 ~]# timedatectl
      Local time: Thu 2020-06-25 22:28:01 EDT
  Universal time: Fri 2020-06-26 02:28:01 UTC
        RTC time: Fri 2020-06-26 02:28:01
       Time zone: America/New_York (EDT, -0400)
```

此处安装的是 CentOS 英文版，默认的时区为 America/New_York ，执行以下命令将时区改为 Asia/Shanghai（中国上海）：

图 1-8　虚拟机中的网络设置

```
[root@host1 ~]# timedatectl set-timezone "Asia/Shanghai"
```

再利用 timedatectl 命令进行检查，确认问题已解决。

```
[root@host1 ~]# timedatectl
      Local time: Fri 2020-06-26 10:30:05 CST
  Universal time: Fri 2020-06-26 02:30:05 UTC
        RTC time: Fri 2020-06-26 02:30:05
       Time zone: Asia/Shanghai (CST, +0800)
```

2. 设置 Docker 仓库

在新的主机上首次安装 Docker CE 之前，需要设置 Docker 的 yum 仓库，这样可以很方便地从该仓库安装和更新 Docker。

（1）执行以下命令安装必要的包。其中，yum-utils 提供 yum-config-manager 工具，devicemapper 存储驱动程序需要 device-mapper-persistent-data 和 lvm2。

在 CentOS 系统中安装
Docker CE 并测试

```
yum install -y yum-utils   device-mapper-persistent-data  lvm2
```

（2）执行以下命令设置 Docker CE 稳定版的仓库地址。即使用户还想从每日构建版或测试版的 Docker 仓库进行安装，也始终需要稳定版的仓库。考虑到国内访问 Docker 官方镜像不方便，这里提供的是阿里巴巴的镜像仓库源。

```
yum-config-manager --add-repo \
    http://mirrors.aliyun.com/docker-ce/linux/centos/docker-ce.repo
```

这将在/etc/yum.repos.d 目录下创建一个名为 docker.repo 的文件。该文件中定义了多个仓库的地址，但默认只有稳定版（Stable）被启用。如果要启用 Nightly 和 Test 仓库，则要启用相应的选项，命令如下。

```
yum-config-manager --enable docker-ce-nightly
yum-config-manager --enable docker-ce-test
```

要禁用仓库，使用--disable 选项即可。

如果不使用阿里巴巴的镜像仓库源，改用 Docker 官方的源，则要执行以下命令创建 docker.repo 文件。

```
yum-config-manager --add-repo \
    https://download.docker.com/linux/centos/docker-ce.repo
```

3. 安装 Docker CE

Docker CE 软件包名为 docker-ce，如果已安装名为 docker 或 docker-engine 的 Docker 老版本，则需要先执行以下命令卸载它们及其关联的依赖。

yum remove docker docker-client docker-client-latest   docker-common \
   docker-latest docker-latest-logrotate docker-logrotate docker-engine

安装 Docker CE 最简单的方法是执行以下命令，安装最新版本的 Docker CE 和 containerd。

yum install docker-ce docker-ce-cli containerd.io

本书实验环境以 Docker CE 19.03 版本为例，执行以下命令安装与本书配套的 Docker 版本。

[root@host1 ~]#yum install -y docker-ce-19.03.2-3.el7 docker-ce-cli-19.03.2-3.el7 containerd.io

安装完毕，查看版本，验证是否安装成功。

[root@host1 ~]# docker --version

Docker version 19.03.2, build 6a30dfc

在生产环境中往往需要安装指定版本的 Docker，而不是最新版本。具体方法是首先执行如下命令，列出可用的 Docker 版本。

yum list docker-ce --showduplicates | sort -r

其中 sort -r 命令表示对结果按版本由高到低排序，下面给出部分结果。

docker-ce.x86_64	3:19.03.2-3.el7	docker-ce-stable
docker-ce.x86_64	3:19.03.2-3.el7	@docker-ce-stable
docker-ce.x86_64	3:19.03.1-3.el7	docker-ce-stable
docker-ce.x86_64	3:19.03.0-3.el7	docker-ce-stable
docker-ce.x86_64	3:18.09.9-3.el7	docker-ce-stable
docker-ce.x86_64	3:18.09.8-3.el7	docker-ce-stable
docker-ce.x86_64	3:18.09.7-3.el7	docker-ce-stable
docker-ce.x86_64	3:18.09.6-3.el7	docker-ce-stable
docker-ce.x86_64	3:18.09.5-3.el7	docker-ce-stable
docker-ce.x86_64	3:18.09.4-3.el7	docker-ce-stable
docker-ce.x86_64	3:18.09.3-3.el7	docker-ce-stable
docker-ce.x86_64	3:18.09.2-3.el7	docker-ce-stable
docker-ce.x86_64	3:18.09.1-3.el7	docker-ce-stable
docker-ce.x86_64	3:18.09.0-3.el7	docker-ce-stable
docker-ce.x86_64	18.06.3.ce-3.el7	docker-ce-stable
docker-ce.x86_64	18.06.2.ce-3.el7	docker-ce-stable
docker-ce.x86_64	18.06.1.ce-3.el7	docker-ce-stable
docker-ce.x86_64	18.06.0.ce-3.el7	docker-ce-stable
docker-ce.x86_64	18.03.1.ce-1.el7.centos	docker-ce-stable
docker-ce.x86_64	18.03.0.ce-1.el7.centos	docker-ce-stable

第 1 列是软件包名称，第 2 列是版本字符串，第 3 列是仓库名称，表示软件包存储的位置。第 3 列中以符号 @ 开头的名称表示该版本已在本机安装。

然后使用以下命令安装特定版本的 Docker。

yum install docker-ce-<版本字符串> docker-ce-cli-<版本字符串> containerd.io

特定版本的 Docker 由全称包名指定，全称包名由包名（docker-ce）加上版本字符串中的冒号（:）到连字符（-）之间的部分组成，如 docker-ce-18.09.1、docker-ce-18.06.0.ce 等。

4. 启动 Docker 并进行测试

使用以上方法安装 Docker 之后，会创建一个名为 docker 的用户组（其中没有添加任何用户），此时没有启动 Docker。执行以下命令启动 Docker。

```
systemctl start docker
```

接下来通过运行 hello-world 镜像来验证 Docker CE 已经正常安装。

```
[root@host1 ~]# docker run hello-world
Unable to find image 'hello-world:latest' locally
latest: Pulling from library/hello-world
1b930d010525: Pull complete
Digest: sha256:451ce787d12369c5df2a32c85e5a03d52cbcef6eb3586dd03075f3034f10adcd
Status: Downloaded newer image for hello-world:latest

Hello from Docker!
This message shows that your installation appears to be working correctly.

To generate this message, Docker took the following steps:
 1. The Docker client contacted the Docker daemon.
 2. The Docker daemon pulled the "hello-world" image from the Docker Hub.
    (amd64)
 3. The Docker daemon created a new container from that image which runs the
    executable that produces the output you are currently reading.
 4. The Docker daemon streamed that output to the Docker client, which sent it
    to your terminal.
......
```

出现以上消息就表明安装的 Docker 可以正常工作了。为了生成此消息，Docker 采取了以下步骤。

- Docker 客户端联系 Docker 守护进程。
- Docker 守护进程从 Docker Hub 中拉取了 hello-world 镜像。
- Docker 守护进程基于该镜像创建了一个新容器，该容器运行可执行文件并输出当前正在阅读的消息。
- Docker 守护进程将该消息流式传输到 Docker 客户端，由它将此消息发送到用户终端。

5. 升级 Docker

升级 Docker CE，只需选择新的版本安装即可。

6. 卸载 Docker

执行以下命令卸载 Docker 包。

```
yum remove docker-ce   docker-ce-cli containerd.io
```

Docker 主机上的镜像、容器、卷或自定义配置文件不会自动删除。要删除所有镜像、容器和卷，可以使用如下命令。

```
rm -rf /var/lib/docker
```

另外管理员必须手动删除任何已编辑的配置文件。

7. 安装 Docker 之后的配置

成功安装 Docker 之后，还可以进一步进行配置，使主机与 Docker 更好地配合工作。

（1）配置 Docker 开机自动启动

执行以下命令，将 Docker 设置为开机自动启动。

安装 Docker 之后
的配置

```
systemctl enable docker
```

禁用 Docker 守护进程开机启动的命令如下。

```
systemctl disable docker
```

（2）以非 root 用户身份管理 Docker

默认情况下，Docker 守护进程绑定到 UNIX Socket（套接字），而不是 TCP 端口。该 UNIX Socket 由超级管理员用户 root 所有，而其他用户只能使用 sudo 访问它。Docker 守护进程始终以 root 用户身份运行，普通用户执行 sudo 命令时会报出错误信息。

在使用 docker 命令时，如果不想使用 sudo，则可以创建一个名为 docker 的组并向其中添加用户。Docker 守护进程启动时，它将创建一个 UNIX Socket，可由 docker 组成员访问。注意 docker 组将授予成员等同于 root 用户的特权。具体步骤如下。

① 创建 docker 组。在 CentOS 系统上安装 Docker 默认会创建该组账户。

```
sudo groupadd docker
```

② 向 docker 组中添加用户。

```
sudo usermod -aG docker 用户名
```

③ 注销并重新登录，以便对组成员资格进行重新评估。

④ 如果在虚拟机上进行测试，可能需要重启此虚拟机才能使更改生效。

⑤ 执行一个 docker 命令，验证是否可以在不使用 sudo 的情况下执行 docker 命令。

（3）开启 Docker 远程访问

默认情况下，Docker 守护进程监听 UNIX Socket 上的连接，只允许进行本地进程通信，而不会监听任何端口，因此只能在本地使用 Docker 命令行接口或者 Docker API 进行操作。如果要在其他主机上操作 Docker 主机，则可以在配置 Docker UNIX 套接字上连接的同时，监听一个 IP 地址及端口上的连接，这样就可以实现远程访问。在 CentOS 7 操作系统中可以使用 systemd 单元配置文件来开启 Docker 远程访问，具体步骤如下。

① 执行 systemctl edit docker.service 命令打开 docker.service 单元配置文件的 override 文件（位于/etc/systemd/system/docker.service.d 目录下），添加以下内容（如果已有相关内容则进行修改）。

```
[Service]
ExecStart=
ExecStart=/usr/bin/dockerd -H unix:///var/run/docker.sock -H tcp://0.0.0.0:2375
```

② 保存该文件。

③ 执行以下命令重新加载 systemctl 配置。

```
systemctl daemon-reload
```

④ 执行以下命令重新启动 Docker。

```
systemctl restart docker.service
```

⑤ 执行以下命令检查确认 Docker 守护进程是否在所配置的端口上监听。

```
[root@host1 ~]# netstat -lntp | grep dockerd
tcp6       0      0 :::2375              :::*              LISTEN      13327/dockerd
```

可以在 Docker 客户端命令中通过-H 选项指定要连接的远程主机（如果远程主机启用了防火墙，则应开放 TCP 2375 端口），例如：

```
[root@host1 ~]# docker -H tcp://192.168.199.51:2375 info
Containers: 1
 Running: 0
```

客户端每次运行 Docker 客户端命令时都需要通过-H 选项指定要连接的远程主机，这样做比较麻烦，可以通过 export 命令设置该远程主机的环境变量来解决此问题，例如：

```
[root@host-a ~]# export DOCKER_HOST="tcp://192.168.199.51:2375"
```

之后直接执行 docker 命令时就会自动连接到该远程主机进行操作了。

值得注意的是，开启 Docker 远程访问存在安全隐患。如果没有采取安全连接，则远程非 root 用户有可能获取 Docker 主机上的 root 访问权限。实际应用中应当采用 TLS 证书来建立安全连接，保护 Docker 守护进程的通信。

8. 离线安装 Docker

离线环境下不能直接从软件源下载软件包进行安装，Docker 官方提供了完整的软件包，下载之后手动安装即可。下面以在离线的 CentOS 7 计算机上安装 Docker CE 为例示范整个安装过程。

离线安装 Docker

（1）在连接 Internet 的另一台计算机上，到官方站点下载要安装的 Docker 版本的.rpm 软件包。本例中使用的软件包为 docker-ce-19.03.5-3.el7.x86_64.rpm、docker-ce-cli-19.03.5-3.el7.x86_64.rpm 和 containerd.io-1.2.6-3.3.el7.x86_64.rpm。

注意，需要安装的 3 个软件包 docker-ce、docker-ce-cli 和 containerd.io 应尽量下载同期的版本。

（2）将上述软件包复制到要离线安装 Docker 的 CentOS 7 计算机上。

（3）准备离线安装的 yum 安装源。不能访问 Internet，yum 安装必须提供源，可以将光盘作为源。CentOS 7 自带一个使用 DVD 光驱作为 yum 源的配置文件/etc/yum.repos.d/CentOS-Media.repo，其主要配置内容如下：

```
[c7-media]
name=CentOS-$releasever - Media
baseurl=file:///media/CentOS/
        file:///media/cdrom/
        file:///media/cdrecorder/
gpgcheck=1
enabled=1          #默认为 0，这里改为 1，已启用该源
gpgkey=file:///etc/pki/rpm-gpg/RPM-GPG-KEY-CentOS-7
```

注意，将 enabled 值设为 1 以启用该库。将 CentOS 7 光盘挂载到 baseurl 所指定的目录，这里以/media/cdrom 为例。将 CentOS 7 安装光盘插入光驱，依次执行以下两个命令：

```
mkdir /media/cdrom
mount /dev/sr0 /media/cdrom
```

（4）在该计算机上使用 yum 工具安装该软件包。

```
yum install    /tmp/docker-ce-19.03.5-3.el7.x86_64.rpm \
               /tmp/docker-ce-cli-19.03.5-3.el7.x86_64.rpm \
               /tmp/containerd.io-1.2.6-3.3.el7.x86_64.rpm
```

（5）执行 systemctl start docker 命令启动 Docker。

（6）可以通过执行 docker info 命令来确认 Docker CE 已经正常安装。

```
[root@host2 ~]# docker info
Containers: 0
 Running: 0
 Paused: 0
 Stopped: 0
Images: 0
Server Version: 19.03.5
```

Storage Driver: overlay2

......

采用这种方式安装 Docker 时，如果想升级 Docker CE，则需要下载新的软件包。重复上述安装过程时，要使用 yum upgrade 命令替代 yum install 命令。

任务三　Docker 命令行使用

任务说明

Docker 命令行是 Docker 用户与 Docker 守护进程进行交互的主要途径。用户主要使用命令行接口来配置、管理和操作 Docker。本任务的具体要求如下。

- 了解 Docker 命令行接口类型。
- 了解 docker 命令。
- 熟悉 docker 命令的基本语法。
- 尝试运行一个容器。

知识引入

1. Docker 命令行接口类型

Docker 是一个庞大而复杂的平台，其命令行接口可分为以下几种类型。

- 引擎命令行接口（Engine CLI）：它提供了 Docker 最主要的命令，包括所有的 docker 和 dockerd 命令，其中 docker 命令又是最常用的。
- 容器编排命令行接口（Compose CLI）：这是 Docker Compose 工具所提供的，让用户构建并运行多容器的应用程序。
- 机器命令行接口（Machine CLI）：这是 Docker Machine 工具所提供的，用于配置和管理远程 Docker 主机。
- DTR 命令行接口：用于部署和管理 Docker 可信注册中心（Trusted Registry）。
- UCP 命令行接口：用于部署和管理通用控制面板（Universal Control Plane）。

2. docker 命令列表

docker 命令是最常用的命令。通过执行不带任何选项和参数的 docker 命令可以得到一份完整的命令列表（在下面的命令中，笔者加了中文注释，并将说明文字译为中文）。

```
[root@host1 ~]# docker
Usage:    docker [OPTIONS] COMMAND                    # 基本语法格式
A self-sufficient runtime for containers
Options:                                              # 选项列表
     --config string        # 客户端配置文件（默认为/root/.docker）
  -c, --context string      # 用于连接到 Docker 守护进程的上下文名称（执行 docker context use 命令
                              可以覆盖 DOCKER_HOST 环境变量和默认上下文设置）
  -D, --debug               # 启用调试模式
  -H, --host list           # 要连接到的守护进程套接字
  -l, --log-level string    # 设置日志级别（包括 debug、info、warn、error、fatal，默认值为 info）
     --tls                  # 使用 TLS（安全传输层协议），具体由--tlsverify 选项实现
     --tlscacert string     # 签署可信证书的 CA（默认为/root/.docker/ca.pem）
```

--tlscert string	# TLS 证书文件的路径（默认为/root/.docker/cert.pem）
--tlskey string	# TLS 密钥文件的路径（默认为/root/.docker/key.pem）
--tlsverify	# 使用 TLS 并验证远程主机
-v, --version	# 输出版本信息并退出

Management Commands:	# 管理命令列表
builder	# 管理构建
config	# 管理 Docker 配置数据
container	# 管理容器
context	# 管理上下文
engine	# 管理 Docker 引擎
image	# 管理镜像
network	# 管理网络
node	# 管理 Swarm 集群节点
plugin	# 管理插件
secret	# 管理 Docker 机密数据
service	# 管理服务
stack	# 管理 Docker 栈
swarm	# 管理 Swarm 集群
system	# 管理 Docker
trust	# 管理 Docker 镜像上的信任
volume	# 管理卷

Commands:	# 操作命令列表
attach	# 连接到正在运行的容器上的本地标准输入、标准输出和错误流
build	# 从 Dockerfile 文件中构建镜像
commit	# 从一个变动的容器中创建新的镜像
cp	# 在容器与本地文件系统之间复制文件或文件夹
create	# 创建新的容器
diff	# 查看容器的文件系统上文件或目录的变化
events	# 从服务器获取实时事件
exec	# 到正在运行的容器上执行命令
export	# 将容器的文件系统导出为归档文件
history	# 显示镜像的历史信息
images	# 返回镜像列表
import	# 从 tarball 中导出内容以创建一个文件系统镜像
info	# 显示系统信息
inspect	# 返回 Docker 对象的详细信息
kill	# 杀死（强制停止）一个或多个容器
load	# 从归档文件或标准输入装载镜像
login	# 登录 Docker 注册中心
logout	# 退出 Docker 注册中心
logs	# 获取容器的日志信息
pause	# 暂停一个或多个容器中的所有进程

port	# 列出容器的端口映射或特定映射
ps	# 返回容器列表
pull	# 从注册中心拉取镜像或仓库
push	# 向注册中心推送镜像或仓库
rename	# 重命名容器
restart	# 重新启动一个或多个容器
rm	# 删除一个或多个容器
rmi	# 删除一个或多个镜像
run	# 在新的容器中运行镜像
save	# 将一个或多个镜像保存到归档文件（默认流式传输到标准输出）
search	# 在 Docker Hub 中搜索镜像
start	# 启动一个或多个已停止的容器
stats	# 实时显示容器资源使用统计信息
stop	# 停止一个或多个正在运行的容器
tag	# 为指向源镜像的目标镜像添加一个标签
top	# 显示容器中正在运行的进程
unpause	# 恢复一个或多个容器中所有暂停的进程
update	# 更新一个或多个容器的配置
version	# 显示 Docker 版本信息
wait	# 阻塞一个或多个容器的运行并输出其退出码

Run 'docker COMMAND --help' for more information on a command.

该命令最后提示执行 docker COMMAND --help 命令来查看某条具体子命令的帮助信息。例如，查看 tag 子命令的帮助信息，代码如下。

[root@host-a ~]# docker tag --help

Usage:　　docker tag SOURCE_IMAGE[:TAG] TARGET_IMAGE[:TAG]

Create a tag TARGET_IMAGE that refers to SOURCE_IMAGE

考虑到功能和应用场景，可将这些 docker 命令大致分为以下 4 个类别。

- 系统信息：如 info、version。
- 系统运维：如 attach、build、commit、run 等。
- 日志信息：如 events、history、logs 等。
- Docker 注册：如 login、pull、push、search 等。

任务实现

1. 了解 docker 命令的基本语法

docker 命令本身就是一个 Linux 命令，采用的是 Linux 命令语法格式，可以使用选项和参数。Docker 官方文档中有的地方将不带参数的选项称为 flag（标志），为便于表述，本书统一使用选项这个术语。docker 命令的基本语法如下。

docker [选项] 命令

其中命令是 docker 命令的子命令。子命令又有各自的选项和参数，如 attach 子命令的语法格式如下。

docker attach [选项] 容器

其中，选项是 attach 子命令的选项，容器是 attach 子命令的容器，表示要连接到的目标容器。

有的选项既可使用短格式，又可使用长格式。短格式为一个连字符（-）加上单个字符，如-d；长格式为两个连字符加上字符串，如--daemon。

短格式的单字符选项可以组合在一起使用，如以下命令。

```
docker run -t -i ubuntu  /bin/bash
```

可以改写为：

```
docker run -ti ubuntu  /bin/bash
```

布尔值选项，也就是常说的开关选项的语法如下。

```
选项=布尔值
```

下面给出一个示例。

```
-d=false
```

可以从 docker 命令的帮助信息中获知选项默认值。使用布尔值选项时，可以不赋值，此时 Docker 将选项值视为 true，而不管默认值是 true 还是 false。例如，以下命令将-d 选项值设置为 true，表示容器将以分离模式在后台运行。

```
docker run -d
```

默认值为 true 的选项（如 docker build --rm=true）要设置为非默认值，只能将其显式地设置为 false，如下所示。

```
docker build --rm=false
```

多值选项（如-a=[]）可以在单个命令行中多次定义，下面给出两个示例。

```
docker run -a stdin -a stdout -i -t ubuntu /bin/bash
```

```
docker run -a stdin -a stdout -a stderr ubuntu /bin/ls
```

注意，由于伪终端实现的限制，不能组合使用-t 和-a stderr 选项。在伪终端模式中所有错误（STDERR）会输出到标准输出（STDOUT）。

有时多值选项可以使用更复杂的值字符串，如下面的-v 选项。

```
docker run -v /host:/container example/mysql
```

像--name=""这样的选项表示其值是一个字符串，在一个命令中只能定义一次。像-c=0 这样的选项表示其值是一个整数，在一个命令中也只能定义一次。

给布尔值选项赋值时，必须使用等号。给值为字符串或整数的选项赋值时，可以使用等号，也可以不使用等号（相当于选项的参数），如以下命令。

```
docker run -v /host:/container example/mysql
```

可以改写为：

```
docker run -v=/host:/container example/mysql
```

部分选项的值为键值对，例如：

```
docker run -it --mount source=nginx-vol,destination=/nginx ubuntu /bin/bash
```

对于较长的单行命令，为便于阅读，与通用的 Linux 命令行一样，Docker 通常使用续行符（\）进行换行，例如：

```
docker run --device=/dev/sdc:/dev/xvdc \
        --device=/dev/sdd --device=/dev/zero:/dev/nulo \
        -i -t \
        ubuntu ls -l /dev/{xvdc,sdd,nulo}
```

这样的命令在命令行中输入时，换行后会在下一行开头显示 ">" 符号，表示当前行是上一行的延续，例如：

```
[root@host-a ~]# docker run --device=/dev/sdc:/dev/xvdc \
>            --device=/dev/sdd --device=/dev/zero:/dev/nulo \
```

运行一个 Ubuntu 容器

```
>                        -i -t \
>                        ubuntu ls -l /dev/{xvdc,sdd,nulo}
```

2. 运行一个容器

这里以常用的 docker run 命令为例进行简单的示范。下面的命令运行一个 Ubuntu 容器，该容器中运行/bin/bash 以启动一个 bash 终端，由于指定了-i 和 -t 选项，用户可以在本地命令行会话窗口与容器进行交互。

```
[root@host1 ~]# docker run -i -t ubuntu /bin/bash
Unable to find image 'ubuntu:latest' locally
latest: Pulling from library/ubuntu
35c102085707: Pull complete
251f5509d51d: Pull complete
8e829fe70a46: Pull complete
6001e1789921: Pull complete
Digest: sha256:d1d454df0f579c6be4d8161d227462d69e163a8ff9d20a847533989cf0c94d90
Status: Downloaded newer image for ubuntu:latest
```

这个命令运行时会执行以下操作（假设使用默认的 Docker 注册中心）。

（1）如果本地没有 Ubuntu 镜像，则 Docker 会从所配置的镜像注册中心下载该镜像，就像手动执行了 docker pull ubuntu 命令一样。

（2）Docker 创建一个新容器，就像手动执行 docker container create 命令一样。

（3）Docker 给容器分配一个可读写的文件系统作为最顶层，这一层就是正在运行的容器的本地文件系统，容器可以在其中创建或修改文件和目录。

（4）Docker 创建一个网络接口，用于将容器连接到默认网络（这是因为没有指定任何网络选项），并为容器分配 IP 地址。默认情况下，容器可以通过主机的网络连接访问外部网络。

（5）Docker 启动容器并且执行/bin/bash 命令。因为容器是交互式运行的，且连接到用户的终端窗口，所以用户可以使用键盘向容器提供输入，输出结果显示到终端。下面给出在容器中的示例操作。

```
root@450150a2efa5:/# ls
bin  boot  dev  etc  home  lib  lib64  media  mnt  opt  proc  root  run  sbin  srv  sys  tmp  usr  var
root@450150a2efa5:/# uname -a            # 当前操作系统内核信息
Linux 450150a2efa5 3.10.0-957.el7.x86_64 #1 SMP Thu Nov 8 23:39:32 UTC 2018 x86_64 x86_64
x86_64 GNU/Linux
root@450150a2efa5:/# cat /etc/issue       # 当前操作系统发行版信息
Ubuntu 18.04.3 LTS \n \l
```

当用户输入 exit 命令结束/bin/bash 命令时，容器也会停止运行，但不会被删除。可以再次启动容器，或者删除容器。

```
root@450150a2efa5:/# exit
exit
[root@host1 ~]#
```

项目实训

项目实训一　安装 Docker

实训目的

- 了解 Docker 版本和安装方式。

- 掌握 Docker CE 的安装。

实训内容

- 准备 Docker 安装环境。
- 通过 Docker 的软件仓库进行安装。
- 启动 Docker 并运行 hello-world 镜像进行测试。
- 配置 Docker 开机自动启动。
- 开启 Docker 远程访问。

项目实训二　使用 docker 命令

实训目的

了解 docker 命令的基本语法。

实训内容

- 查看 docker 命令列表。
- 在 docker 命令中使用续行符 "\" 进行换行。
- 参照任务三，运行一个 CentOS 容器并尝试与该容器交互。

项目总结

通过本项目的实施，读者应当明确 Docker 的概念，弄清容器与虚拟机的区别，理解 Docker 的架构，了解 Docker 的优势和应用领域，学会 Docker 的安装，并初步掌握 docker 命令的语法。下一个项目将引导读者进一步理解镜像、容器和仓库的概念，熟悉 Docker 应用程序全生命周期的基本操作，进而掌握 Docker 的基本应用。

项目二
Docker快速入门

02

学习目标

- 掌握 Docker 镜像的基础知识，学会镜像的操作方法；
- 熟悉容器技术，掌握容器的操作方法；
- 掌握 Docker 仓库操作方法，学会镜像仓库管理；
- 了解 Dockerfile 指令，学会使用 Dockerfile 构建镜像；
- 理解 Dockerfile、镜像、容器和仓库之间的关系。

项目描述

容器在软件开发的历史上是一次巨大的变革。容器技术助力我国加快发展数字经济，促进数字经济和实体经济深度融合，打造具有国际竞争力的数字产业集群。Docker 的 3 个核心概念是镜像（Image）、容器（Container）和仓库（Repository），它们贯穿于 Docker 虚拟化应用的整个生命周期。Docker 镜像是打包好的 Docker 应用程序，相当于 Windows 系统中的安装软件包。容器是从镜像创建的运行实例，Docker 应用程序以容器方式部署和运行，一个镜像可以用来创建多个容器，容器之间都是相互隔离的。Docker 仓库又称镜像仓库，类似于代码仓库，是集中存放镜像文件的场所，可以将制作好的镜像推送到仓库以发布应用程序，也可以将所需的镜像从仓库拉取到本地以创建容器来部署应用程序。注册中心（Registry）提供的是存放镜像仓库的地方，一个注册中心提供很多仓库。镜像、容器和仓库的关系如图 2-1 所示。

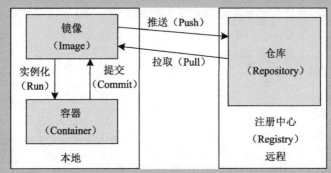

图 2-1　镜像、容器和仓库的关系

本项目将实现 Docker 的基本应用，讲解镜像、容器、仓库的概念和使用、操作方法，并示范如何构建自己的镜像，让读者快速入门，为后续的 Docker 配置和管理打下基础。

任务一　Docker 镜像的使用与操作

任务说明

镜像是容器的基础，有了镜像才能启动容器并运行应用，Docker 应用程序的整个生命周期都离不开镜像。要使用容器技术来部署和运行应用程序，首先需要准备相应的镜像。了解镜像的基础知识之后，还应掌握镜像的使用与操作。本任务的具体要求如下。

- 理解镜像的概念。
- 了解镜像的分层结构。
- 使用命令查找和获取镜像。
- 使用命令管理本地镜像。

知识引入

1. 什么是镜像

镜像的英文名称为 Image，又译为映像，在 IT 领域通常是指一系列文件或一个磁盘驱动器的精确副本。Ghost 是使用镜像文件的经典软件，其镜像文件可以包含一个分区甚至是一块硬盘的所有信息。在云计算环境下，镜像就是一个虚拟机模板，它预先安装基本的操作系统和其他软件。创建虚拟机时首先需要准备一个镜像，然后启动一个或多个该镜像的实例即可。与虚拟机镜像类似，Docker 镜像是用于创建容器的只读模板，它包含了文件系统，而且比虚拟机镜像更轻巧。

Docker 镜像是按照 Docker 要求定制的应用程序，就像软件安装包一样。一个 Docker 镜像可以包括一个应用程序以及能够运行它的基本操作系统环境。例如，一个 Ubuntu 镜像可能包含 Ubuntu 操作系统环境；一个 Web 应用程序的镜像可能包含一个完整的操作系统（如 Ubuntu）环境、一个 Apache HTTP Server 软件，以及用户开发的 Web 应用程序。

操作系统分为内核空间和用户空间。对于 Linux 系统而言，内核启动后，会挂载 root 文件系统，为其提供用户空间支持，而 Docker 镜像就相当于是一个 root 文件系统。Docker 镜像是一个特殊的文件系统，除了提供容器运行时所需的程序、库、资源、配置等文件外，还包含了为运行准备的一些配置参数。镜像不包含任何动态数据，其内容在创建容器之后也不会被改变。

镜像是创建容器的基础，通过版本管理和联合文件系统，Docker 提供了一套十分简单的机制来创建镜像和更新现有的镜像。当容器运行时，使用的镜像如果在本地计算机中不存在，则 Docker 就会自动从 Docker 镜像仓库中下载镜像，默认从 Docker Hub 公开镜像源下载镜像。

2. 镜像的基本信息

使用 docker images 命令可以列出本地主机上的镜像，例如：

```
[root@host1 ~]# docker images
REPOSITORY          TAG          IMAGE ID          CREATED          SIZE
ubuntu              latest       a2a15febcdf3      4 weeks ago      64.2MB
hello-world         latest       fce289e99eb9      8 months ago     1.84kB
```

输出的列表反映了镜像基本信息。REPOSITORY 列表示镜像仓库，TAG 列表示镜像的标签，IMAGE ID 列表示镜像 ID，CREATED 列表示镜像创建时间，SIZE 列表示镜像大小。

镜像 ID 是镜像的唯一标识，采用 UUID 形式表示，全长 64 个十六进制字符。可以在 docker images 命令中加上选项 --no-trunc 以显示完整的镜像 ID，如查看上述 Ubuntu 镜像时的完整（不截断）输出，如下所示。

```
[root@host1 ~]# docker images ubuntu --no-trunc
REPOSITORY   TAG    IMAGE ID                                                            CREATED       SIZE
ubuntu       latest sha256:a2a15febcdf362f6115e801d37b5e60d6faaeedcb9896155e5fe9d754025be12
                                                                                        4 weeks ago   64.2MB
```

即该镜像的完整 ID 如下。

```
sha256:a2a15febcdf362f6115e801d37b5e60d6faaeedcb9896155e5fe9d754025be12
```

实际上镜像 ID 是镜像的摘要值（Digest），是由哈希函数 sha256 对镜像配置文件进行计算而得来的，只是引用镜像时不需使用"sha256:"前缀。在实际操作中，镜像 ID 通常使用前 12 个字符的缩略形式。如果本地的镜像数量少，则还可以使用更短的格式，只取前面几位即可，如a2a，前提是在本地计算机上能够区分各镜像。

标签用于标识同一仓库的不同镜像版本，如 Ubuntu 仓库里存放的是 Ubuntu 系列操作系统的基础镜像，有 14.10、16.04、18.04 等多个不同的版本。除了镜像 ID 外，也可以使用"仓库名:标签"这样的组合形式来唯一地标识镜像，如"ubuntu:16.04"，这个组合形式也被称为镜像名称。镜像名称更直观，可用来代替镜像 ID 对镜像进行操作。如果镜像名称省略标签，则表示默认使用的是最新版本 latest；如果只使用"ubuntu"，则 Docker 将使用默认的"ubuntu:latest"镜像。

镜像的摘要值还可以通过--digests 选项显示，例如：

```
[root@host1 ~]# docker images ubuntu --digests
REPOSITORY     TAG            DIGEST
               IMAGE ID        CREATED                   SIZE
ubuntu         latest sha256:a2a15febcdf362f6115e801d37b5e60d6faaeedcb9896155e5fe9d754025be12
               a2a15febcdf3    5 months ago              64.2MB
```

DIGEST 列显示的是该镜像的摘要值，只要用来生成镜像的源内容没有更改，这个摘要值就是可预测和可引用的。因此，镜像可以使用该摘要值作为内容寻址标识符，通过"镜像仓库名称@摘要"这样的格式进行标识。上述"ubuntu:latest"镜像拥有"sha256:a2a15febcdf362f6115e801d37b5e60d6faaeedcb9896155e5fe9d754025be12"这样的摘要值，就可以用"ubuntu@sha256:a2a15febcdf362f6115e801d37b5e60d6faaeedcb9896155e5fe9d754025be12"来标识该镜像。

总之，镜像可以通过镜像 ID、镜像名称（包括标签）或者镜像摘要值（内容寻址标识符）来标识或引用。

3. 镜像描述文件 Dockerfile

Linux 应用开发中使用 Makefile 文件描述整个软件项目的所有文件的编译顺序和编译规则，用户只需用一个 make 命令就能完成整个项目的自动化编译和构建。Docker 所用的 Dockerfile 文件用来描述镜像，采用与 Makefile 同样的机制，定义了如何构建 Docker 镜像。Dockerfile 是一个文本文件，包含了要构建镜像的所有命令。Docker 通过读取 Dockerfile 中的指令自动构建镜像。

项目一在验证 Docker 是否成功安装时已经获取了 hello-world 镜像，这是 Docker 官方提供的一个最小镜像，它的 Dockerfile 内容只有 3 行，如下所示。

```
FROM scratch
COPY hello /
CMD ["/hello"]
```

其中，FROM 命令定义所用的基础镜像，即该镜像从哪个镜像开始构建，scratch 表示空白镜像，该镜像不依赖其他镜像，从"零"开始构建。第 2 行表示将文件 hello 复制到镜像的根目录。第 3 行则意味着通过该镜像启动容器时执行/hello 这个可执行文件。

对 Makefile 文件执行 make 命令可以编译并构建应用。相应地，对 Dockerfile 文件执行 bulid 命令也可以构建镜像。

4. 基础镜像

一个镜像的父镜像（Parent Image）是指该镜像的 Dockerfile 文件中由 FROM 指定的镜像。所有后续的指令都应用到这个父镜像中。例如，一个镜像的 Dockerfile 包含以下定义，说明其父镜像为"ubuntu:14.04"。

```
FROM ubuntu:14.04
```

基于未提供 FROM 指令，或提供 FROM scratch 指令的 Dockerfile 所构建的镜像被称为基础镜像（Base Image）。大多数镜像都是从一个父镜像开始扩展的，这个父镜像通常是一个基础镜像。基础镜像不依赖其他镜像，而是从"零"开始构建。

Docker 官方提供的基础镜像通常都是各种 Linux 发行版的镜像，如 Ubuntu、Debian、CentOS 等，这些 Linux 发行版镜像一般提供最小安装的 Linux 操作系统发行版。从前面显示的镜像列表可以发现，Ubuntu 镜像的大小比传统 Ubuntu 操作系统的镜像文件或虚拟机镜像文件小得多。

这里以 Debian 操作系统为例分析基础镜像。先执行 docker pull debian 命令拉取 Debian 镜像，再执行 docker images debian 命令查看该镜像的基本信息，可以发现该镜像的大小也就比 100MB 多一点，比 Debian 发行版小。Linux 发行版是在 Linux 内核的基础上增加应用程序形成的完整操作系统，不同发行版的 Linux 内核差别不大。Linux 操作系统的内核启动后，会挂载根文件系统（rootfs）为其提供用户空间支持。对于 Debian 镜像来说，底层直接共享主机的 Linux 内核，自己只需要提供根文件系统即可，而根文件系统上只安装最基本的软件，这样就节省了空间。下面是 Debian 镜像 Dockerfile 的内容。

```
FROM scratch
ADD rootfs.tar.xz /
CMD ["bash"]
```

其中第 2 行表示将 Debian 的 rootfs 的 tar 压缩包添加到容器的根目录。在使用该压缩包构建镜像时，这个压缩包会自动解压到"/"目录下，生成/dev、/proc、/bin 等基本目录。

Docker 提供多种 Linux 发行版镜像来支持多种操作系统环境，便于用户基于这些基础镜像定制自己的应用镜像。

5. 基于联合文件系统的镜像分层

早期镜像的分层结构是通过联合文件系统实现的，联合文件系统将各层的文件系统叠加在一起，向用户呈现一个完整的文件系统，如图 2-2 所示。

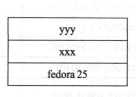

	镜像 A	镜像 B	镜像 C
第4层	ccc(file4)	qqq(file1)	
第3层	bbb(file2、file3)	ppp	yyy
第2层	aaa(file1)	aaa(file1)	xxx
第1层	Ubuntu14.04	Ubuntu 14.04	fedora 25

图 2-2　镜像分层结构

以其中的镜像 A 为例，用户可以访问 flie1、flie2、flie3、flie4 这 4 个文件，虽然它们位于不同的层中。镜像的最底层（第 1 层）是基础镜像，通常是操作系统。这种分层结构具有以下优点。

● 便于镜像的修改。一旦其中某层出了问题，不需要修改整个镜像，只需要修改该层的内容即可。

● 有助于共享资源。具有相同环境的应用程序的镜像共享同一个环境镜像，不需要每个镜像都创建一个底层环境，运行时也只需要加载同一个底层环境。相同部分作为一个独立的镜像层，只需存储一份即可，从而节省磁盘空间。在图 2-2 所示的结构中，如果本地已经下载有镜像 A，则下载镜像 B 时就不用重复下载其中的第 1 层和第 2 层了。

但是，这种分层结构也存在以下不足。

● 会导致镜像的层数越来越多，而联合文件系统所允许的层数是有限的。

● 当需要修改大文件时，以文件为粒度的写时复制（Copy-on-Write，CoW）需要复制整个大文件进行修改，会影响操作效率。

● 一些上层的镜像都基于相同的底层基础镜像，一旦基础镜像需要修改（如修补安全漏洞），而基于它的上层镜像是通过容器生成的时，则维护工作量会变得相当大。

● 镜像的使用者无法对镜像进行审计，存在一定的安全隐患。

6. 基于 Dockerfile 文件的镜像分层

为弥补上述镜像分层方式的不足，Docker 推荐选择 Dockerfile 文件逐层构建镜像。大多数 Docker 镜像都是在其他镜像的基础上逐层建立起来的，采用这种方式构建镜像，每一层都由镜像的 Dockerfile 指令所决定。除了最后一层，每层都是只读的。

7. Docker 镜像操作命令

Docker 提供了若干镜像操作命令，如 docker pull 用于拉取（下载）镜像，docker images 用于镜像列表等，这些命令可看作 docker 命令的子命令。被操作的镜像对象可以使用镜像 ID、镜像名称或镜像摘要值进行标识。有些命令可以操作多个镜像，镜像之间使用空格分隔。

Docker 新版本提供一个统一的镜像操作命令 docker image，基本语法如下。

```
docker image  子命令
```

docker image 子命令用于实现镜像的各类管理操作功能，其大多与传统的镜像操作 docker 子命令相对应，功能和语法也一样，只有个别不同。完整的镜像操作命令如表 2-1 所示。考虑到目前 docker 子命令使用较多，本章主要讲解用于镜像操作的 docker 子命令。

表 2-1　Docker 镜像操作命令

docker image 子命令	docker 子命令	功能
docker image build	docker build	从 Dockerfile 构建镜像
docker image history	docker history	显示镜像的历史记录
docker image import	docker import	从 tarball 文件导入内容以创建文件系统镜像
docker image inspect	docker inspect	显示一个或多个镜像的详细信息
docker image load	docker load	从 tar 档案文件或 STDIN 装载镜像
docker image ls	docker images	输出镜像列表
docker image prune	无	删除未使用的镜像
docker image pull	docker pull	从注册服务器拉取镜像或镜像仓库
docker image push	docker push	将镜像或镜像仓库推送到注册服务器
docker image rm	docker rmi	删除一个或多个镜像
docker image save	docker save	将一个或多个镜像保存到 tar 存档（默认情况下流式传输到 STDOUT）
docker image tag	docker tag	为指向源镜像的目标镜像添加一个名称

任务实现

1. 拉取镜像

在本地主机上运行容器时，若使用一个不存在的镜像，则 Docker 就会自动下载这个镜像。如果需要预先下载这个镜像，则可以使用 docker pull 命令来拉取它，也就是将它从镜像仓库（默认为 Docker Hub 上公开的仓库）下载到本地，完成之后可以直接使用这个镜像来运行容器。例如，拉取一个 14.04 版本的 Ubuntu 镜像，如下所示。

```
[root@host1 ~]# docker pull ubuntu:14.04
14.04: Pulling from library/ubuntu
a7344f52cb74: Pull complete
515c9bb51536: Pull complete
e1eabe0537eb: Pull complete
4701f1215c13: Pull complete
```

Digest: sha256:2f7c79927b346e436cc14c92bd4e5bd778c3bd7037f35bc639ac1589a7acfa90
Status: Downloaded newer image for ubuntu:14.04
docker.io/library/ubuntu:14.04

使用 docker pull 命令从镜像源获取镜像，或者从一个本地不存在的镜像创建容器时，每层都是单独拉取的，并将镜像保存在 Docker 的本地存储区域（在 Linux 主机上通常是/var/lib/docker 目录）。上面代码展示了这些层的拉取过程。

2. 显示本地的镜像列表

可以使用 docker images 命令来列出本地主机上的镜像，该命令的语法格式如下。

docker images [选项] [仓库:标签]]

不带任何选项或参数则会列出全部镜像，使用仓库、标签作为参数，将列出指定的镜像。-a（--all）选项表示列出本地所有的镜像（含中间镜像层，默认情况下过滤掉中间镜像层）；-f（--filter）选项用于显示过滤（符合条件）的镜像，如果有超过一个过滤镜像，那么就使用多个-f 选项；--no-trunc 选项表示显示完整的镜像信息；-q（--quiet）选项表示只显示镜像 ID。使用 v2 或更高版本格式的镜像时，有一个称为 DIGEST 的内容寻址标识符，使用--digests 选项可显示出来。

-f 选项可以通过 dangling 的布尔值列出无标签的镜像，例如：

```
[root@host1 ~]# docker images   -f dangling=true
REPOSITORY        TAG              IMAGE ID           CREATED           SIZE
<none>            <none>           38d15a9d054d       28 hours ago      64.2MB
<none>            <none>           998509cd8d32       28 hours ago      64.2MB
```

-f 选项还可以使用 before 或 since 过滤出指定镜像之前或之后创建的镜像，格式如下。

-f   before=(<镜像名>[:标签]|<镜像 ID>|<镜像 DIGEST>)

-f   since=(<镜像名>[:标签]|<镜像 ID>|<镜像 DIGEST>)

-f 选项可以匹配镜像名、镜像 ID 或镜像 DIGEST 标识符。

通过 shell 命令替换 docker images 命令可以完成镜像的批量操作。例如，以下命令删除无标签的所有镜像。

docker   rmi $(docker images   -f dangling=true -q)

3. 设置镜像标签

每个镜像仓库可以有多个标签，而多个标签可能对应的是同一个镜像。标签常用于描述镜像的版本信息。可以使用 docker tag 命令为镜像添加一个新的标签，也就是给镜像命名，这实际上是为指向源镜像的目标镜像添加一个名称，基本语法如下。

docker tag   源镜像[:标签]   目标镜像[:标签]

一个完整的镜像名称的结构如下。

[主机名:端口]/命名空间/仓库名称:[标签]

一个镜像名称由以斜杠分隔的名称组件组成，名称组件通常包括命名空间和仓库名称，如 centos/httpd-24-centos7。名称组件可以包含小写字母、数字和分隔符。分隔符可以是句点，一个或两个下划线，或一个或多个破折号。一个名称组件不能以分隔符开始或结束。

名称后面的标签是可选的，可以包含小写字母和大写字母、数字、下划线、句点和破折号，但不能以句点或破折号开头，且最大支持 128 个字符，如 14.04。

名称前面可以加上主机名前缀。主机名是提供镜像仓库的注册服务器的域名或 IP 地址，必须符合标准的 DNS 规则，但不能包含下划线。主机名后面还可以加一个提供镜像注册服务的端口号，如 ":8080"。如果不提供主机名，默认就使用 Docker 的公开注册中心（registry-1.docker.io）。

一个镜像可以有多个镜像名称，相当于有多个别名。但无论采用何种方式保存和分发镜像，首先都要给镜像设置标签（重命名），这对镜像的推送特别重要。下面给出几个示例。

为由镜像 ID 标识的镜像加上标签。

```
docker tag 0e5574283393 fedora/httpd:version1.0
```

为由仓库名称标识的镜像加上标签。

```
docker tag httpd fedora/httpd:version1.0
```

为由仓库名称和镜像 ID 组合标识的镜像加上标签。

```
docker tag httpd:test fedora/httpd:version1.0.test
```

如果镜像推送的目的注册服务器不是默认的 Docker 公开注册中心，则为该镜像设置的标签中必须指定一个注册服务器的主机名（可能包含端口），如下所示。

```
docker tag 0e5574283393 myregistryhost:5000/fedora/httpd:version1.0
```

4. 查看镜像详细信息

使用 docker inspect 命令查看 Docker 对象（镜像、容器、任务）的详细信息。默认情况下，以 JSON 数组格式输出所有结果。当只需要其中的特定内容时，可以使用-f（--format）选项指定。例如，获取 Ubuntu 镜像的体系结构，代码如下。

```
[root@host1 ~]# docker inspect --format='{{.Architecture}}' ubuntu
amd64
```

又比如，通过 JSON 格式的 RootFS 子节获取镜像的根文件系统信息，代码如下。

```
[root@host1 ~]# docker inspect --format='{{json .RootFS }}' ubuntu
{"Type":"layers","Layers":["sha256:6cebf3abed5fac58d2e792ce8461454e92c245d5312c42118f02e2
31a73b317f","sha256:f7eae43028b334123c3a1d778f7bdf9783bbe651c8b15371df0120fd13ec35c5","sha
256:7beb13bce073c21c9ee608acb13c7e851845245dc76ce81b418fdf580c45076b","sha256:122be11ab
4a29e554786b4a1ec4764dd55656b59d6228a0a3de78eaf5c1f226c"]}
```

5. 查看镜像的构建历史

使用 docker history 命令可以查看镜像的构建历史，也就是 Dockerfile 的执行过程。下面的示例用于查看 Ubuntu 镜像的历史信息，结果如下。

```
[root@host1 ~]# docker history ubuntu
IMAGE          CREATED        CREATED BY                              SIZE
a2a15febcdf3   5 weeks ago    /bin/sh -c #(nop)      CMD ["/bin/bash"]   0B
<missing>      5 weeks ago    /bin/sh -c mkdir -p /run/systemd && echo 'do…   7B
<missing>      5 weeks ago    /bin/sh -c set -xe      && echo '#!/bin/sh' > /…   745B
<missing>      5 weeks ago    /bin/sh -c [ -z "$(apt-get indextargets)" ]   987kB
<missing>      5 weeks ago    /bin/sh -c #(nop) ADD file:c477cb0e95c56b51e…   63.2MB
```

镜像的构建历史信息也反映了其层次，上面示例中共有 5 层，每一层的构建操作命令都可以通过 CREATED BY 列显示，如果显示不全，可以在 docker history 命令中加上选项--no-trunc，以显示完整的操作命令。镜像的各层相当于一个子镜像。例如，第 2 次构建的镜像相当于在第 1 次构建的镜像的基础上形成的新的镜像。以此类推，最新构建的镜像是历次构建结果的累加。

执行 docker history 命令输出的<missing>行表明相应的层在其他系统上构建，并且已经不可用了，可以忽略这些层。

6. 查找镜像

不使用浏览器，在命令行中使用 docker search 命令就可以搜索 Docker Hub 中的镜像。例如，打算使用一个叫 httpd 的镜像来提供 Web 服务，则可以执行 docker search httpd 命令，结果如图 2-3 所示。

```
[root@host1 ~]# docker search httpd
NAME                                DESCRIPTION                                     STARS      OFFICIAL      AUTOMATED
httpd                               The Apache HTTP Server Project                  2658       [OK]
centos/httpd                                                                        25                       [OK]
centos/httpd-24-centos7             Platform for running Apache httpd 2.4 or bui…   24
arm32v7/httpd                       The Apache HTTP Server Project                  9
armhf/httpd                         The Apache HTTP Server Project                  8
salim1983hoop/httpd24               Dockerfile running apache config                2                        [OK]
lead4good/httpd-fpm                 httpd server which connects via fcgi proxy h…   1                        [OK]
rgielen/httpd-image-simple          Docker image for simple Apache httpd based o…   1                        [OK]
itsziget/httpd24                    Extended HTTPD Docker image based on the off…   0                        [OK]
dockerpinata/httpd                                                                  0
manasip/httpd                                                                       0
interlutions/httpd                  httpd docker image with debian-based config …   0                        [OK]
solsson/httpd-openidc               mod_auth_openidc on official httpd image, ve…   0                        [OK]
appertly/httpd                      Customized Apache HTTPD that uses a PHP-FPM …    0                        [OK]
amd64/httpd                         The Apache HTTP Server Project                  0
izdock                              Production ready Apache HTTPD Web Server + m…    0
manageiq/httpd_configmap_generator  Httpd Configmap Generator                       0
buzzardev/httpd                     Based on the official httpd image               0                        [OK]
publici/httpd                       httpd:latest                                    0
ppc64le/httpd                       The Apache HTTP Server Project                  0
tugboatqa/httpd                     The Apache HTTP Server Project                  0
alvistack/httpd                     Docker Image Packaging for Apache               0                        [OK]
manageiq/httpd                      Container with httpd, built on CentOS for Ma…   0                        [OK]
waja/httpdiff                       Docker image for httpdiff: https://github.co…   0                        [OK]
trollin/httpd                                                                       0
```

图 2-3　执行 docker search httpd 命令

其中 NAME 列显示镜像仓库（源）名称，OFFICIAL 列指明是否为 Docker 官方发布。

7. 删除本地镜像

使用 docker rmi 命令删除本地镜像，语法如下。

docker rmi [选项] 镜像 [镜像…]

可以使用镜像的 ID、标签或镜像摘要标识符来指定要删除的镜像。如果一个镜像对应了多个标签，则只有当最后一个标签被删除时，镜像才被真正删除。

如果使用 -f 选项，则将删除该镜像标签，并删除与该 ID 匹配的所有镜像。

--no-prune 选项表示不删除没有标签的父镜像。

8. 验证镜像的分层结构

下面通过一个实例验证基于 Dockerfile 文件的镜像分层。

（1）建立一个项目目录，用来存放 Dockerfile 及其相关文件。

[root@host1 ~]# mkdir -p ch02/imglayers && cd ch02/imglayers

（2）建立 app 子目录并准备所需的文件。

[root@host1 imglayers]# mkdir app && cd app

[root@host1 app]# nano app.py

在打开的文本编辑器中输入以下内容，保存该文件并退出编辑器。

#!/usr/bin/python

print("Hello, World!")

（3）返回项目目录的根目录，编辑 Dockerfile 文件。

[root@host1 app]#cd ../

[root@host1 imglayers]# nano Dockerfile

在打开的文本编辑器中输入以下内容，保存该文件并退出编辑器。

FROM ubuntu:16.04

COPY ./app /app

RUN apt-get -y update && apt-get install -y python

CMD python /app/app.py

该 Dockerfile 包括 4 个命令，每个命令创建一个层。第 1 个命令表示从 "ubuntu:16.04" 镜像开始构建镜像。第 2 个命令从 Docker 客户端的当前目录中添加一些文件。第 3 个命令用于安装 Python。最后一个命令指定要在容器中执行的具体命令。

验证镜像的
分层结构

（4）执行以下命令，基于 Dockerfile 构建一个镜像。

```
[root@host1 imglayers]# docker build -t="imglayers-test" .
Sending build context to Docker daemon   3.584kB
Step 1/4 : FROM ubuntu:16.04
16.04: Pulling from library/ubuntu
f7277927d38a: Pull complete
8d3eac894db4: Pull complete
edf72af6d627: Pull complete
3e4f86211d23: Pull complete
Digest: sha256:97b54e5692c27072234ff958a7442dde4266af21e7b688e7fca5dc5acc8ed7d9
Status: Downloaded newer image for ubuntu:16.04
 ---> 5e13f8dd4c1a
Step 2/4 : COPY ./app /app
 ---> 96dc319fdc96
Step 3/4 : RUN apt-get -y update && apt-get install -y python
 ---> Running in 8c8337bebe93
Get:1 http://security.ubuntu.com/ubuntu xenial-security InRelease [109 kB]
......
Setting up python (2.7.12-1~16.04) ...
Setting up libmagic1:amd64 (1:5.25-2ubuntu1.2) ...
Setting up file (1:5.25-2ubuntu1.2) ...
Processing triggers for libc-bin (2.23-0ubuntu11) ...
Removing intermediate container 8c8337bebe93
 ---> e78f8d0ad113
Step 4/4 : CMD python /app/app.py
 ---> Running in f2f4ecdff750
Removing intermediate container f2f4ecdff750
 ---> a68c05a0edde
Successfully built a68c05a0edde
Successfully tagged imglayers-test:latest
```

（5）查看该镜像的分层信息。

```
[root@host1 imglayers]# docker history imglayers-test
IMAGE          CREATED        CREATED BY                                         SIZE
a68c05a0edde   2 minutes ago  /bin/sh -c #(nop)     CMD ["/bin/sh" "-c" "pyth...  0B
e78f8d0ad113   2 minutes ago  /bin/sh -c apt-get -y update && apt-get inst...    58.5MB
96dc319fdc96   3 minutes ago  /bin/sh -c #(nop)     COPY dir:5fa3a660c5eec7983... 42B
5e13f8dd4c1a   7 weeks ago    /bin/sh -c #(nop)     CMD ["/bin/bash"]            0B
<missing>      7 weeks ago    /bin/sh -c mkdir -p /run/systemd && echo 'do...    7B
<missing>      7 weeks ago    /bin/sh -c set -xe        && echo '#!/bin/sh' > /... 745B
<missing>      7 weeks ago    /bin/sh -c rm -rf /var/lib/apt/lists/*             0B
<missing>      7 weeks ago    /bin/sh -c #(nop)     ADD file:603693e48cdc7f0c5... 120MB
```

至此，该镜像的层次结构及构建方式就非常清楚明了了，如图 2-4 所示。

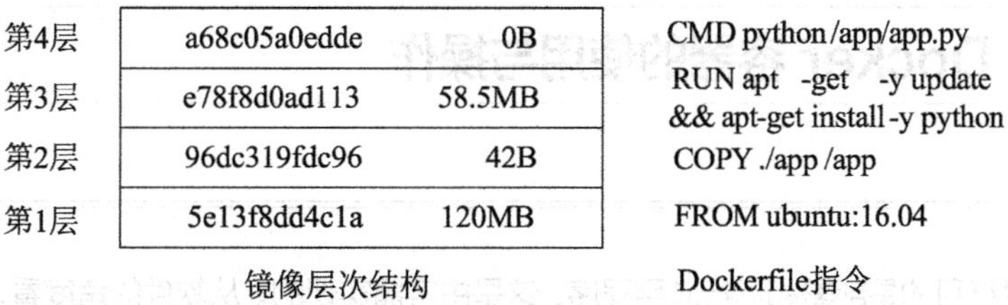

第4层	a68c05a0edde	0B	CMD python /app/app.py
第3层	e78f8d0ad113	58.5MB	RUN apt -get -y update && apt-get install -y python
第2层	96dc319fdc96	42B	COPY ./app /app
第1层	5e13f8dd4c1a	120MB	FROM ubuntu:16.04
	镜像层次结构		Dockerfile指令

图 2-4 基于 Dockerfile 的镜像层次结构

9. 在离线环境中导入镜像

离线环境无法连网，不能直接执行 docker pull 命令从公网下载 Docker 镜像，但可以利用 Docker 镜像的导入导出功能从其他计算机导入镜像，下面进行示范。

（1）先从一个连网的 Docker 主机上拉取 Docker 镜像，代码如下。

```
[root@host1 ~]# docker pull hello-world
Using default tag: latest
latest: Pulling from library/hello-world
Digest: sha256:92695bc579f31df7a63da6922075d0666e565ceccad16b59c3374d2cf4e8e50e
Status: Image is up to date for hello-world:latest
```

（2）使用 docker save 命令将镜像导出到归档文件中，也就是将镜像保存到本地文件中。

```
[root@host1 ~]# docker save --output hello-world.tar hello-world
[root@host1 ~]# ls -sh hello-world.tar
16K hello-world.tar
```

（3）准备一台离线的 Docker 主机。

这里创建一台虚拟机作为另一台主机，其离线安装参见项目一的任务二。

（4）将归档文件复制到离线的 Docker 主机上。

（5）使用 docker load 命令从归档文件加载该镜像。

```
[root@host2 ~]# docker load --input hello-world.tar
af0b15c8625b: Loading layer [==================================================>]
3.584kB/3.584kB
Loaded image: hello-world:latest
```

（6）使用 docker images 命令查看刚加载的镜像。

```
[root@host2 ~]# docker images
REPOSITORY          TAG          IMAGE ID          CREATED          SIZE
hello-world         latest       fce289e99eb9      3 minutes ago    1.84kB
```

（7）基于该镜像启动一个容器，代码如下。

```
[root@host2 ~]# docker run hello-world
Hello from Docker!
This message shows that your installation appears to be working correctly.
......
```

这表明可以成功运行镜像了。

当然，还可以离线制作特定功能的 Docker 镜像，这需要编写 Dockerfile 文件。

任务二　Docker 容器的使用与操作

任务说明

Docker 的最终目的是部署和运行应用程序，这是由容器实现的。从软件的角度看，镜像是软件生命周期的构建和打包阶段，而容器则是启动和运行阶段。获得镜像后，就可以以镜像为模板启动容器了。可以将容器理解为在一个相对独立的环境中运行的一个或一组进程，相当于自带操作系统的应用程序。这个独立环境拥有这个进程运行所需的一切资源，包括文件系统、库文件脚本等。学习者除了需要了解容器的基础知识外，还应掌握容器使用和管理的基本操作。本任务的具体要求如下。

- 理解容器的概念。
- 了解容器内部的存储。
- 熟悉容器的创建、启动、运行、停止、删除操作。
- 进入容器内部执行操作任务。

知识引入

1. 什么是容器

容器的英文名称为 Container，在 Docker 中指从镜像创建的应用程序运行实例。镜像和容器的关系，就像是面向对象程序设计中的类和实例一样，镜像是静态的定义，容器是镜像运行时的实体，基于同一镜像可以创建若干不同的容器。

Docker 的设计借鉴了集装箱的概念，每个容器都有一个软件镜像，相当于集装箱中的货物。可以将容器看作将一个应用程序及其依赖环境打包而成的集装箱。容器可以被创建、启动、停止、删除、暂停等。与集装箱一样，Docker 在执行这些操作时并不关心容器里有什么软件。

容器的实质是进程，但与直接在主机上执行的进程不同，容器进程在属于自己的独立的命名空间内运行。因此容器可以拥有自己的根文件系统、自己的网络配置、自己的进程空间，甚至自己的用户 ID 空间。容器内的进程运行在一个隔离的环境里，使用起来就好像是在一个独立于主机的系统下操作一样。通常容器之间是彼此隔离、互不可见的。这种特性使得容器封装的应用程序比直接在主机上运行的应用程序更加安全，但这种特性可能会导致一些初学者混淆容器和虚拟机，这个问题应引起重视。

2. 容器的基本信息

使用 docker ps -a 命令可以输出本地主机上的全部容器列表，例如：

```
[root@host1 ~]# docker ps -a
CONTAINER ID    IMAGE      COMMAND             CREATED        STATUS                  PORTS      NAMES
04f8a983bc4e    ubuntu     "/bin/bash"         11 hours ago   Exited (0) 11 hours ago            clever_montalcini
d3d26303b71c    centos     "/bin/bash"         3 months ago   Exited (0) 3 months ago            busy_wilson
64ea1e69ec00    busybox    "sh"                3 months ago   Exited (137) 3 months ago          mybusybox
03048fad7ba3    httpd      "httpd-foreground"  3 months ago   Exited (0) 3 months ago            testweb
```

上面列表中反映了容器的基本信息。CONTAINER ID 列表示容器 ID，IMAGE 列表示容器所用镜像的名称，COMMAND 列表示启动容器时执行的命令，CREATED 列表示容器的创建时间，STATUS 列表示容器运行的状态（Up 表示运行中，Exited 表示已停止），PORTS 列表示容器对外发布的端口号，NAMES 列表示容器名称。

创建容器之后对容器进行的各种操作，如启动、停止、修改或删除等，都可以通过容器 ID 来进行引用。容器的唯一标识容器 ID 与镜像 ID 一样采用 UUID 形式表示，它是由 64 个十六进制字符组成的字符串。可以在 docker ps 命令中加上--no-trunc 选项显示完整的容器 ID，但通常采用前 12 个字符的缩略形式，这在同一主机上就足以区分各个容器了。容器数量少的时候，还可以使用更短的格式，只取前面几个字符即可。

容器 ID 能保证唯一性，但难于记忆，因此可以通过容器名称来代替容器 ID 引用容器。容器名称默认由 Docker 自动生成，也可在执行 docker run 命令时通过--name 选项自行指定。还可以使用 docker rename 命令为现有的容器重新命名，以便于后续的容器操作。例如，使用以下命令更改容器名称。

```
docker rename 03048fad7ba3 http_server
```

3. 可写的容器层

容器与镜像的主要不同之处是容器顶部的可写层。一个镜像由多个可读的镜像层组成，正在运行的容器会在这个镜像上面增加一个可写的容器层，所有写入容器的数据（包括添加的新数据或修改的已有数据）都保存在这个可写层中。当容器被删除时，这个可写层也会被删除，但是底层的镜像层保持不变。因此，任何对容器的操作均不会影响到其镜像。

由于每个容器都有自己的可写容器层，所有的改变都存储在这个容器层中，因此多个容器可以共享访问同一个底层镜像，并且仍然拥有自己的数据状态。图 2-5 展示了共享同一个"ubuntu:16.04"镜像的多个容器。

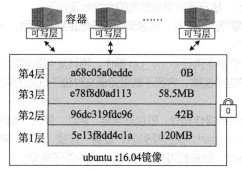

图 2-5　多个容器共享同一镜像

Docker 使用存储驱动来管理镜像层和容器层的内容。每个存储驱动的实现都是不同的，但所有驱动都使用可堆叠的镜像层和写时复制策略。

4. 磁盘上的容器大小

要查看一个运行中的容器的大小，可以使用 docker ps -s 命令，在输出结果中的 SIZE 列会显示两个不同的值。这里以运行 httpd 镜像为例，先执行以下命令启动相应的容器。

```
[root@host1 ~]# docker run -d httpd
d4681ed984914f96e28d0866acc5c9aca6978a3e886898bb48163c87488736d4
```

再查看该容器的大小，结果如下。

```
[root@host1 ~]# docker ps -s
CONTAINER ID   IMAGE    COMMAND           ……   PORTS NAMES            SIZE
d4681ed98491   httpd    "httpd-foreground"  ……   80/tcp  youthful_maxwell   2B (virtual 154MB)
```

SIZE 列第 1 个值表示每个容器的可写层当前所用的数据大小。第 2 个值是虚拟大小，位于括号中并标注 virtual，表示该容器所用只读镜像的数据量加上容器可写层大小的和。多个容器可以共享一部分或所有的只读镜像数据，从同一镜像启动的两个容器共享 100%的只读数据，而使用拥有公共镜像层的不同镜像的两个容器会共享那些公共的镜像层。因此，不能只是汇总虚拟大小，这会导致潜在数据量的使用，进而出现过高估计磁盘用量的问题。

　　磁盘上正在运行的容器所用的磁盘空间是每个容器大小和虚拟大小值的总和。如果多个容器从完全相同的镜像启动，那么这些容器的总磁盘用量是容器部分大小的总和（示例中为 2B）加上一个镜像大小（虚拟大小，示例中为 154MB），这还没有包括容器通过其他方式占用的磁盘空间。

5. 写时复制策略

　　写时复制是一个高效率的文件共享和复制策略。如果一个文件位于镜像中的较低层，其他层（包括可写容器层）需要读取它，那么只需使用现有文件即可。其他层首次需要修改该文件（构建镜像或运行容器）时，文件将会被复制到该层并被修改，这最大限度地减少了每个后续层的 I/O 并减小了空间大小。

　　共享有助于减小镜像大小。使用 docker pull 命令从镜像源获取镜像时，或者从一个本地不存在的镜像创建容器时，每个层都是独立拉取（下载）的，并保存在 Docker 的本地存储区域，在 Linux 主机上通常是/var/lib/docker 目录。

　　复制使容器效率更高。启动容器时，一个很小的容器层会被添加到其他层的顶部，容器对文件系统的任何改变都保存在此层。容器中不需修改的任何文件都不会复制到这个可写层，这就意味着可写层尽可能占用较小的空间。

　　修改容器中已有的文件时，存储驱动执行写时复制策略，具体步骤取决于特定的存储驱动。对于 aufs、overlay 和 overlay2 驱动来说，执行写时复制策略的大致步骤如下。

　　（1）从镜像各层中搜索要修改的文件，从最新的层开始直到最底层，一次一层，被找到的文件将被添加到缓存中以加速后续操作。

　　（2）对找到文件的第 1 个副本执行 copy_up 操作，将其复制到容器的可写层中。

　　任何修改只针对该文件的这个副本，容器不能看见该文件位于低层的只读副本。

6. 容器操作命令

　　Docker 提供了相当多的容器操作命令，既包括创建、启动、停止、删除、暂停等容器生命周期管理操作，如 docker run、docker start；又包括列表、查看、连接、日志、事件、导出等容器运维操作，如 docker ps、docker inspect。这些都可看作 docker 命令的子命令。

　　被操作的容器可以使用容器 ID 或容器名称进行标识。有些命令可以操作多个容器，多个容器 ID 或名称之间使用空格分隔。

　　Docker 还提供了一个统一的容器管理命令 docker container，基本语法如下。

docker container 子命令

　　docker container 子命令执行容器的各类管理操作功能，大多与传统的容器操作 docker 子命令相对应。完整的容器操作命令见表 2-2。考虑到目前 docker 子命令使用较多，本章主要讲解用于容器操作的 docker 子命令。

表 2-2　容器操作命令

docker container 子命令	docker 子命令	功能
docker container attach	docker attach	将本地的标准输入、输出和错误流附加到正在运行的容器上，也就是连接到正在运行的容器上，其实就是进入容器
docker container commit	docker commit	从当前容器创建新的镜像
docker container cp	docker cp	在容器和本地文件系统之间复制文件和目录
docker container create	docker create	创建新的容器
docker container diff	docker diff	检查容器创建以来其文件系统上文件或目录的更改
docker container exec	docker exec	从正在运行的容器中执行命令
docker container export	docker export	将容器的文件系统导出为一个归档文件

续表

docker container 子命令	docker 子命令	功能
docker container inspect	docker inspect	显示一个或多个容器的详细信息
docker container kill	docker kill	"杀死"一个正在运行的容器
docker container logs	docker logs	获取容器的日志信息
docker container ls	docker ps	输出容器列表
docker container pause	docker pause	暂停一个或多个容器内的所有进程
docker container port	docker port	列出容器的端口映射或特定的映射
docker container prune	无	删除所有停止执行的镜像
docker container rename	docker rename	对容器重命名
docker container restart	docker restart	重启一个或多个容器
docker container rm	docker rm	删除一个或多个容器
docker container run	docker run	创建一个新的容器并执行命令
docker container start	docker start	启动一个或多个已停止的容器
docker container stats	docker stats	显示容器资源使用统计信息的实时流
docker container stop	docker stop	停止一个或多个正在运行的容器
docker container top	docker top	显示容器正在运行的进程
docker container unpause	docker unpause	恢复一个或多个容器内被暂停的所有进程
docker container update	docker update	更新一个或多个容器的配置
docker container wait	docker wait	阻塞一个或多个容器的运行，直到容器停止运行，然后输出退出码

任务实现

1. 创建并同时启动容器

运行一个容器最常用的方法是使用 docker run 命令，该命令用于创建一个新的容器并启动它，其基本语法如下。

进入容器

`docker run [选项] 镜像 [命令] [参数…]`

该命令选项比较多，下面列出部分常用的选项。

-d（--detach）：后台运行容器，并返回容器 ID。

-i（--interactive）：让容器的标准输入保持打开，通常与-t 选项同时使用。

-t（--tty）：为容器重新分配一个伪输入终端（Pseudo TTY），通常与-i 选项同时使用。

-p（--publish）：设置端口映射，格式为"主机端口:容器端口"。

--dns：指定容器使用的 DNS 服务器，默认和主机上的 DNS 设置一致。

--name：为容器指定一个名称。

--rm：容器退出时自动删除。

镜像参数定义容器所用的镜像，可以使用镜像 ID 或名称来标识，还可以使用"镜像@摘要值"格式。在本地主机上运行容器并使用一个不存在的镜像时 Docker 就会自动下载这个镜像，如果需要预先下载这个镜像，可以使用 docker pull 命令来下载它。下载完成后，可以直接使用这个镜像来运行容器。

命令参数定义可选的命令，即容器启动后可以运行的命令，这些命令也可以有自己的参数。

接下来示范几类典型的容器启动操作。

（1）启动容器执行命令后自动终止容器

这种方式不常用，主要用来测试，例如：

[root@host1 ~]# docker run ubuntu /bin/echo "这是一个自动终止的容器"

这是一个自动终止的容器

启动容器执行命令之后自动终止容器，这与在本地直接执行命令差不多。

（2）启动容器并允许用户交互

如基于 Ubuntu 镜像启动一个 bash 终端，并允许用户进行交互。

[root@host1 ~]# docker run –it ubuntu /bin/bash

root@df2dc9805ae4:/#

这里将-i 和-t 两个选项合并在一起，-t 让 Docker 分配一个伪终端并绑定到容器的标准输入中，-i 则让容器的标准输入保持打开状态，自动进入容器的交互模式，此时可通过终端执行命令，如在容器中列出当前目录下的文件，如下所示。

[root@df2dc9805ae4:/# ls

bin   dev home lib64 mnt proc run   srv tmp var

boot etc lib   media opt root sbin sys usr

用户可以执行 exit 命令或者按 Ctrl+D 组合键退出容器。

[root@df2dc9805ae4:/# exit

exit

[root@host1 ~]#

可以尝试分别使用 docker run –i 和 docker run –t 启动容器运行一个 shell，这样就能直观地感受到两者的不同。

（3）启动容器并让其以守护进程的形式在后台运行

实际应用中，多数情况下容器会采用守护进程的方式运行。这种方式只需使用-d 选项，下面启动一个 Web 服务器的容器。

[root@host1 ~]# docker run -d -p 80:80 --name testweb httpd

03048fad7ba3f53f0092869e7dfc48e76eea81f813de11ce5d361cb9a5135b18

[root@host1 ~]#

容器启动后在后台运行，并返回一个唯一的容器 ID，可以通过该 ID 对容器进行进一步操作。也可以通过 docker ps 命令来查看正在运行的容器的信息，如下所示。

[root@host1 ~]# docker ps

CONTAINER ID IMAGE COMMAND   CREATED   STATUS   PORTS   NAMES

03048fad7ba3   httpd   "httpd-foreground" 53 seconds ago Up 51 seconds 0.0.0.0:80->80/tcp testweb

如果不通过--name 选项明确指定名称，则 Docker 会自动生成一个容器名称，这个名称也可与容器 ID 一样用来操作容器。

由于在后台运行，因此容器不会将输出直接显示在主机上，此时可以考虑使用 docker logs 命令来获取容器的输出信息，例如：

[root@host1 ~]# docker logs testweb

AH00558: httpd: Could not reliably determine the server's fully qualified domain name, using 172.17.0.3.
Set the 'ServerName' directive globally to suppress this message

AH00558: httpd: Could not reliably determine the server's fully qualified domain name, using 172.17.0.3.
Set the 'ServerName' directive globally to suppress this message

[Thu Sep 26 14:16:37.947425 2019] [mpm_event:notice] [pid 1:tid 140533161096320] AH00489:
Apache/2.4.41 (Unix) configured -- resuming normal operations

[Thu Sep 26 14:16:38.021826 2019] [core:notice] [pid 1:tid 140533161096320] AH00094: Command line: 'httpd -D FOREGROUND'

执行 docker run 命令创建并启动容器时，Docker 在后台运行的操作步骤如下。

① 检查本地是否存在指定的镜像，如果没有就从镜像仓库自动下载这个镜像。

② 基于镜像创建一个容器并启动它。

③ 为容器分配一个文件系统，并在镜像层顶部增加一个可读写的容器层。

④ 从主机配置的网桥接口中将一个虚拟接口桥接到容器。

⑤ 从网桥的地址池中给容器分配一个 IP 地址。

⑥ 运行用户指定的应用程序。

⑦ 根据设置决定是否终止容器运行。

这种在后台运行容器的方式又称分离（Detached）模式，与之相对的是前台（Foreground）模式。

2. 创建容器

使用 docker create 命令创建一个新的容器，但不启动它，其基本语法如下。

docker create [选项] 镜像 [命令] [参数…]

以上语法基本与 docker run 命令相同。如基于 busybox 镜像创建一个容器，如下所示。

[root@host1 ~]# docker create -i -t busybox
Unable to find image 'busybox:latest' locally
latest: Pulling from library/busybox
7c9d20b9b6cd: Pull complete
Digest: sha256:fe301db49df08c384001ed752dff6d52b4305a73a7f608f21528048e8a08b51e
Status: Downloaded newer image for busybox:latest
64ea1e69ec00ddf6ead403a6582810dd3d5fda110a9585277d72d076e62e93e3

此时这个容器处于已创建（Created）但未启动的状态，最后一行返回的是容器 ID，可以使用 docker start 命令启动容器。BusyBox 是一个集成了上百个常用 Linux 命令和工具的软件，同时也是一个微型的 Linux 系统。

3. 启动容器

使用 docker start 命令启动一个或多个处于停止状态的容器，其基本语法如下。

docker start [选项] 容器 [容器…]

例如，启动前面创建的容器。

[root@host1 ~]# docker start 64ea1e69ec00
64ea1e69ec00

对于运行中的容器，可以使用 docker restart 命令重新启动它。

4. 停止容器

使用 docker stop 命令停止一个或多个处于运行状态的容器，其基本语法如下。

docker stop [选项] 容器 [容器…]

例如，以下操作为停止前面已启动的容器。

[root@host-a ~]# docker stop 64ea1e69ec00
64ea1e69ec00

也可以使用 docker pause 命令暂停容器中所有的进程。如果要恢复容器中被暂停的所有进程，则可以使用 docker unpause 命令。

还可以使用 docker kill 命令"杀死（强制停止）"一个或多个容器。

docker kill [选项] 容器 [容器…]

5. 重命名容器

使用 docker rename 命令为现有的容器重新命名，以便于后续的容器操作，基本语法如下。

```
docker rename 容器 容器名称
```

例如，以下操作过程验证了容器的重命名。

```
[root@host1 ~]# docker run -d httpd
5ecbaf9d164f21e6e9f590b1f5fd17af3180f8eb5bca319d7744e1a314bbfa85
[root@host1 ~]# docker rename 5ecbaf9d164f  myweb
[root@host1 ~]# docker ps -l
```

CONTAINER ID	IMAGE	COMMAND	CREATED	STATUS	PORTS	NAMES
5ecbaf9d164f	httpd	"httpd-foreground"	2 minutes ago	Up 2 minutes	80/tcp	myweb

6. 显示容器列表

使用 docker ps 命令显示容器列表，基本语法如下。

```
docker ps [选项]
```

主要选项说明如下。

-a（--all）：显示所有的容器，包括未运行的容器。

-f（--filter）：根据条件过滤显示的容器。

-l（--latest）：显示最近创建的容器。

-n（--last int）：列出最近创建的 n 个容器。

--no-trunc：不截断输出，显示完整的容器信息。

-q（--quiet）：采用静默模式，只显示容器 ID。

-s（--size）：显示总的文件大小。

不带任何选项执行该命令会列出所有正在运行的容器信息。可以使用-a 选项列出所有的容器，例如：

```
[root@host1 ~]# docker ps -a
```

CONTAINER ID	IMAGE	COMMAND	CREATED	STATUS	PORTS	NAMES
5ecbaf9d164f	httpd	"httpd-foreground"	2 minutes ago	Up 2 minutes	80/tcp	myweb
8a8ca6728c9d	imglayers-test	"/bin/sh -c 'python…"		……		harming_ganguly
04f8a983bc4e	ubuntu	"/bin/bash"	11 hours ago	Exited (0) 11 hours ago		clever_montalcini
……						

其中 STATUS 列显示容器的状态。

-f 选项可以通过多种条件过滤容器，如 id（容器 ID）、name（容器名称）、label（由键值对定义的元数据）、status（状态，可用值有 created、restarting、running、removing、paused、exited、dead）等。如以下命令，列出了已停止的容器。

```
[root@host1 ~]# docker ps --filter status=exited
```

CONTAINER ID	IMAGE	COMMAND	CREATED	STATUS	NAMES
8a8ca6728c9d	imglayers-test	"/bin/sh -c 'python …"		……	harming_ganguly
04f8a983bc4e	ubuntu	"/bin/bash"	11 hours ago	Exited (0) 11 hours ago	clever_montalcini
……					

通过 shell 命令替换 docker ps 命令可以完成容器的批量操作。例如，以下命令暂停正在运行的所有容器。

```
docker pause $(docker ps -f status=running -q)
```

7. 查看容器详细信息

使用 docker inspect 命令来查看容器的详细信息，也就是元数据。默认情况下，以 JSON 数组格式输出所有结果。如果只需要其中的特定内容，可以使用-f（--format）来指定。例如，获取容器

5ecbaf9d164f 的名称，如下所示。

[root@host1 ~]# docker inspect --format='{{.Name}}' 5ecbaf9d164f
/myweb

又如，通过 JSON 格式的 State 子节获取容器的状态元数据，如下所示。

[root@host1 ~]# docker inspect --format='{{json .State }}' myweb
{"Status":"running","Running":true,"Paused":false,"Restarting":false,"OOMKilled":false,"Dead":false,"Pid":21545,"ExitCode":0,"Error":"","StartedAt":"2020-01-11T20:33:54.133559551Z","FinishedAt":"0001-01-01T00:00:00Z"}

8. 进入容器

对于正在运行的容器而言，用户可以通过执行相应的 Docker 命令进入该容器进行交互操作。目前 Docker 主要提供以下两种操作方法。

（1）使用 docker attach 命令连接到正在运行的容器

其语法格式如下。

docker attach [选项] 容器

这实际上是将 Docker 主机本地的标准输入、标准输出和错误流连接（附加）到一个正在运行的容器上。执行一个 shell 命令行时通常会自动打开 3 个标准文件：标准输入文件（STDIN）通常对应终端的键盘，标准输出文件（STDOUT）和标准错误输出文件（STDERR）则对应终端的屏幕。

要连接的容器必须正在运行，可以从 Docker 主机上不同的会话终端（打开多个终端）同时连接到同一个容器来共享容器的输出，看到同步操作过程。

下面的示例示范了连接到一个运行中的容器并从中退出的过程。

[root@host1 ~]# docker run -d --name topdemo ubuntu /usr/bin/top -b
2350cfa9849b595cc1bcf3aa502c86190a920738c633657493bc1ed8df518b33
[root@host1 ~]# docker attach topdemo
top - 15:17:52 up 1:17, 0 users, load average: 0.00, 0.03, 0.05
Tasks: 1 total,   1 running,   0 sleeping,   0 stopped,   0 zombie
%Cpu(s): 5.9 us, 1.3 sy, 0.0 ni, 92.8 id, 0.0 wa, 0.0 hi, 0.0 si, 0.0 st
KiB Mem : 3861512 total,   988128 free, 1096144 used, 1777240 buff/cache
KiB Swap: 4063228 total, 4063228 free,   0 used. 2455108 avail Mem

  PID USER   PR NI   VIRT   RES   SHR S %CPU %MEM   TIME+ COMMAND
    1 root   20   0   36472   1616   1264 R   0.0   0.0   0:00.06 top ^C
[root@host1 ~]# docker ps -a | grep topdemo
2350cfa9849b   ubuntu "/usr/bin/top -b" 2 minutes ago   Exited (0) About a minute ago   topdemo

连接到容器后，按 Ctrl+C 组合键不仅会从容器退出（脱离容器），而且会导致容器停止。要使容器依然运行，就需要在执行 Docker run 命令运行容器时加上 --sig-proxy=false 选项，确保按 Ctrl+C 组合键或 Ctrl+D 组合键不会停止容器，例如：

docker attach --sig-proxy=false topdemo

这个命令比较过时，更多的 Docker 用户会考虑使用 docker exec 命令来实现相同的功能。

（2）使用 docker exec 命令在正在运行的容器中执行命令

该命令直接进入容器内执行命令，其语法格式如下。

docker exec [选项] 容器 命令 [参数…]

-d 选项表示分离模式，在后台运行命令；-i 选项表示即使没有连接上也保持标准输入处于打开状态，是一种交互模式；-t 选项用于分配一个伪终端。

下面的示例示范了进入一个运行中的容器，交互执行命令，并从容器中退出的过程。

```
[root@host1 ~]# docker start topdemo
topdemo
[root@host1 ~]# docker exec –it topdemo /bin/bash
root@2350cfa9849b:/# ps
    PID TTY             TIME CMD
      6 pts/0          00:00:00 bash
     15 pts/0          00:00:00 ps
root@2350cfa9849b:/# exit
exit
[root@host1 ~]#
```

受惯性思维影响，有人希望使用 SSH 来进入容器执行命令，方法是制作镜像时安装 SSH 服务器。但是 Docker 不建议使用 SSH 进入容器，除非容器运行的就是一个 SSH 服务器。SSH 存在进程开销大和易导致被攻击风险增加的问题，而且其违背 Docker 所倡导的一个容器一个进程的原则。

9. 删除容器

可以使用 docker rm 命令删除一个或多个容器，基本语法如下。

```
docker rm [选项] 容器 [容器…]
```

默认情况下，只能删除没在运行的容器。要删除正在运行的容器，需要使用-f（--force）选项通过 SIGKILL 信号强制删除，例如：

```
[root@host1 ~]# docker rm –f topdemo
topdemo
```

还有两个选项与网络连接和数据卷有关：-l（--link）选项设置是否删除容器的网络连接，而保留容器本身；-v（--volumes）选项设置是否删除与容器关联的卷。

任务三　Docker 注册中心的使用与操作

任务说明

镜像构建完成后，可以很容易地在本地（当前主机上）运行，但是如果需要在其他主机上使用这个镜像，就需要一个集中存储和分发镜像的服务，提供这种服务的是注册中心。一个 Docker 注册中心往往包括许多仓库，每个仓库可以包含多个标签，每个标签对应一个镜像。官方的注册中心 Docker Hub 提供大规模的公开仓库，其中存放了数量庞大的镜像供用户下载。几乎所有常用的操作系统、数据库、中间件、应用软件等都有现成的 Docker 官方镜像，或由贡献者（其他个人和组织）创建的镜像，用户只需要稍作配置就可以直接使用。了解相关的背景知识，掌握官方的 Docker Hub、第三方注册中心，以及自建 Docker 注册中心的使用，就能解决镜像的集中存储和分发问题。本任务的具体要求如下。

- 了解 Docker 注册中心及其镜像仓库。
- 熟悉 Docker Hub 的使用。
- 了解第三方 Docker 注册中心的使用。
- 建立和使用自己的 Docker 注册中心。

知识引入

1. Docker 注册中心与仓库

目前有人将注册中心与仓库这两个术语混用，并不严格区分，这不利于理解 Docker 注册中心。Registry 可译为注册中心或注册服务器，是存放仓库的地方，一个注册中心往往有很多仓库。Docker 默认的注册中心是 Docker Hub，其可以通过浏览器访问，也可以使用 docker search 命令访问。目前规模最大的 Docker 注册中心是官方的 Docker Hub，国内各大云计算服务商为它提供了镜像加速器以支持其在国内能够快速稳定地访问。还有一些第三方的 Docker 注册中心可供使用，如阿里云的容器镜像服务。当然用户也可以建立自己的 Docker 注册中心。

仓库是集中存放镜像文件的地方。每个仓库集中存放某一类镜像，往往包括多个镜像文件，不同的镜像通过不同的标签来区分，并通过"仓库名:标签"格式指定特定版本的镜像。

仓库名经常以两段的格式出现，如 gitlab/gitlab-ce，前者是命名空间，后者是仓库名。命名空间可能就是用户名，具体取决于所使用的 Docker 注册中心。严格地讲，镜像命名时应在仓库名之前加上 Docker 注册中心主机名作为前缀，只有使用默认的 Docker Hub 时才忽略该前缀。前面在介绍设置镜像标签时已经详细说明了镜像的命名。

根据所存储的镜像文件是否公开共享，可以将 Docker 仓库分为公开仓库（Public Repositories）和私有仓库（Private Repositories）。

Docker 注册中心借鉴了源代码托管平台 Git 的优秀设计思想。当用户创建了自己的镜像之后，可以使用 docker push 命令将它上传到指定的注册中心。用户在另一台计算机上使用该镜像时，只需使用 docker pull 命令将其从注册中心下载就可以了。

2. Docker Hub

Docker Hub 是一个基于云的注册中心，它为镜像的检索、发布和变更管理、用户和团队协作、开发流程的自动化提供了集中式的资源服务，其主要功能如下。

* 镜像仓库：上传和下载容器镜像。
* 团队和组织：管理对容器镜像的私有仓库的访问。
* 官方镜像：下载和使用由 Docker 官方提供的高质量容器镜像。
* 发布者镜像：下载和使用由外部供应商提供的高质量容器镜像。
* 构建：从 GitHub 和 Bitbucket 这两个源代码托管平台自动构建容器镜像并将它们上传到 Docker Hub。当对源代码库进行修改时，会自动构建一个新镜像。
* Webhooks：这是一个自动化构建特性，在一个镜像上传成功后，Webhooks 会触发操作，将 Docker Hub 与其他服务进行整合。

可见，Docker Hub 不仅仅提供镜像存储和分发服务，还有自动构建镜像的功能。

可以根据镜像仓库的内容将它们分为两个层次：一个是顶级镜像仓库，另一个是次级镜像仓库。顶级镜像仓库如图 2-6 所示，其中主要是一些基础镜像。

次级镜像仓库是指特定命名空间下的镜像仓库，如图 2-7 所示，图中的仓库 gitlab-runner 和 gitlab-ce 都位于 gitlab 命名空间下，它们都是次级镜像仓库。

Docker 可以通过 docker search、docker pull、docker login 和 docker push 等命令提供对 Docker Hub 的访问。

图2-6 顶级镜像仓库

图2-7 次级镜像仓库

3. 官方仓库

Docker Hub 包括大量的官方仓库，这些是由厂商和贡献者向 Docker 提供的公开的、经过认证的仓库，能够确保仓库及时进行安全更新。像 Canonical、Oracle 和 Red Hat 这样的厂商提供的 Docker 镜像，用户可以用来作为基础镜像构建自己的应用和服务。总体来说，这些官方仓库主要有以下用途。

- 提供必要的基础 OS 镜像仓库（如 Ubuntu、CentOS），作为大多数用户构建镜像的起点。
- 为流行的编程语言运行时、数据存储和其他服务提供类似于平台即服务（PaaS）所提供的解决方案。
- 可以作为学习 Dockerfile 的最佳实践，提供清晰的文档供其他 Dockerfile 作者参考。
- 确保及时的安全更新。这对 Docker Hub 上最流行的官方仓库而言尤其重要。

建议 Docker 初学者在项目中使用官方仓库，这些仓库有清晰的文档，适合最佳实践，它们多为最通用的应用场合而设计。高级用户也可将查看官方仓库作为 Dockerfile 学习过程的一部分，尤其是开发人员可以借鉴官方镜像构建的经验，因为 Docker 工程师会尽可能以最佳方式在容器中运行软件。

4. 镜像加速器

Docker Hub 部署在境外服务器中，在国内访问可能会受到影响。为解决此问题，需要配置相应的国内镜像源来提高镜像的下载速度和稳定性。目前国内提供的 Docker Hub 镜像服务主要有阿里云加速器、DaoCloud、网易云镜像仓库和时速云镜像服务等。

现在 Docker 官方也提供了在我国的加速器，不用注册，直接使用加速器地址即可使用。使用该加速器的基本配置方法是修改/etc/docker/daemon.json 文件，在其中加上以下语句。

```
"registry-mirrors": ["https://registry.docker-cn.com"]
```

保存该文件之后执行下面的命令重启 Docker，以使 Docker 的配置文件生效。

```
systemctl daemon-reload
systemctl restart docker
```

目前只能通过此镜像加速器访问流行的公开镜像，而私有镜像仍需要用户从位于美国的镜像仓库中拉取。

阿里云除了提供 Docker Hub 镜像加速器之外，还提供与 Docker Hub 类似的容器镜像服务（Container Registry），方便用户进行镜像全生命周期管理。注册之后，用户也可以将镜像推送到阿里云的容器镜像服务器上。

任务实现

1. 创建一个 Docker Hub 账户

匿名访问（不用注册账户，不用登录）可以从 Docker Hub 上搜索并获取所需的镜像。但是，要充分使用 Docker Hub，如推送（上传）镜像、发表评论等，还是应当创建一个合法的账户。创建一个账户后可以免费使用 Docker Hub 的一个私有仓库（免费用户只能有一个私有仓库），如果需要更多的私有仓库，可以付费来升级免费账户。

创建一个 Docker
Hub 账户

通过浏览器访问 Docker Hub 官网来创建一个免费账户，注册界面如图 2-8 所示。

图 2-8　Docker Hub 注册界面

注意，如果使用 Google 浏览器注册则需要 Google 的人机身份验证，可以在 Google 浏览器中安装谷歌访问助手插件。如果使用 FireFox 浏览器则不受此限制，只需选中 "I'm not a robot" 复选框即可，图 2-8 就是使用 FireFox 浏览器访问 Docker Hub 官网进行注册的界面。

注册账户时需要一个有效的电子邮箱，用于接收激活校验信息，注册完毕先要到注册邮箱里激活校验，这样就能登录 Docker Hub 了，如图 2-9 所示。

2. 使用 Docker Hub

Docker Hub 仓库使用户与同事、客户或 Docker 社区共享镜像。如果在内部构建镜像，则无论是在自己的 Docker 守护进程中，还是使用持续集成服务，都可以将镜像推送到 Docker Hub 仓库。即便 Docker 镜像的源代码位于 GitHub 或 Bitbucket 平台上，也可以使用由 Docker Hub 服务构建的 Automated Builds 仓库。

使用 Docker Hub

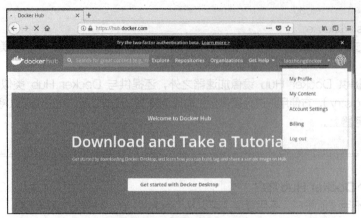

图 2-9　已登录 Docker Hub

（1）搜索镜像

有两种方法可以从 Docker Hub 查找公开的仓库和镜像：一是在 Docker Hub 网站上使用搜索（Search）功能，二是使用 Docker 命令行工具执行 docker search 命令进行搜索。这两种方法都会列出 Docker Hub 上匹配搜索词的可用的公开仓库，而私有仓库不会出现在搜索结果中。

使用 docker search 命令可以通过镜像名称、用户名或描述信息来查找镜像，例如：

```
[root@host-a ~]# docker search centos
NAME                      DESCRIPTION                     STARS   OFFICIAL   AUTOMATED
centos                    The official build of CentOS.   4737    [OK]
ansible/centos7-ansible   Ansible on Centos7              118                [OK]
jdeathe/centos-ssh        ntOS-6 6.10 x86_64 / CentOS-7 7.5.1804 x86…  100  [OK]
consol/centos-xfce-vnc    ntos container with "headless" VNC session…63   [OK]
……
```

其中第 1 个结果 centos 没有明确列出仓库，并且在 OFFICIAL 列进行标记，这意味着它来自官方仓库的顶级命名空间。第 2 个结果 ansible/centos7-ansible 显示它来自用户的公开仓库，名为 ansible，而符号"/"将用户的仓库与镜像名称分开。

一旦找到了所需的镜像，就可以用 docker pull 命令下载，这样就获得了一个可以用来运行容器的镜像。

（2）查看仓库标签

Docker Hub 的仓库中的"Tags"标签页显示可用标签及相关镜像的大小，如图 2-10 所示。镜像大小是镜像及其所有父镜像占用的累积空间，也是在通过 docker save 命令保存镜像时创建的 tar 文件所占的磁盘空间。

（3）在 Docker Hub 上创建新的仓库

以用户账户登录 Docker Hub，单击"Create Repository"按钮，打开图 2-11 所示的界面。左上角下拉菜单用于定义命名空间，通常以用户的 Docker ID 作为命名空间；该下拉菜单右边定义仓库名称，该名称在命名空间中具有唯一性，且只能由小写字母、数字、连接符和下划线组成。"Description"处用于定义可搜索的描述内容。"Visibility"区域定义仓库的可见性，默认"Public"表示公开库，这里选择"Private"，即私有仓库。免费用户只能获得一个私有仓库，且用户需要登录之后才能使用私有仓库。

设置好上述内容之后，单击"Create"按钮即会创建一个仓库。随后用户通过 docker push 命令可将自己的镜像传到该仓库中。

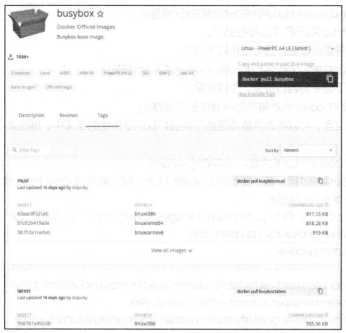

图2-10　查看仓库中的"Tags"标签页

图2-11　创建仓库

（4）将仓库镜像推送到 Docker Hub

要将仓库上传到 Docker Hub，需要使用 Docker Hub 用户名和仓库名为本地镜像命名（设置标签）。通过指定特殊的标签可以在一个仓库中添加多个镜像（如 docs/base:testing），如果没有指定，则会使用 latest 这个默认标签。

可以在构建镜像的同时通过以下命令命名镜像。

```
docker build –t <Docker Hub 用户名>/<仓库名>[:<标签>]
```

其中 Docker Hub 用户名作为命名空间。

为已存在的镜像重新设置标签可使用以下命令。

```
docker tag <现有镜像> <Docker Hub 用户名>/<仓库名>[:<标签>]
```

还可以使用以下命令将容器提交，生成镜像。

```
docker commit <Docker Hub 用户名>/<仓库名>[:<标签>]
```

完成镜像命名之后，可以将此镜像推送到由其名称或标签指定的仓库中。推送命令 docker push 的语法如下。

```
docker push <Docker Hub 用户名>/<仓库名>[:<标签>]
```

下面示范推送镜像的过程。首先要登录 Docker Hub，可以使用 docker login 命令。

```
[root@host1 ~]# docker login
Login with your Docker ID to push and pull images from Docker Hub. If you don't have a Docker ID,
head over to https://hub.docker.com to create one.
Username: laozhongdocker
Password:
WARNING! Your password will be stored unencrypted in /root/.docker/config.json.
Configure a credential helper to remove this warning. See
https://docs.docker.com/engine/reference/commandline/login/#credentials-store
Login Succeeded
```

然后为镜像设置标签。

```
[root@host1 ~]# docker tag hello-world laozhongdocker/hello-world
```

此处没有显式使用标签，会使用默认的 latest。

最后推送该镜像。

```
[root@host1 ~]# docker push laozhongdocker/hello-world
The push refers to repository [docker.io/laozhongdocker/hello-world]
af0b15c8625b: Mounted from library/hello-world
latest: digest: sha256:92c7f9c92844bbbb5d0a101b22f7c2a7949e40f8ea90c8b3bc396879d95e899a
size: 524
```

可以到 Docker Hub 上查看推送的仓库，如图 2-12 所示。

图 2-12　新推送到 Docker Hub 的镜像仓库

镜像上传之后，其他用户就可以使用该镜像了。

（5）使用私有仓库

私有仓库可以包含私有镜像，只有用户自己的账户或者指定的团队成员才可以访问。当然，要在 Docker Hub 上使用私有仓库需要先添加一个 Docker Hub 账户。

私有仓库类似于公开仓库，但是，无法在公共注册中心中浏览它们或搜索其内容，并且它们不像公开仓库那样被缓存。

可以指定协作者并在该仓库的"Settings"页面管理他们对私有仓库的访问。如果有足够的可用仓库位置，则还可以切换仓库的公开和私有状态。

3. 配置镜像加速器

这里以阿里云的 Docker Hub 镜像加速器为例进行示范。通过浏览器访问阿里云，需要提供账户进行登录，如果没有，需要先注册一个阿里云账号，并开通容器镜像服务。成功登录之后打开镜像仓库管理控制台，单击"容器镜像服务"节点下面的"镜像加速器"选项，出现图 2-13 所示的界面，提供配置向导。

该向导自动生成一个加速器地址，可以直接复制，该地址在/etc/docker/daemon.json 文件中进行配置。阿里云提供不同操作系统的加速器配置方法，本例使用 CentOS 平台，切换到该平台则会显示详细的操作文档，按照该文档的说明进行操作即可。配置成功之后，即可通过该镜像加速器快速获取 Docker Hub 镜像仓库资源。

4. 使用第三方 Docker 注册中心

除了官方的 Docker Hub 之外，还有一些服务商提供类似的 Docker 注册中心，如阿里云。阿里云除了提供 Docker Hub 的镜像加速服务之外，也像 Docker Hub 一样提供自己的仓库注册服务——容器镜像服务。在该服务的开通流程中，需要设置独立于阿里云账号密码的 Registry 登录密码，以便于镜像的上传和下载。接下来简单介绍一下阿里云的 Docker 镜像仓库的基本使用方法。

图 2-13　阿里云镜像加速器配置向导

使用阿里云的容器镜像服务

（1）搜索镜像

使用阿里云账号的 Registry 登录密码通过浏览器登录管理控制台，单击"容器镜像服务"节点下面的"镜像库"选项，再单击"镜像搜索"选项，出现图 2-14 所示的搜索界面，可以选择搜索阿里云镜像还是官方镜像（特指 Docker Hub 的镜像）。

图 2-14　镜像搜索

（2）使用命名空间

阿里云的容器镜像服务使用命名空间来分区管理镜像仓库。命名空间是一些仓库的集合，这里推荐将一个公司或组织的仓库集中在一个命名空间下面。要将镜像推送（上传）到阿里云的 Docker 仓库中，必须先创建命名空间，目前每个主账号可以创建 5 个命名空间。单击"容器镜像服务"节点下面的"命名空间"选项，进入相应界面，可以创建和管理命名空间，如图 2-15 所示。这里创建了一个名为 docker_abc 的命名空间。这里默认允许用户直接推送镜像，系统自动根据仓库名称创建对应仓库，可以通过将自动创建仓库设置为关闭来禁用这一自动创建的功能。对于推送镜像自动创建的仓库，默认其是私有的，可以将默认仓库类型设置为公开，以使自动创建的仓库默认为公开仓库。

图2-15 命名空间

（3）从命令行登录阿里云 Registry

无论是使用docker pull 命令从阿里云镜像仓库拉取镜像，还是通过 docker push 命令将镜像推送到阿里云镜像仓库，都必须先使用 docker login 命令登录阿里云 Registry。此处以阿里云杭州公网 Registry（网址 registry.cn-hangzhou.aliyuncs.com）为例，登录时必须指明 Registry 域名，并输入用户名和登录密码，登录成功之后会显示 Login Succeeded，例如：

[root@host1 ~]# docker login registry.cn-hangzhou.aliyuncs.com

Username: zhongxpaly

Password:

WARNING! Your password will be stored unencrypted in /root/.docker/config.json.

Configure a credential helper to remove this warning. See

https://docs.docker.com/engine/reference/commandline/login/#credentials-storedocker   login

--username= registry.cn-hangzhou.aliyuncs.com

Login Succeeded

注意，此处用户名是阿里云账号，登录密码是在镜像仓库管理控制台设置的 Registry 登录密码，而不是阿里云账号登录密码。

（4）将镜像推送到阿里云 Registry

镜像在本地环境构建或是打包之后，就可以推送到 Registry。

首先要确认登录的用户对指定的命名空间有写入权限，还要注意登录的 Registry 和当前操作镜像的 Registry 必须保持一致。例如，在只登录 registry.cn-hangzhou.aliyuncs.com 的情况下推送 registry.cn-qingdao.aliyuncs.com 的镜像，客户端会出现未授权的错误信息。

然后为镜像设置针对阿里云 Registry 的标签，其标签格式如下。

Registry 域名/命名空间/仓库名称:[标签]

其中，Registry 域名为阿里云 Registry 的域名，仓库名称就是镜像名称，标签相当于镜像版本。在本示例中进行如下操作。

[root@host1 ~]# docker tag hello-world registry.cn-hangzhou.aliyuncs.com/docker_abc/hello-world

最后执行 docker push 命令。

[root@host1 ~]# docker push registry.cn-hangzhou.aliyuncs.com/docker_abc/hello-world

The push refers to repository [registry.cn-hangzhou.aliyuncs.com/docker_abc/hello-world]

af0b15c8625b: Pushed

latest: digest: sha256:92c7f9c92844bbbb5d0a101b22f7c2a7949e40f8ea90c8b3bc396879d95e899a

size: 524

可以到阿里云 Registry 上查看新推送的仓库，如图 2-16 所示。

图 2-16　新推送到阿里云 Registry 的仓库

（5）从阿里云 Registry 拉取镜像

如果要拉取公开仓库下的镜像，可以不用登录阿里云 Registry。先通过浏览器搜索到要拉取的镜像，获取其地址（格式为"Registry 域名/命名空间/仓库名称:[标签]"），再进行拉取操作。

下面示范拉取之前上传的镜像。

```
[root@host1 ~]# docker pull registry.cn-hangzhou.aliyuncs.com/docker_abc/hello-world
Using default tag: latest
latest: Pulling from docker_abc/hello-world
Digest: sha256:92c7f9c92844bbbb5d0a101b22f7c2a7949e40f8ea90c8b3bc396879d95e899a
Status: Image is up to date for registry.cn-hangzhou.aliyuncs.com/docker_abc/hello-world:latest
registry.cn-hangzhou.aliyuncs.com/docker_abc/hello-world:latest
```

5. 自建 Docker 注册中心

考虑到安全可控性和 Internet 连接限制的问题，用户可以建立自己的注册中心提供镜像仓库注册服务。Docker Registry 工具已经开源，并在 Docker Hub 提供官方镜像。下面讲解通过容器部署自己的 Docker 注册中心的方法，其用于在可控的环境中存储和分发镜像。

自建 Docker 注册中心

（1）基于容器安装运行 Registry

Docker Registry 工具目前的最新版本为 2.0 系列，它主要负责镜像仓库的管理。执行以下命令，创建并启动一个运行 Docker Registry 的容器。

```
[root@host1 ~]# docker run -d -p 5000:5000 --restart=always --name myregistry -v /opt/data/
registry:/var/lib/registry registry
……
dc7065038c733944e180e8a987d58fe34ad7eb11ff5d841f9f836488888eefae
```

这里通过-v 选项将主机的本地/opt/data/registry 目录绑定到容器/var/lib/registry 目录（Docker Registry 默认存放镜像文件的位置）中，这样可以实现数据的持久化，将镜像仓库存储到本地文件系统中。

-p 选项用于设置映射端口，这样访问主机的 5000 端口就能访问到 Registry 容器的服务。

--restart 选项设置重启策略，上面示例中值设置为 always，表示这个容器即使异常退出也会自动重启，保持了 Registry 服务的持续运行。

--name myregistry 选项表示将该容器命名为 myregistry，便于后续操作。

可以执行以下命令获取所有的镜像仓库来测试 Docker Registry 服务，下面示例中说明服务正常运行，刚建立的注册中心还没有任何镜像。

```
[root@host1 ~]# curl http://127.0.0.1:5000/v2/_catalog
{"repositories":[]}
```

（2）将镜像上传到自建的注册中心

上传镜像之前需要首先针对自建的注册中心设置相应的标签，其标签格式如下。

[主机:端口]/仓库名称:[标签]

其中，主机可以是自建注册中心的域名或 IP 地址，端口就是该中心对外提供注册服务的端口。在本示例中进行如下操作。

[root@host1 ~]# docker tag hello-world   127.0.0.1:5000/hello-world:v1

然后执行镜像上传命令。

[root@host1 ~]# docker push 127.0.0.1:5000/hello-world:v1

The push refers to repository [127.0.0.1:5000/hello-world]

af0b15c8625b: Pushed

v1: digest: sha256:92c7f9c92844bbbb5d0a101b22f7c2a7949e40f8ea90c8b3bc396879d95e899a

size: 524

完成之后进行测试。

[root@host1 ~]# curl http://127.0.0.1:5000/v2/_catalog

{"repositories":["hello-world"]}

也可以直接使用浏览器访问自建注册中心。

（3）从自建注册中心下载镜像

上传测试没问题之后，接下来测试下载刚才推送的镜像。

[root@host1 ~]# docker pull 127.0.0.1:5000/hello-world:v1

v1: Pulling from hello-world

Digest: sha256:92c7f9c92844bbbb5d0a101b22f7c2a7949e40f8ea90c8b3bc396879d95e899a

Status: Image is up to date for 127.0.0.1:5000/hello-world:v1

127.0.0.1:5000/hello-world:v1

这表明下载也没问题了。

（4）配置注册中心地址

默认情况下，注册中心地址使用 localhost 或 127.0.0.1 是没有问题的。如果要使用主机的域名或 IP 地址就会报出 "http: server gave HTTP response to HTTPS client" 这样的错误，这是因为 Docker 自从 1.3.X 版之后，访问 Docker 注册中心默认使用的是 HTTPS，但是搭建的私有注册中心默认使用的是 HTTP。

最简单的解决方案是修改 Docker 客户端的/etc/docker/daemon.json 文件，将要使用的注册中心域名或 IP 地址添加到 insecure-registries 列表中，以允许 Docker 客户端与该列表中的注册中心进行不安全的通信。本示例中定义如下。

"insecure-registries":["192.168.199.51:5000"]

如果该配置文件没有内容，则需要加上花括号，例如：

{ "insecure-registries":["192.168.199.51:5000"] }

然后重启 docker 服务。

systemctl   restart docker

这样再进行上传、下载操作就没有问题了，例如：

[root@host1 ~]# docker pull 192.168.199.51:5000/hello-world:v1

v1: Pulling from hello-world

Digest: sha256:92c7f9c92844bbbb5d0a101b22f7c2a7949e40f8ea90c8b3bc396879d95e899a

Status: Downloaded newer image for 192.168.199.51:5000/hello-world:v1

192.168.199.51:5000/hello-world:v1

任务四 构建镜像

任务说明

对于 Docker 用户来说，最方便的方式是使用已有的镜像。如果找不到合适的现有镜像，或者需要在现有镜像中加入特定的功能，则需要自己构建镜像。当然，对于自己开发的应用程序，如果要在容器中部署运行，一般都要构建自己的镜像。大部分情况下都是基于一个已有的基础镜像来构建镜像，不必从"零"开始。Docker 提供了两种构建镜像的方法：一是将现有容器转化为镜像，二是通过 Dockerfile 构建镜像。本任务的具体要求如下。

- 了解构建镜像的两种方法。
- 熟悉 Dockerfile 构建镜像的基本语法和主要的 Dockerfile 指令。
- 使用 docker commit 命令基于容器构建镜像。
- 使用 docker build 命令基于 Dockerfile 构建镜像。

知识引入

1. 基于容器生成镜像

容器启动后是可写的，所有写操作都保存在顶部的可写层中。可以通过 docker commit 命令将现有的容器进行提交来生成新的镜像。

具体的实现原理是通过对可写层的修改生成新的镜像，如图 2-17 所示。这种方式会让镜像的层数越来越多，因为联合文件系统所允许的层数是有限的，所以还存在一些不足，这在本项目的任务一讲解基于联合文件系统的镜像分层时已经说明。Docker 并不推荐使用这种方法，而是建议通过 Dockerfile 构建镜像。

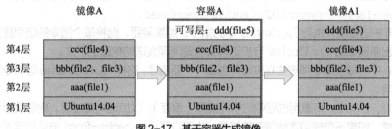

图 2-17　基于容器生成镜像

docker commit 命令用于从容器中创建一个新的镜像，语法如下。

```
docker commit [选项] 容器 [仓库[:标签]]
```

-a 选项指定提交的镜像作者；-c 选项表示使用 Dockerfile 指令来创建镜像；-p 选项表示在执行提交命令 commit 时将容器暂停。

2. 进一步了解 Dockerfile

Dockerfile 可以非常容易地定义镜像内容，其是由一系列指令和参数构成的脚本，每一条指令构建一层，因此每一条指令的内容就是描述该层应当如何构建，一个 Dockerfile 包含了构建镜像的完整指令。Docker 通过读取一系列 Dockerfile 指令自动构建镜像。

镜像的定制实际上就是定制每一层所添加的配置、文件。将每一层修改、安装、构建、操作的命令都写入一个 Dockerfile 脚本，使用该脚本构建、定制镜像，可以解决基于容器生成镜像无法重复、构建缺乏透明性和体积偏大的问题。创建 Dockerfile 之后，当需要定制自己额外的需求时，只需在 Dockerfile

上添加或者修改指令，重新生成镜像即可。

3. Dockerfile 构建的基本语法

基于 Dockerfile 构建镜像使用 docker build 命令，该命令基本语法如下。

```
docker build [选项] 路径 | URL | -
```

该命令通过 Dockerfile 和构建上下文（Build Context）构建镜像。构建上下文是由文件路径（本地文件系统上的目录）或一个 URL（Git 仓库位置）定义的一组文件。

构建上下文以递归方式处理，这样本地路径包括其中的任何子目录，URL 包括仓库及其子模块。使用当前目录作为构建上下文的简单构建命令如下。

```
docker build .
Sending build context to Docker daemon    6.51 MB
...
```

镜像构建由 Docker 守护进程而不是命令行接口运行。构建过程中一开始将整个构建上下文递归地发送给守护进程。大多数情况下，最好将 Dockerfile 和所需文件复制到一个空的目录中，再以这个目录为构建上下文进行构建。

一定要注意不要将多余的文件放到构建上下文中，特别是不要把/、/usr 路径作为构建上下文，否则构建过程会相当缓慢甚至失败。

要使用构建上下文中的文件，可由 Dockerfile 引用由指令（如 COPY）指定的文件。

按照习惯，将 Dockerfile 文件直接命名为"Dockerfile"，并置于构建上下文的根位置。否则，执行镜像构建时就需要使用-f 选项指定 Dockerfile 文件的具体位置。

```
docker build -f Dockerfile 文件路径 .
```

其中点号（.）表示当前路径。

可以通过-t（--tag）选项指定构建的新镜像的仓库名和标签，例如：

```
docker build -t shykes/myapp .
```

要将镜像标记为多个仓库，就要在执行 build 命令时添加多个-t 选项（带参数），例如：

```
docker build -t shykes/myapp:1.0.2 -t shykes/myapp:latest .
```

Docker 守护进程逐一执行 Dockerfile 中的指令。如果需要，则将每个指令的结果提交到一个新的镜像，最后输出新镜像的 ID。Docker 守护进程会自动清理发送的构建上下文。

Dockerfile 中的每条指令都被独立执行并创建一个新镜像，这样 RUN cd /tmp 等命令就不会对下一条指令产生影响。

只要有可能，Docker 将重用过程中的中间镜像（缓存），以加速构建过程。构建缓存仅会使用本地生成链上的镜像，如果不想使用本地缓存的镜像，也可以通过--cache-from 选项指定缓存。如果通过--no-cache 选项禁用缓存，则将不再使用本地生成的镜像链，而是从镜像仓库中下载。

构建成功后，可以将所生成的镜像推送到 Docker 注册中心。

4. Dockerfile 格式

Dockerfile 的格式如下：

```
# 注释
指令 参数
```

指令不区分大小写，但建议大写。指令可以指定若干参数。

Docker 按顺序执行其中的指令。Dockerfile 文件必须以 FROM 指令开头，该指令定义构建镜像的基础镜像。FROM 指令之前唯一允许的是 ARG 指令（用于定义变量）。

以"#"符号开头的行都将被视为注释，除非是解析器指令（Parser Directive）。行中其他位置的"#"符号将被视为参数的一部分。

解析器指令是可选的，它会影响处理 Dockerfile 中后续行的方式。解析器指令不会添加镜像层，也不会在构建步骤中显示。解析器指令是"# 指令 = 值"格式的一种特殊类型的注释，单个指令只能使用一次。

一旦注释、空行或构建器指令被处理，Docker 就不再搜寻解析器指令，而是将格式化解析器指令的任何内容都作为注释，并且判断解析器指令。因此，所有解析器指令都必须位于 Dockerfile 的首部。

Docker 可使用解析器指令 escape 设置用于转义字符的字符。如果未指定，则默认转义字符为反斜杠"\"。转义字符既用于转义行中的字符，也用于转义一个新的行，这让 Dockerfile 指令能跨越多行。例如：

```
# escape=\
```

或者，

```
# escape=`
```

将转义字符设置为反引号（`）在 Windows 系统中特别有用，默认转义字符"\"是目录路径分隔符。

5. .dockerignore 文件

要提高构建性能，可通过将.dockerignore 文件添加到构建上下文中来定义要排除的文件和目录。只要提供.dockerignore 文件，在将构建上下文发送到 Docker 守护进程之前，命令行接口就将修改上下文以排除匹配该文件定义的文件和目录。这有助于避免不必要地发送大型的或敏感的文件和目录，转而使用 ADD 或 COPY 指令将这些文件或目录添加到镜像中。

命令行接口将.dockerignore 文件解释为以换行符分隔的模式列表，构建上下文的根被认为是工作目录和根目录。匹配是使用 Go 的 filepath.Match 规则完成的。预处理后为空的行将被忽略。

下面给出一个.dockerignore 文件示例。

```
# 注释
    */temp*
    */*/temp*
    temp?
```

除了以#开头的注释行，其他 3 行分别表示在根的任何直接子目录中排除名称以 temp 开头的文件和目录、从根目录下两级的任何子目录中排除以 temp 开头的文件和目录、排除根目录中名称为 temp 的单字符扩展名的文件和目录。

Docker 还支持一个特殊的通配符字符串"**"，它匹配任何数量的目录（包括零）。例如，**/*.go 将排除所有目录中以.go 结尾的所有文件，包括构建上下文的根。

甚至可以使用.dockerignore 文件来排除 Dockerfile 和.dockerignore 文件。这些文件仍然会被发送到守护进程，因为守护进程需要它们来完成工作，但是 ADD 和 COPY 命令不会将它们复制到镜像中。

6. Dockerfile 常用指令

下面介绍常用的 Dockerfile 指令。

（1）FROM——设置基础镜像

FROM 指令可以使用以下 3 种格式。

```
FROM <镜像> [AS <名称>]
FROM <镜像>[:<标签>] [AS <名称>]
FROM <镜像>[@<摘要值>] [AS <名称>]
```

FROM 为后续指令设置基础镜像。"镜像"参数可以指定任何有效的镜像，特别是可以从公开仓库下载的镜像。

FROM 可以在同一个 Dockerfile 文件中多次出现，以创建多个镜像层。

可以通过添加"AS <名称>"来为此构建阶段构建的镜像指定一个名称，这个名称可用于在后续的 FROM 指令和 COPY --from=<name|index>指令中引用此阶段构建的镜像。

"标签""摘要值"参数是可选的。如果省略其中任何一个，构建器将默认使用"latest"作为要生成的镜像的标签。如果构建器与标签不匹配，则构建器将返回错误。

（2）RUN——运行命令

RUN 指令可以使用以下两种格式。

RUN <命令>

RUN ["可执行程序", "参数 1", "参数 2"]

第 1 种是 shell 格式，命令在 shell 环境中运行，在 Linux 系统中默认为/bin/sh –c 命令，在 Windows 系统中为 cmd /S/C 命令。第 2 种是 exec 格式，不会启动 shell 环境。

RUN 指令将在当前镜像顶部创建新的层，在其中执行所定义的命令并提交结果。提交结果产生的镜像将用于 Dockerfile 的下一步处理。

分层的 RUN 指令和生成的提交结果符合 Docker 的核心理念。提交非常容易，可以从镜像历史中的任何节点创建容器，这与软件源代码控制非常类似。

exec 格式可以避免 shell 字符串转换，能够使用不包含指定 shell 可执行文件的基本镜像来运行 RUN 命令。

在 shell 格式中，可以使用反斜杠"\"将单个 RUN 指令延续到下一行，例如：

RUN /bin/bash –c 'source $HOME/.bashrc; \

echo $HOME'

也可以将这两行指令并到一行中。

RUN /bin/bash –c 'source $HOME/.bashrc; echo $HOME'

如果不使用/bin/sh，改用其他 shell，则需要使用 exec 格式并以参数形式传入所要使用的 shell，例如：

RUN ["/bin/bash", "-c", "echo hello"]

（3）CMD——指定容器启动时默认执行的命令

CMD 指令可以使用以下 3 种格式。

CMD ["可执行程序","参数 1","参数 2"]

CMD ["参数 1","参数 2"]

CMD 命令 参数 1 参数 2

第 1 种是首选的 exec 格式，第 2 种提供 ENTRYPOINT 指令的默认参数，第 3 种是 shell 格式。一个 Dockerfile 文件中只能有一个 CMD 指令，如果列出多个 CMD 指令，则只有最后一个 CMD 指令有效。

CMD 的主要作用是为运行中的容器提供默认值，这些默认值可以包括可执行文件，如果不提供可执行文件，则必须指定 ENTRYPOINT 指令。

CMD 一般是整个 Dockerfile 的最后一条指令，当 Dockerfile 完成了所有环境的安装和配置后，使用 CMD 指示 docker run 命令运行镜像时要执行的命令。

CMD 指令使用 shell 或 exec 格式设置运行镜像时要执行的命令。如果使用 shell 格式，则命令将在/bin/sh –c 语句中执行，例如：

FROM ubuntu

CMD echo "This is a test." | wc -

如果不使用 shell 运行命令，则必须使用 JSON 数组表示命令，并给出可执行文件的完整路径。这种数组形式是 CMD 的首选格式，任何附加参数都必须在数组中以单个字符串的形式提供，例如：

FROM ubuntu

CMD ["/usr/bin/wc","--help"]

如果希望容器每次运行同一可执行文件，则应考虑组合使用 ENTRYPOINT 和 CMD 指令，后面会对此给出详细说明。

如果用户执行 docker run 命令时指定了参数，则该参数会覆盖 CMD 指令中的默认定义。

注意，不要混淆 RUN 和 CMD。RUN 实际执行命令并提交结果；CMD 在构建镜像时不执行任何命令，只是为镜像定义想要执行的命令。

（4）LABEL——向镜像添加标记

LABEL 的语法格式如下。

```
LABEL <键>=<值> <键>=<值> <键>=<值> …
```

每个标记（元数据）以键值对的形式表示。要在其中包含空格，应使用引号和反斜杠，就像在命令行解析中一样。下面是几个示例。

```
LABEL "com.example.vendor"="ACME Incorporated"
LABEL com.example.label-with-value="foo"
LABEL version="1.0"
LABEL description=" 这段文本表明 \
标记可以使用多行 "
```

一个镜像可以有多个标记。要指定多个标记，Docker 建议尽可能将它们合并到单个 LABEL 指令中。这是因为每个 LABEL 指令产生一个新层，如果使用许多标记，可能会生成效率低下的镜像层。

（5）EXPOSE——声明容器运行时监听的网络端口

EXPOSE 的语法格式如下。

```
EXPOSE <端口> [<端口>…]
```

EXPOSE 指令通知容器在运行时监听指定的网络端口。可以指定 TCP 或 UDP 端口，默认是 TCP 端口。

EXPOSE 不会发布该端口，只是起到声明作用。要发布端口，必须在运行容器时使用 -p 选项以发布一个或多个端口，或者使用 -P 选项发布所有暴露的端口。

（6）ENV——指定环境变量

ENV 指令可以使用以下两种格式。

```
ENV <键> <值>
ENV <键>=<值> …
```

ENV 指令以键值对的形式定义环境变量。该值会存在于构建镜像阶段的所有后续指令环境中，也可以在运行时被指定的环境变量替换。

第 1 种格式将单个变量设置为一个值，第 1 个空格后面的整个字符串将被视为值的一部分，包括空格和引号等字符。

第 2 种格式允许一次设置多个变量，可以使用等号，而第 1 种格式不使用等号。与命令行解析类似，引号和反斜杠可用于在值中包含空格的情形。

（7）COPY——将源文件复制到容器

COPY 指令可以使用以下两种格式。

```
COPY [--chown=<用户>:<组>] <源>…<目的>
COPY [--chown=<用户>:<组>] ["<源>",…, "<目的>"]
```

--chown 选项只能用于构建 Linux 容器，而不能在 Windows 容器上工作。因为用户和组的所有权概念不能在 Linux 和 Windows 之间转换，所以对于路径中包含空白字符的情形，必须采用第 2 种格式。

COPY 指令将指定源路径的文件或目录复制到容器文件系统指定的目的路径中。

COPY 指令可以指定多个源路径，但文件和目录的路径将被视为相对于构建上下文的源路径。每个源路径可能包含通配符，匹配将使用 Go 的 filepath.Match 规则完成。例如：

```
COPY hom* /mydir/       # 添加所有以"hom"开头的文件
COPY hom?.txt /mydir/    # ?用于替换任何单字符，如"home.txt"
```

目的路径可以是绝对路径，也可以是相对于工作目录（由 WORKDIR 指令指定）的路径，源文件将被复制到目的容器的目的路径中。例如：

```
COPY test relativeDir/          #将 "test" 添加到相对路径`WORKDIR`/relativeDir/
COPY test /absoluteDir/         # 将 "test" 添加到绝对路径/absoluteDir/
```

COPY 指令遵守以下复制规则。

• 源路径必须位于构建上下文中，不能使用指令 COPY ../something/something，因为 docker build 命令的第 1 步是发送上下文目录及其子目录到 Docker 守护进程中。

• 如果源是目录，则复制目录的整个内容，包括文件系统元数据。注意，目录本身不会被复制，被复制的只是其内容。

• 如果源是任何其他类型的文件，则它会与其元数据被分别复制。在这种情形下，如果目的路径以斜杠（/）结尾，则它将被认为是一个目录，源内容将被写到 "<目的>/base(<源>)" 路径中。

• 如果直接指定多个源，或者源中使用了通配符，则目的路径必须是目录，并且必须以斜杠（/）结尾。

• 如果目的路径不以斜杠结尾，则它将被视为常规文件，源内容将被写入目录路径。

• 如果目的路径不存在，则其会与其路径中所有缺少的目录一起被创建。

复制过来的源文件在容器中作为新文件和目录，它们都以 UID 和 GID 为 0 的用户和组账号的身份被创建，除非使用--chown 选项明确指定用户名、组名或 UID/GID 组合。

COPY 指令还可以使用--from=<name|index>选项将源位置设置为之前构建阶段（参见 FROM 命令）产生的镜像，以替代由用户发送的构建上下文。--from 选项可以使用数字索引来标识以 FROM 指令开始的所有之前的构建阶段。

（8）ADD——将源文件复制到容器

ADD 指令可使用以下两种格式。

```
ADD [--chown=<用户>:<组>] <源>… <目的>
ADD [--chown=<用户>:<组>] ["<源>",… "<目的>"]
```

该指令与 COPY 指令功能基本相同，不同之处有两点：一是 ADD 指令的可以使用 URL 地址指定，二是 ADD 指令的归档文件在复制过程中能够被自动解压缩。

在源是远程 URL 地址的情况下，复制产生的目的文件将具有数字 600 所表示的权限，即只有所有者可读写，其他人不可访问。

如果源是一个 URL 地址，而目的路径不以反斜杠结尾，则文件将下载 URL 指向的文件，并将其复制到目的的路径中。

如果源是 URL 地址并且目的路径以反斜杠结尾，则从 URL 地址中解析出文件名，并将文件下载到 "<源>/<文件名>" 路径中。例如，"ADD http://example.com/foobar/" 指令会创建/foobar 文件。URL 地址必须有一个特别的路径，以便发现一个适当的文件名（像 http://example.com 这样的 URL 地址不会工作）。

如果源是具有可识别的压缩格式（identity、gzip、bzip2 或 xz）的本地 tar 文件，则将其解包为目录。来自远程 URL 地址的资源不会被解压缩。

（9）ENTRYPOINT——配置容器的默认入口点

ENTRYPOINT 指令可以使用以下两种格式。

```
ENTRYPOINT ["可执行文件", "参数 1", "参数 2"]
ENTRYPOINT 命令 参数 1 参数 2
```

第 1 种是首选的 exec 格式，第 2 种是 shell 格式。

ENTRYPOINT 用于配置容器运行的可执行文件。例如，下面的示例将使用 Nginx 镜像的默认内容启动 nginx 监听端口 80。

```
docker run -i -t --rm -p 80:80 nginx
```

docker run <镜像>的命令行参数将附加在 exec 格式的 ENTRYPOINT 指令所定义的所有元素之后，并将覆盖使用 CMD 指令所指定的所有元素。这种方式允许参数被传递给入口点，即 docker run <镜像> -d 命令将-d 参数传递给入口点。用户可以使用 docker run --entrypoint 命令覆盖 ENTRYPOINT 指令。

shell 格式的 ENTRYPOINT 指令防止使用任何 CMD 或 run 命令行参数，其缺点是 ENTRYPOINT 指令将作为/bin/sh -c 的子命令启动，不传递任何其他信息。这就意味着可执行文件将不是容器的第 1 个进程（PID 1），并且不会接收 UNIX 信号，因此可执行文件将不会从 docker stop <容器>命令中接收到 SIGTERM（中止信号）。

在 Dockerfile 中只有最后一个 ENTRYPOINT 指令会起作用。接下来给出两个示例进行进一步说明。

① 使用 exec 格式的 ENTRYPOINT 示例解释 ENTRYPOINT 指令。

可以考虑使用 exec 格式的 ENTRYPOINT 指令设置默认命令和参数，然后使用 CMD 的任何格式来设置更容易被修改的其他默认值。例如，Dockerfile 内容如下。

```
FROM ubuntu
ENTRYPOINT ["top", "-b"]
CMD ["-c"]
```

假设从该 Dockerfile 构建的镜像为 test，执行以下命令，基于该镜像运行一个容器，会发现只有一个 top 进程在运行。

```
# docker run -it --rm --name test  top -H
top - 08:25:00 up   7:27,  0 users,  load average: 0.00, 0.01, 0.05
Threads:   1 total,   1 running,  0 sleeping,  0 stopped,  0 zombie
%Cpu(s):  0.1 us,  0.1 sy,  0.0 ni, 99.7 id,  0.0 wa,  0.0 hi,  0.0 si,  0.0 st
KiB Mem:   2056668 total,   1616832 used,    439836 free,     99352 buffers
KiB Swap:  1441840 total,         0 used,   1441840 free.   1324440 cached Mem


   PID USER      PR  NI    VIRT     RES    SHR S    %CPU   %MEM    TIME+   COMMAND
     1 root      20   0   19744    2336   2080 R     0.0    0.1   0:00.04   top
```

这里运行时-H 参数替换了 CMD 设置，可以使用 docker exec 命令进一步检查结果，如下所示。

```
# docker exec -it test ps aux
USER      PID   %CPU   %MEM    VSZ    RSS TTY     STAT  START   TIME   COMMAND
root        1    2.6    0.1   19752   2352 ?       Ss+   08:24   0:00   top -b -H
root        7    0.0    0.1   15572   2164 ?       R+    08:25   0:00   ps aux
```

执行 docker stop test 命令将停止该容器。

② 使用 shell 格式的 ENTRYPOINT 示例。

还可以使用 shell 格式的 ENTRYPOINT 指令定义一个普通的字符串，该字符串将作为命令在/bin/sh -c 语句中执行。这种格式使用 shell 进程替换 shell 环境变量，并忽略任何 CMD 定义或 docker run 命令行参数。要确保 docker stop 命令正确终止一直执行的 ENTRYPOINT 命令，需要使用 exec 命令来启动该命令。来看以下 Dockerfile 示例。

```
FROM ubuntu
ENTRYPOINT exec top -b
```

假设从该 Dockerfile 构建的镜像为 test，执行以下命令基于该镜像运行一个容器，会发现只有一个 PID 为 1 的进程在运行。

```
# docker run -it --rm --name test top
```

```
Mem: 1704520K used, 352148K free, 0K shrd, 0K buff, 140368121167873K cached
CPU:    5% usr    0% sys    0% nic    94% idle    0% io    0% irq    0% sirq
Load average: 0.08 0.03 0.05 2/98 6
   PID    PPID    USER    STAT    VSZ    %VSZ    %CPU    COMMAND
     1       0    root       R    3164     0%      0%    top -b
```

执行以下命令可以停止该容器。

```
/usr/bin/time docker stop test
```

（10）VOLUME——创建挂载点

VOLUME 的语法格式如下。

```
VOLUME ["挂载点路径"]
```

VOLUME 指令创建具有指定名称的挂载点，并将其标记为从本地主机或其他容器可访问的外部挂载。挂载点路径可以是 JSON 数组 VOLUME ["/var/log/"]或具有多个参数的纯字符串，如 VOLUME /var/log 或 VOLUME /var/log/var/db。

（11）WORKDIR——配置工作目录

WORKDIR 的语法格式如下。

```
WORKDIR 工作目录路径
```

WORKDIR 指令为 Dockerfile 中的任何 RUN、CMD、ENTRYPOINT、COPY 和 ADD 指令设置工作目录，如果该目录不存在，则将被自动创建，即使它没有在任何后续的 Dockerfile 指令中被使用。

可以在一个 Dockerfile 文件中多次使用 WORKDIR 指令。如果提供了相对路径，则该路径将相对于前面 WORKDIR 指令的路径。例如：

```
WORKDIR /a
WORKDIR b
WORKDIR c
RUN pwd
```

在此 Dockerfile 中，最终 pwd 命令的输出是/a/b/c。

（12）其他指令

USER 指令设置运行镜像时使用的用户名（或 UID）和可选的用户组（或 GID），Dockerfile 中的任何 RUN、CMD 和 ENTRYPOINT 指令也会使用这个被设置的身份。

ARG 指令定义一个变量，用户可以在使用--build-arg <varname> = <value>标志执行 docker build 命令构建时将其传递给构建器。如果用户指定了一个未在 Dockerfile 中定义的构建参数，构建将输出错误。

SHELL 指令用于指定 shell 格式以覆盖默认的 shell。Linux 上的默认 shell 是["/bin/sh","-c"]，在 Windows 上是["cmd","/S","/C"]。SHELL 指令必须以 JSON 格式编写。SHELL 指令在 Windows 上特别有用，其中有两个常用的且完全不同的本机 shell: cmd 和 powershell，以及包括 sh 的备用 shell。SHELL 指令可以多次出现，每个 SHELL 指令都覆盖所有先前的 SHELL 指令，并影响所有后续指令。

7. Dockerfile 指令的 exec 和 shell 格式

RUN、CMD 和 ENTRYPOINT 指令都会用到 exec 和 shell 格式。exec 格式的一般语法如下。

```
<指令> ["可执行程序", "参数 1", "参数 2", …]
```

当指令执行时会直接调用命令，参数中的环境变量不会被 shell 解析。例如：

```
ENV name Tester
ENTRYPOINT ["/bin/echo", "Hello! $name"]
```

运行该镜像将输出以下结果。

```
Hello! $name
```

其中的环境变量 name 没有被解析。采用 exec 格式时如果要使用环境变量，则可修改如下。

ENV name Tester
ENTRYPOINT ["/bin/sh", "-c", "echo Hello! $name"]

这时运行该镜像将输出以下结果。

Hello! Tester

exec 格式没有运行 bash 或 sh 的开销，还可以在没有 bash 或 sh 的镜像中运行。

shell 格式的一般语法如下。

<指令> <命令>

指令执行时 shell 格式底层会调用/bin/sh -c 语句来执行命令，例如：

ENV name Tester
ENTRYPOINT echo "Hello! $name"

运行镜像将输出以下结果。

Hello! Tester

其中环境变量 name 已经被替换为变量值。

CMD 和 ENTRYPOINT 指令应首选 exec 格式，因为这样指令的可读性更强，更容易理解；RUN 指令则两种格式都可以。如果使用 CMD 指令为 ENTRYPOINT 指令提供默认参数，则 CMD 和 ENTRYPOINT 指令都应以 JSON 数组格式指定。

8. RUN、CMD 和 ENTRYPOINT 指令的区别和联系

RUN 指令执行命令并创建新的镜像层，经常用于安装应用程序和软件包。RUN 先于 CMD 或 ENTRYPOINT 指令在构建镜像时执行，并被固化在所生成的镜像中。

CMD 和 ENTRYPOINT 指令在每次启动容器时才执行，两者的区别在于 CMD 指令会被 docker run 命令所覆盖。两个指令一起使用时，ENTRYPOINT 指令作为可执行文件，而 CMD 指令则为 ENTRYPOINT 指令提供默认参数。

CMD 指令的主要作用是为运行容器提供默认值，即默认执行的命令及其参数，但当运行带有替代参数的容器时，CMD 指令将被覆盖。如果 CMD 指令省略可执行文件，则还必须指定 ENTRYPOINT 指令。CMD 可以为 ENTRYPOINT 提供额外的默认参数，同时可利用 docker run 命令替换默认参数。

当容器作为可执行文件时，应该定义 ENTRYPOINT 指令。ENTRYPOINT 指令配置容器启动时运行的命令，可让容器以应用程序或者服务的形式运行。与 CMD 指令不同，ENTRYPOINT 指令不会被忽略，一定会被执行，即使执行 docker run 命令时指定了其他命令参数也是如此。如果 Docker 镜像的用途是运行应用程序或服务，如运行一个 MySQL 服务器，则应该优先使用 exec 格式的 ENTRYPOINT 指令。

ENTRYPOINT 指令中的参数始终会被 docker run 命令使用，不可改变；而 CMD 指令中的额外参数可以在执行 docker run 命令启动容器时被动态替换掉。

9. 组合使用 CMD 和 ENTRYPOINT 指令

CMD 和 ENTRYPOINT 指令都可以定义运行容器时要执行的命令，两者组合使用时应遵循以下规则。

- Dockerfile 中应该至少定义一个 CMD 或 ENTRYPOINT 指令。
- 将整个容器作为一个可执行文件时应当定义 ENTRYPOINT 指令。
- CMD 指令应为 ENTRYPOINT 指令提供默认参数，或者用于容器中，临时执行一些命令。
- 当使用替代参数运行容器时，CMD 指令的定义将会被覆盖。

表 2-3 给出了 CMD 和 ENTRYPOINT 指令各种组合方式实际执行的命令。其中 exec_cmd 表示可执行命令，p1_cmd 和 p2_cmd 表示命令参数；exec_entry 表示可执行文件，p1_entry 表示其参数。

表 2-3　CMD 和 ENTRYPOINT 指令组合实际执行的命令

CMD 定义	无 ENTRYPOINT 定义	ENTRYPOINT 定义（shell 格式）：exec_entry p1_entry	ENTRYPOINT 定义（exec 格式）：["exec_entry", "p1_entry"]
无 CMD 定义	报错，不被允许	/bin/sh -c exec_entry p1_entry	exec_entry p1_entry
CMD ["exec_cmd", "p1_cmd"]	exec_cmd p1_cmd	/bin/sh -c exec_entry p1_entry	exec_entry p1_entry exec_cmd p1_cmd
CMD ["p1_cmd", "p2_cmd"]	p1_cmd p2_cmd	/bin/sh -c exec_entry p1_entry	exec_entry p1_entry p1_cmd p2_cmd
CMD exec_cmd p1_cmd	/bin/sh -c exec_cmd p1_cmd	/bin/sh -c exec_entry p1_entry	exec_entry p1_entry /bin/sh -c exec_cmd p1_cmd

值得注意的是，如果 CMD 指令从基础镜像定义，那么 ENTRYPOINT 指令的定义会将 CMD 指令重置为空值。在这种情形下，必须在当前镜像中为 CMD 指令指定一个实际的值。

任务实现

使用 docker commit 命令基于容器构建镜像

1. 使用 docker commit 命令基于容器构建镜像

使用这种方法的基本步骤是：运行容器 → 修改容器 → 将容器保存为新的镜像。下面以在 CentOS 容器中安装 Nginx 服务器软件并生成新的镜像为例进行示范。

（1）以交互方式启动 CentOS 容器，代码如下。

```
[root@host1 ~]# docker run -it centos /bin/bash
Unable to find image 'centos:latest' locally
latest: Pulling from library/centos
d8d02d457314: Pull complete
Digest: sha256:307835c385f656ec2e2fec602cf093224173c51119bbebd602c53c3653a3d6eb
Status: Downloaded newer image for centos:latest
[root@d3d26303b71c /]#
```

（2）在该容器中执行以下命令，编辑用于安装 Nginx 软件包的 yum 源定义文件。

```
[root@d3d26303b71c /]# vi /etc/yum.repos.d/nginx.repo
```

文件内容如下。

```
[nginx]
name=nginx repo
baseurl=http://nginx.org/packages/centos/$releasever/$basearch/
gpgcheck=0
enabled=1
```

保存该文件并退出，然后执行以下安装命令。

```
yum install -y nginx
```

（3）基于该容器生成新的镜像。

先退出容器，再执行 docker commit 命令，将该容器提交并在本地生成新的镜像，然后查看该镜像的基本信息，代码如下。

```
[root@d3d26303b71c /]# exit
exit
```

```
[root@host1 ~]# docker commit d3d26303b71c centos-with-nginx
sha256:3c23cf598e70c521480494761beb585185e8900a16047d53473b92ec66615f5e
[root@host1 ~]# docker images centos-with-nginx
```

REPOSITORY	TAG	IMAGE ID	CREATED	SIZE
centos-with-nginx	latest	3c23cf598e70	58 seconds ago	278MB

docker commit 命令类似于 Git 的 commit 命令，只提交变化的部分，然后将修改后的容器保留为镜像。

这是创建新镜像最直观的方法，可以通过 docker history 命令来进一步验证镜像的构建过程和镜像的分层结构，例如：

```
[root@host1 ~]# docker history centos-with-nginx
```

IMAGE	CREATED	CREATED BY		SIZE
3c23cf598e70	2 minutes ago	/bin/bash		76MB
67fa590cfc1c	5 weeks ago	/bin/sh -c #(nop)	CMD ["/bin/bash"]	0B
<missing>	5 weeks ago	/bin/sh -c #(nop)	LABEL org.label-schema.sc…	0B
<missing>	5 weeks ago	/bin/sh -c #(nop)	ADD file:4e7247c06de9ad117…	202MB

（4）基于新的镜像启动新容器。

以交互方式启动容器之后，在容器中执行 nginx 命令启动 Nginx 服务，然后使用 ps -aux 命令查看相关的进程，结果表明已成功运行 Nginx 服务，代码如下。

```
[root@host1 ~]# docker run -it centos-with-nginx /bin/bash
[root@d1325423a851 /]# nginx
[root@d1325423a851 /]# ps -aux
```

USER	PID	%CPU	%MEM	VSZ	RSS	TTY	STAT	START	TIME	COMMAND
root	1	0.1	0.0	11820	1900	pts/0	Ss	10:38	0:00	/bin/bash
root	15	0.0	0.0	46444	976	?	Ss	10:38	0:00	nginx: master process nginx
nginx	16	0.0	0.0	46856	1928	?	S	10:38	0:00	nginx: worker process
root	17	0.0	0.0	51740	1736	pts/0	R+	10:38	0:00	ps -aux

（5）根据需要将镜像推送到 Docker Hub 或其他注册中心。

2. 查看官方镜像的 Dockerfile

要快速提高 Dockerfile 编写能力，可以到 Docker Hub 网站参考官方镜像的 Dockerfile。官方镜像仓库的详细信息界面中都会提供不同版本镜像的 Dockerfile 链接，图 2-18 显示的是 mongo 官方镜像的 Dockerfile 链接。

图 2-18　Dockerfile 链接

单击某个镜像版本的 Dockerfile 链接可以跳转到相应镜像的 Dockerfile 代码界面，如图 2-19 所示，可以查看详细的 Dockerfile 代码。

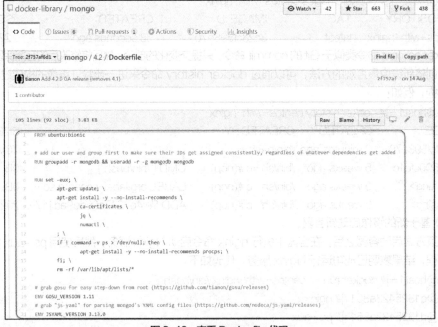

图 2-19　查看 Dockerfile 代码

3. 使用 docker build 命令基于 Dockerfile 构建镜像

使用 docker build 命令基于 Dockerfile 构建镜像

使用这种方法的基本步骤是：准备构建上下文 → 编写 Dockerfile → 构建镜像，多数情况下是基于一个已有的基础镜像构建新的镜像。下面以在 CentOS 镜像的基础上安装 Nginx 服务器软件构建新的镜像为例进行示范。

（1）准备构建上下文。

建立一个目录，用作构建上下文，并准备所需的文件，代码如下。

```
[root@host1 ch02]# mkdir dockerfile-test && cd dockerfile-test
[root@host1 dockerfile-test]# touch nginx.repo
[root@host1 dockerfile-test]# touch Dockerfile
```

其中 nginx.repo 是用于安装 Nginx 软件包的 yum 源定义文件，内容与使用 docker commit 命令基于容器构建镜像的示例相同。

（2）编写 Dockerfile 文件。

可以使用 nano 进行编辑，本示例中 Dockerfile 的内容如下。

```
# 从基础镜像 CentOS 开始构建
FROM centos:latest
# 维护者信息
LABEL maintainer="zxp169@163.com"
# 将 Dockerfile 上下文中的 nginx.repo 复制到容器中的 yum 源定义文件位置
COPY ./nginx.repo /etc/yum.repos.d
RUN yum makecache
# 安装 Nginx
RUN yum install -y nginx
```

```
# 修改 Nginx 首页信息
RUN echo "Hello! This is nginx server " > /usr/share/nginx/html/index.html
# 对外暴露 80 端口
EXPOSE 80
# 启动 Nginx
CMD ["nginx", "-g", "daemon off;"]
```

注意，最后一行中 nginx 命令行参数"-g"加入的配置"daemon off;"表示不以守护进程的方式运行 Nginx。这是因为当容器启动时，默认会将容器内部的第 1 个进程（PID 为 1 的程序）作为容器是否正在运行的依据，如果第 1 个进程退出了，容器也就跟着退出了。执行 docker run 命令时将 CMD 指令指定的命令作为容器内部命令，如果 Nginx 以守护进程方式运行，那么 Nginx 将在后台运行，此时第 1 个进程并不是 Nginx，而是 bash 命令，bash 执行 nginx 命令后就结束了，容器也就退出了。

（3）使用 docker build 命令构建镜像。

具体代码如下，其中编者为执行过程加了详细注释。

```
[root@host1 dockerfile-test]# docker build -t centos-with-nginx:1.0 . #最后的点号表示构建上下文为当前目录
Sending build context to Docker daemon   3.072kB
Step 1/8 : FROM centos:latest                              #获取基础镜像
 ---> 67fa590cfc1c
Step 2/8 : LABEL maintainer="zxp169@163.com"               #提供维护者信息
 ---> Using cache
 ---> f29b4c94bf1f
Step 3/8 : COPY ./nginx.repo /etc/yum.repos.d              #将 yum 源定义文件复制到容器
 ---> 6bc881800c7f
Step 4/8 : RUN yum makecache                               #建立 yum 源缓存
 ---> Running in f6154d5a05d2
Loaded plugins: fastestmirror, ovl
Determining fastest mirrors
 * base: mirrors.aliyun.com
 * extras: mirrors.aliyun.com
 * updates: mirrors.aliyun.com
Metadata Cache Created
Removing intermediate container f6154d5a05d2               #删除过渡性容器
 ---> 55f388c27183
Step 5/8 : RUN yum install -y nginx                        #执行 Nginx 安装
 ---> Running in ee76744fbd76
......
Removing intermediate container ee76744fbd76
 ---> 88989b28ce4a
Step 6/8 : RUN echo "Hello! This is nginx server " > /usr/share/nginx/html/index.html  #修改首页
 ---> Running in 3a542647186e
Removing intermediate container 3a542647186e
 ---> df022ef97e17
Step 7/8 : EXPOSE 80                                       #对外提供服务端口
 ---> Running in 21d3a184c2b9
```

65

```
Removing intermediate container 21d3a184c2b9
  ---> 2d25fd231f79
Step 8/8 : CMD ["nginx", "-g", "daemon off;"]                    #启动 Nginx 服务
  ---> Running in bf5a0678d93d
Removing intermediate container bf5a0678d93d
  ---> 53d3b2dab86e
Successfully built 53d3b2dab86e                                  #成功完成镜像构建
Successfully tagged centos-with-nginx:1.0                        #为镜像设置标签
```

可以执行以下命令查看刚构建的镜像信息。

```
[root@host1 dockerfile-test]# docker images centos-with-nginx:1.0
REPOSITORY          TAG          IMAGE ID          CREATED          SIZE
centos-with-nginx   1.0          53d3b2dab86e      10 minutes ago   532MB
```

（4）基于该镜像启动容器进行测试，代码如下。

```
[root@host1 dockerfile-test]# docker run --rm -d -p 8000:80 --name my-nginx centos-with-
nginx:1.0
5dc96b2d01f6acac274d26d4bf5a67a23e1477eb551801efdd612fa329d2523b
```

通过列出正在运行的容器来验证该容器，如下所示。

```
[root@host1 dockerfile-test]# docker ps
CONTAINER ID IMAGE                    COMMAND           ……   PORTS            NAMES
5dc96b2d01f6   centos-with-nginx:1.0 "nginx -g 'daemon of…"  ……   0.0.0.0:8000->80/tcp  my-nginx
```

可以执行以下命令，访问 Nginx 网站首页进行测试。

```
[root@host1 dockerfile-test]# curl 127.0.0.1:8000
Hello! This is nginx server
```

还可以使用浏览器访问进行实际测试。

（5）实验完毕，停止该容器，该容器会被自动删除，如下所示。

```
[root@host1 dockerfile-test]# docker stop my-nginx
my-nginx
```

4. 测试构建缓存

在构建过程中，每次生成一层新的镜像时这个镜像就会被缓存。即使是后面的某个步骤导致构建失败，再次构建时也会从失败的那层镜像的前一条指令继续往下执行。

这里修改上述 Dockerfile，将其中的首页内容改为：

Hello! Please test the nginx server

基于 Dockerfile 构建一个新的镜像，如下所示。

```
[root@host1 dockerfile-test]# docker build -t centos-with-nginx:2.0 .
Sending build context to Docker daemon   3.072kB
Step 1/8 : FROM centos:latest
  ---> 67fa590cfc1c
Step 2/8 : LABEL maintainer="zxp169@163.com"
  ---> Using cache                                               #直接使用缓存
  ---> f29b4c94bf1f
Step 3/8 : COPY ./nginx.repo /etc/yum.repos.d
  ---> Using cache                                               #直接使用缓存
```

```
  ---> 6bc881800c7f
Step 4/8 : RUN yum makecache
 ---> Using cache
 ---> 55f388c27183
Step 5/8 : RUN yum install -y nginx
 ---> Using cache
 ---> 88989b28ce4a
Step 6/8 : RUN echo "Hello! Please test the nginx server " > /usr/share/nginx/html/index.html #更改首页
 ---> Running in 9e769f553693
Removing intermediate container 9e769f553693
 ---> b1f1e037877c
Step 7/8 : EXPOSE 80
 ---> Running in 88b3a8573bda
Removing intermediate container 88b3a8573bda
 ---> 763975b2cf32
Step 8/8 : CMD ["nginx", "-g", "daemon off;"]
 ---> Running in e20a82038c82
Removing intermediate container e20a82038c82
 ---> aa43c6c5e8ab
Successfully built aa43c6c5e8ab
Successfully tagged centos-with-nginx:2.0
```

如果不想使用这种缓存功能，可以在执行构建命令时加上--no-cache 选项，例如：

```
docker build --no-cache -t centos-with-nginx:2.0 .
```

项目实训

项目实训一　Ubuntu 镜像操作

实训目的

掌握 Docker 镜像的基本操作。

实训内容

- 拉取最新的 Ubuntu 官方镜像。
- 查看该镜像的详细信息。
- 查看该镜像的构建历史。
- 删除该镜像。

项目实训二　Apache Web 容器操作

实训目的

掌握容器的基本操作。

实训内容

- 基于 httpd 镜像以后台方式运行 Apache Web 容器并对外开放 80 端口。
- 将该容器重命名为 apache-web。

- 查看该容器的详细信息。
- 使用 docker exec 命令进入该容器查看当前目录。
- 停止并删除该容器。

项目实训三　使用阿里云镜像服务

实训目的

掌握第三方镜像注册中心的使用。

实训内容

- 注册阿里云账户，设置 Registry 登录密码，开通容器镜像服务。
- 配置阿里云的 Docker Hub 镜像加速器。
- 访问阿里云 Registry。
- 将 hello-world 镜像打上标签并推送到阿里云 Registry。
- 检查镜像是否推送到阿里云 Registry。

项目实训四　构建在 Ubuntu 系统上运行 Nginx 的镜像

实训目的

掌握构建镜像的两种方法。

实训内容

- 使用 docker commit 命令基于容器构建镜像。
- 使用 docker build 命令基于 Dockerfile 构建镜像。
- 测试镜像构建的缓存。

项目总结

　　通过本项目的实施，读者应当掌握 Docker 的基本使用。最后用一个示意图（图 2-20）呈现 Docker 应用生命周期的各阶段，以进一步说明 Dockerfile、镜像、容器和仓库之间的关系。Docker 通过镜像描述文件 Dockerfile 来创建新的镜像和更新已有的镜像，就像 Linux 应用开发中使用 Makefile 文件来编译构建应用程序一样。Docker 应用最基本的工作是通过 Dockerfile 构建镜像，再通过镜像运行容器。从软件开发与运维的角度看，Dockerfile、镜像与容器分别代表软件的 3 个不同阶段：Dockerfile 面向开发、Docker 镜像成为交付标准、容器则涉及部署与运维。下一个项目将介绍 Docker 的网络与存储配置。

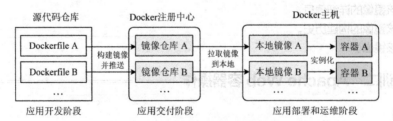

图 2-20　Docker 应用生命周期的各阶段

项目三
Docker网络与存储配置

学习目标

- 掌握 Docker 网络基础知识，学会容器网络连接配置；
- 掌握容器与外部网络之间的网络通信方法；
- 区分容器本地存储与外部存储，了解 Docker 存储驱动；
- 掌握容器的卷挂载方法，熟悉绑定挂载的操作。

项目描述

项目二中讲解了容器的基本操作。容器不是孤立的，可能需要与其他容器进行通信，还可能需要与外部网络进行通信，这就需要使用 Docker 网络。网络可以说是虚拟化技术最复杂的部分之一，也是 Docker 应用中最重要的环节之一。Docker 网络配置主要解决容器的网络连接问题、容器之间或容器与外部网络之间的通信问题。容器运行的是应用程序，这就涉及数据存储。默认情况下，所有数据写入时均写到容器可写层中，但这些数据会随着容器被删除而消失。为确保持久存储容器的数据，Docker 引入了卷和绑定挂载（Bind Mounts）这两种外部存储技术。Docker 存储配置主要解决容器的数据持久存储问题。

本项目将进一步拓展容器的配置，为容器增加网络和存储这两种重要资源，让读者掌握容器的网络连接和外部存储的使用与操作方法。Docker 网络涉及的概念多，学习难度大，要求读者具备一定的计算机网络基础，加强专业训练。数据是国家基础性战略资源，存储关乎数据安全，我们应贯彻总体国家安全观，确保存储的数据的可用性和安全性。

任务一 Docker 网络配置与管理

任务说明

容器（包括服务）如此强大的原因之一是它们能够连接在一起，而且能够连接到非 Docker 工作负载。容器甚至不必知道它们是否部署在 Docker 主机上，或者是否是 Docker 的工作负载。不论 Docker 主机是分别运行 Linux、Windows 操作系统，还是混用这两者，都可以以平台无关的方式使用 Docker 来管理它们，前提是有网络支持。Docker 网络配置的实现目标是提供可扩展、可移植的容器网络，解决容器的连网和通信问题。本任务的具体要求如下。

- 了解 Docker 网络驱动。
- 了解容器的网络模式。
- 了解容器之间的网络通信和容器与外部的网络通信。
- 掌握桥接网络的使用方法。
- 掌握容器端口映射的配置方法。

知识引入

1. 单主机与多主机的 Docker 网络

从覆盖范围上可以将 Docker 网络划分为单主机上的网络和跨主机的网络。Docker 无论是在单主机上部署，还是在多主机集群上部署，都需要和网络打交道。

对于大多数单主机部署来说，可以使用网络在容器之间、容器与主机之间进行数据交换。容器也可以使用共享卷进行数据交换，共享卷这种方式的优势是容易使用而且速度很快，但是其耦合度高，很难将单主机部署再转化为多主机部署。

由于单主机的能力有限，在实际应用中使用多主机部署通常是很有必要的。在多主机部署中，除了需要考虑单主机上容器之间的通信，更重要的是要完成多主机之间的通信，这涉及性能和安全两个方面。

Docker 网络作用域可以是 local（本地）或 Swarm（集群）。local 作用域仅在 Docker 主机范围内提供连接和网络服务（如 DNS 和 IPAM）；Swarm 作用域则提供集群范围的连接和网络服务。Swarm 作用域网络在整个集群中有同一个网络 ID，而 local 作用域网络则在每个 Docker 主机上具有各自唯一的网络 ID。

2. Docker 网络驱动

Docker 网络子系统使用可插拔的驱动，默认情况下有多个驱动程序，并提供核心连网功能。常用的 Docker 网络驱动如下。

- bridge：桥接网络，这是默认的网络驱动程序。不指定驱动程序创建容器时就会使用这种网络类型。当应用程序在需要通信的独立容器中运行时，通常会使用桥接网络。
- host：主机网络。对于独立容器来说，可以消除容器和 Docker 主机之间的网络隔离，直接使用主机的网络。
- overlay：覆盖网络。它将多个 Docker 守护进程连接在一起，并使 Swarm 集群服务之间能够相互通信。还可以使用 overlay 网络来实现 Swarm 集群服务和独立容器之间的通信，或者实现不同 Docker 守护进程上两个独立容器之间的通信。这种驱动不需要在容器之间执行操作系统级路由。
- macvlan：将 MAC 地址分配给容器，使容器作为网络上的物理设备。Docker 守护进程通过其 MAC 地址将流量路由到容器。当传统应用程序要直接连接到物理网络时，macvlan 有时是最佳选择，它不用通过 Docker 主机的网络栈进行路由。
- none：表示关闭容器的所有网络连接，通常与自定义网络驱动一起使用。none 不适用于 Swarm 集群服务。
- 网络插件：可以通过 Docker 安装和使用第三方网络插件，这些插件可以从 Docker Hub 或第三方供应商获得。

3. 选择 Docker 网络驱动的基本原则

可以按照以下原则选择 Docker 网络驱动。

- 用户自定义桥接网络最适合用于同一个 Docker 主机上运行的多个容器之间需要通信的场景。
- host 网络最适用于网络栈不能与 Docker 主机隔离，而容器的其他方面需要被隔离的场景。
- overlay 网络适用于不同 Docker 主机上运行的容器需要通信的场景，或者多个应用程序通过 Swarm 集群服务一起工作的场景。
- macvlan 网络适用于从虚拟机迁移过来的场景，或者容器需要像网络上的物理机一样，拥有独立 MAC 地址的场景。
- 第三方网络插件适用于将 Docker 与专用网络栈进行集成的场景。

4. 容器的网络模式

创建容器时，可以指定容器的网络模式。Docker 可以有以下 4 种网络模式，这些网络模式决定了容器的网络连接。

（1）bridge 模式

选择 bridge 模式的容器使用 bridge 驱动连接到桥接网络。在 Docker 中，桥接网络使用软件网桥，让连接到同一桥接网络的容器之间可以相互通信，同时隔离那些没有连接到该桥接网络的容器。bridge 驱动自动在 Docker 主机中安装相应规则，让不同桥接网络上的容器之间不能直接相互通信。

　　桥接网络用于在同一 Docker 主机上运行的容器之间的通信。对于在不同 Docker 主机上运行的容器，可以在操作系统层级管理路由，或使用 overlay 网络来实现通信。

　　桥接网络分为默认桥接网络和用户自定义桥接网络两种类型。bridge 是 Docker 的默认网络模式，连接的是默认桥接网络。该模式相当于 VMware 虚拟机网络连接的 NAT（网络地址转换）模式，容器拥有独立的网络名称空间和隔离的网络栈。作为 Docker 传统方案，默认桥接网络将来可能会被弃用，其只适合于一些演示或实验场合，不建议用于生产。

　　bridge 模式的工作原理如图 3-1 所示。当 Docker 守护进程启动时，会自动在 Docker 主机上创建一个名为 docker0 的虚拟网桥，容器如果没有明确定义，则会自动连接到这个虚拟网桥上。虚拟网桥的工作方式与物理交换机类似，主机上的所有容器通过它连接在同一个二层网络中。

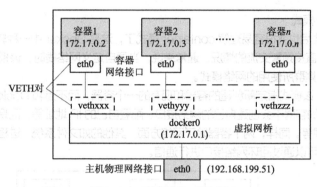

图 3-1　bridge 模式工作原理

　　Docker 守护进程为每个启动的容器创建一个 VETH 对设备。VETH 对设备总是成对出现的，它们组成了一个数据的通道，数据从一个设备进入，就会从另一个设备出来。这里的 VETH 对是直接相连的一对虚拟网络接口，其中一个接口设置为新创建容器的接口（内部命名为 eth0@xxx），它位于容器的网络名称空间中；另一个接口连接到虚拟网桥 docker0，它位于 Docker 的网络名称空间中，以 vethxxx 形式命名。发送到 VETH 对一端的数据包由另一端接收，这样容器就能连接到虚拟网桥上。

　　同时，Docker 还要为容器分配 IP 地址。Docker 会从 RFC1918 所定义的私有 IP 网段中选择与 Docker 主机不同的 IP 地址和子网分配给 docker0 虚拟网桥。连接到 docker0 网桥的容器就从这个子网中选择一个未占用的 IP 地址来使用。一般 Docker 会使用 172.17.0.0/16 这个网段，并将 172.17.0.1/16 分配给 docker0 网桥。在 Docker 主机上可以看到 docker0，可将其视为网桥的管理接口，相当于主机上的一个虚拟网络接口。图 3-1 所示的是单主机环境下的网络拓扑，该示例中 Docker 主机地址为 192.168.199.51/24。

　　（2）host 模式

　　选择 host 模式的容器使用 host 驱动，直接连接到 Docker 主机网络栈。这种网络模式实质上是关闭 Docker 网络，而让容器直接使用主机操作系统的网络。

　　如图 3-2 所示，host 模式没有为容器创建一个隔离的网络环境，容器没有隔离的网络名称空间，也不会获得一个独立的网络名称空间，而是和 Docker 主机共用一个网络名称空间。

　　这种模式相当于 VMware 虚拟机网络连接的桥接模式，容器与主机在同一个网络中，和主机一样使用主机的物理网络接口 eth0，但没有独立的 IP 地址。容器不会虚拟出自己的网络接口、配置自己的 IP 地址等，而是直接使用主机的 IP 地址和端口，其 IP 地址即为主机物理网络接口的 IP 地址，其主机名与主机系统上的主机名一样。由于容器都使用相同的主机接口，因此同一主机上的容器在绑定端口时必须要相互协调，避免与已经使用的端口号相冲突。主机上的各容器是通过它发布的端口号来区分的，如果容器或服务没有发布端口号，则主机网络不起作用。

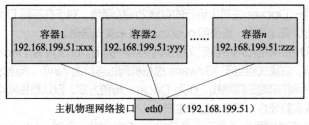

图3-2　host模式工作原理

虽然容器不会获得一个独立的名称空间，但是容器的其他方面，如文件系统、进程列表等与主机也是隔离的。

（3）container模式

理解了host模式后也就很容易理解container模式了，这是Docker中一种较为特别的网络模式，主要用于容器和容器直接频繁交流的情况。通常来说，当要自定义网络栈时，该模式是很有用的，该模式也是Kubernetes集群所使用的网络模式。

如图3-3所示，该模式指定新创建的容器和现有的一个容器，而不是和Docker主机共享同一个网络名称空间。新创建的容器不会创建自己的网络接口、配置自己的IP地址等，而是和一个指定的容器共享IP地址、端口范围等。同样，两个容器除了网络方面，其他的如文件系统、进程列表等还是相互隔离的，两个容器的进程可以通过回环网络接口进行通信。

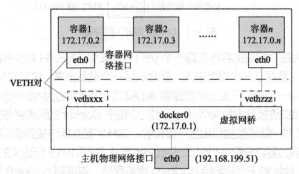

图3-3　container模式工作原理

这两个容器之间不存在网络隔离，而这两个容器又与主机以及除此之外其他的容器存在网络隔离。

（4）none模式

这种模式将容器放置在它自己的网络栈中，但是并不进行任何配置，实际上关闭了容器的网络功能。它可用于以下情形。

- 有些容器并不需要网络，如只需要写入磁盘卷的批处理任务。
- 一些对安全性要求高并且不需要连网的应用可以使用none模式。如某个容器的唯一用途是生成随机密码，就可以放到none网络中避免密码被窃取。
- 自定义网络。

如图3-4所示，使用none模式，容器拥有自己的网络名称空间，但是并不会进行任何网络配置，构造任何网络环境，容器内部只能使用回环网络接口，即使用IP地址为127.0.0.1的本机网络，不会再有网络接口、IP、路由等其他网络资源，也没有外部流量的路由，当然管理员自己可以为容器添加网络接口、配置IP等。

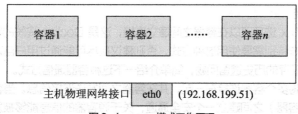

图3-4 none 模式工作原理

（5）用户自定义网络

上述几种网络模式都是 Docker 内置的，容器也可以使用自定义网络。管理员可以使用 Docker 网络驱动（bridge、overlay、macvlan）或第三方网络驱动插件创建一个自定义的网络，然后将多个容器连接到同一个自定义网络。连接到用户自定义网络的容器之间只需要使用对方的 IP 地址或名称就能相互通信。可以根据需要创建任意数量的自定义网络，并且可以在任何给定时间将容器连接到这些网络中。此外，对于运行中的容器，可以连接或断开自定义网络，而无须重新启动容器。

下面重点介绍一下单主机环境常用的用户自定义桥接网络。Docker 本身内置 bridge 网络驱动，可以用来创建用户自定义桥接网络。生产环境中应使用用户自定义桥接网络，不推荐使用默认桥接网络。用户自定义桥接网络与默认桥接网络的主要区别如下。

• 用户自定义桥接网络能提供容器化应用程序之间更好的隔离和互操作性。连接到同一个用户自定义桥接网络的容器会自动互相暴露所有端口，但不会将端口暴露到外部。如果在默认桥接网络上运行应用栈，则 Docker 主机需要通过其他方式来限制对端口的访问。

• 用户自定义桥接网络提供容器之间自动 DNS 解析功能，可以通过名称或别名互相访问。而默认桥接网络上的容器只能通过 IP 地址互相访问。

• 容器可以在运行时与用户自定义桥接网络连接和断开。要断开与默认桥接网络的连接，需要停止容器并使用不同的网络选项重新创建该容器。

• 每个用户可通过自定义桥接网络创建一个可配置的网桥，而默认桥接网络会自动创建一个名为 docker0 的虚拟网桥。

• 默认桥接网络中所连接的容器共享环境变量。而在用户自定义桥接网络中这类共享方式是无法使用的，不过有更好的方式实现共享环境变量，这些方式包括：多个容器使用 Docker 卷挂载包含共享信息的一个文件或目录；通过 docker-compose 命令同时启动多个容器，由 Compose 文件定义共享变量；使用集群服务代替单个容器，共享机密数据和配置数据。

建议使用自定义桥接网络控制哪些容器可以相互通信，自动将容器名称解析到 IP 地址。

5. 容器之间的通信方案

容器之间的通信方案比较多，除了网络连接之外，还有一些其他方案，具体列举如下。

• bridge 模式让同一个 Docker 网络上的所有容器在所有端口上都可以相互连接。默认桥接网络不支持基于名称的服务发现，所连接的容器只能通过 IP 地址互相访问，除非创建容器时使用--link 选项建立容器连接。

• host 模式让所有容器都位于同一个主机网络空间中，并共用主机的 IP 地址栈，在该主机上的所有容器都可通过主机的网络接口相互通信。

• 在用户自定义桥接网络中，容器之间可以通过名称或别名互相访问。

• 容器通过端口映射对外部提供连接。

• container 模式让容器共用一个 IP 网络，两个容器之间可通过回环网络接口相互通信。

• 容器之间使用--link 选项建立传统的容器互连。

• 容器之间通过挂载主机目录来实现相互之间的数据通信。

6. 传统的容器连接

创建容器时使用--link 选项可以在容器之间建立连接，这是 Docker 传统的容器互连解决方案，不过最终可能被弃用。除非特别需要使用这种方式，否则建议应尽可能通过用户自定义桥接网络来实现容器之间的通信。为兼顾现存的历史遗留问题，简单介绍一下这种容器通信方式。

这种连接方式用来将多个容器连接在一起，并在容器之间发送连接信息。当容器被连接时，在源容器和接收容器（即目的容器）之间建立一个安全通道，关于源容器的信息能够被发送到接收容器，让接收容器可以访问源容器所指定的数据。

每个容器创建时都默认会自动分配一个名称，但是为容器设置自定义名称有以下两个重要优势。

- 为容器自定义表示容器特定用途的名称更易记忆，如将一个 Web 应用的容器命名为 web。
- 便于 Docker 通过该名称引用其他容器，可以弥补默认桥接网络不支持容器名称解析的不足。

7. 容器访问外部网络

默认情况下，容器可以访问外部网络。使用 bridge 模式（默认桥接网络）的容器是通过 NAT 方式实现外部访问的，具体是通过 iptables（Linux 的包过滤防火墙）的源地址伪装操作实现的。在 Docker 主机上这种 NAT 转换过程如图 3-5 所示。

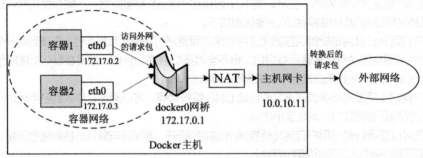

图 3-5　在 Docker 主机上的 NAT 转换过程

8. 从外部网络访问容器

默认情况下，创建的容器不会将其任何端口对外发布，从容器外部是无法访问容器内部的网络应用程序和服务的。从外部访问容器内的应用程序必须要有明确的授权，这是通过内部端口映射来实现的。要让容器能够被外部网络（Docker 主机外部）或者那些未连接到该容器的网络上的 Docker 主机访问，就要将容器的一个端口映射到 Docker 主机上的一个端口，允许从外部网络通过该端口访问容器。这种端口映射也是一种 NAT 实现，即目标地址转换（Destination NAT，DNAT），如图 3-6 所示。

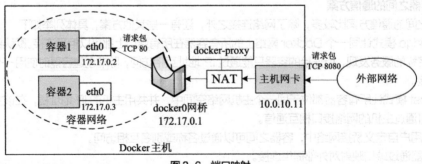

图 3-6　端口映射

9. 容器的网络配置语法

通常使用 docker run 或 docker create 命令的相关选项来设置容器的网络配置，包括网络连接、IP 地址与主机名、DNS 设置，以及端口映射等。

（1）设置容器的网络连接

使用--network 选项设置容器要连接的网络，也就是网络模式。可以使用以下参数来表示网络模式，同样的功能也可使用--net 选项来实现。

- none：容器采用 none 模式，不使用任何网络连接。使用 docker run --network none 能够完全禁用网络连接，将禁止所有的入站和出站连接。在这种情形下，只能通过文件、标准输入或标准输出完成 I/O 通信。
- bridge：容器采用 bridge 模式，连接到默认桥接网络，这是默认设置。
- host：容器采用 host 模式，使用主机的网络栈。
- container：容器采用 container 模式，使用其他容器的网络栈，需要通过容器的 name 或 id 参数指定其他容器。
- <网络名称>|<网络 ID>：容器连接到自定义网络，这个参数可以是自定义网络的名称或 ID。容器启动时，只能使用--network 选项连接到一个网络。

（2）为容器添加网络作用域的别名

容器在网络作用域中是允许有别名的，且这个别名在所在网络中都可以直接访问，这就类似于局域网中各个物理机的主机名。使用--network 选项指定容器要连接的网络，使用--network-alias 选项指定容器在该网络中的别名。如执行以下命令，将 testweb 容器连接到 mynet 网络，testweb 容器在该网络中的别名是 websrv，在 mynet 网络中的其他容器可以通过该别名访问该容器。

```
docker run -d -p 80:80 --name testweb --network mynet --network-alias websrv httpd
```

（3）设置容器的 IP 地址

默认情况下，Docker 守护进程可以有效地充当每个容器的 DHCP 服务器，为连接到每个 Docker 网络上的容器分配一个 IP 地址。通过--network 选项启动容器连接自定义网络时，可以使用--ip 或--ip6 选项明确指定分配给该网络上容器的 IP 地址。当通过 docker network connect 命令将现有的容器连接到另一个不同的网络时，也可以使用--ip 或--ip6 选项指定容器在另一个网络上的 IP 地址。

（4）设置容器的网络接口 MAC 地址

默认情况下，容器的 MAC 地址基于其 IP 地址生成。可以通过--mac-address 选项（格式如12:34:56:78:9a:bc）为容器指定一个 MAC 地址。需要注意的是，如果手动指定 MAC 地址，Docker 并不会检查地址的唯一性。

（5）设置容器的 DNS 配置与主机名

默认情况下，容器继承 Docker 守护进程的 DNS 配置，包括/etc/hosts 和/etc/resolv.conf 配置文件。可以使用以下选项为每个容器配置 DNS，以覆盖这些默认配置。

- --dns：为容器设置 DNS 服务器的 IP 地址。可以使用多个--dns 选项为一个容器指定多个 DNS 服务器。如果容器无法连接到所指定的 DNS 服务器 IP 地址，则会自动使用 Google 提供的公共 DNS 服务器 8.8.8.8，让容器能够解析 Internet 域名。
- --dns-search：为容器指定一个 DNS 搜索域，用于搜索非全称主机名。要指定多个 DNS 搜索前缀，可以使用多个--dns-search 选项。
- --dns-opt：为容器设置表示 DNS 选项及其值的键值对，可以参考操作系统的 resolv.conf 文件来确定这些选项。
- --hostname：为容器指定自定义的主机名。如果未指定，则主机名就是容器的名称。

（6）设置容器的发布端口

通过 docker run 命令创建容器时使用-p（长格式--publish）或-P（长格式--publish-all）选项设置对外发布的端口，也就是端口映射。

（7）设置容器连接

容器连接是传统的功能，以后可能会被弃用。通过 docker run 命令创建容器时使用--link 选项建立容器连接。目前应尽可能使用 Docker 网络驱动，而不要使用这种连接功能。

10. Docker 网络管理语法

docker network 是 Docker 网络本身的管理命令，基本语法如下。

> docker network 子命令

子命令用于完成具体的网络管理任务，常用的 docker network 命令列举如下。

- docker network connect：将容器连接到指定的网络。
- docker network create：创建一个网络。
- docker network disconnect：断开容器与指定网络的连接。
- docker network inspect：显示一个或多个网络的详细信息。
- docker network ls：显示网络列表。
- docker network prune：删除所有未使用的网络。
- docker network rm：删除一个或多个网络。

任务实现

1. 查看网络列表

在 Docker 主机上执行 docker network ls 命令，显示当前的网络列表，例如：

```
[root@host1 ~]# docker network ls
NETWORK ID          NAME                DRIVER              SCOPE
16dc8157fed2        bridge              bridge              local
ae84e6362c5f        host                host                local
cadcd47a6f63        none                null                local
```

该列表包括 4 列，分别是网络 ID、网络名称、网络驱动和作用域。默认情况下 Docker 主机上有 3 个网络，这些网络有不同的 ID、名称和驱动，其中有默认桥接网络（名称为 bridge，驱动为 bridge）、主机网络（名称为 host，驱动为 host）和 none 模式的网络（名称为 none，驱动为 null）。它们的网络作用域都是 local，仅在 Docker 主机范围内提供连接和网络服务。

2. 查看网络详细信息

在 Docker 主机上执行 docker network inspect 命令查看指定网络的详细信息，参数可以是网络名称或网络 ID。例如，查看默认桥接网络（名称为 bridge）的详细信息，结果如下。

```
[root@host1 ~]# docker network inspect bridge
[
    {
        "Name": "bridge",
        "Id": "16dc8157fed2bdb6561fb824bd7375aa2d84756ff0d84fed0b56cdfab5fc14ff",
        "Created": "2019-10-29T09:49:33.525186507Z",
        "Scope": "local",
        "Driver": "bridge",
        "EnableIPv6": false,
        "IPAM": {
            "Driver": "default",
            "Options": null,
            "Config": [
                {
                    "Subnet": "172.17.0.0/16",
                    "Gateway": "172.17.0.1"
```

```
                }
            ]
        },
        "Internal": false,
        "Attachable": false,
        "Ingress": false,
        "ConfigFrom": {
            "Network": ""
        },
        "ConfigOnly": false,
        "Containers": {
            "dc7065038c733944e180e8a987d58fe34ad7eb11ff5d841f9f836488888eefae": {
                "Name": "myregistry",
                "EndpointID": "8f633ee8476b01a006f0a07a111514622d4f5442151ac6f4b720999ae21e903f",
                "MacAddress": "02:42:ac:11:00:02",
                "IPv4Address": "172.17.0.2/16",
                "IPv6Address": ""
            }
        },
        "Options": {
            "com.docker.network.bridge.default_bridge": "true",
            "com.docker.network.bridge.enable_icc": "true",
            "com.docker.network.bridge.enable_ip_masquerade": "true",
            "com.docker.network.bridge.host_binding_ipv4": "0.0.0.0",
            "com.docker.network.bridge.name": "docker0",
            "com.docker.network.driver.mtu": "1500"
        },
        "Labels": {}
    }
]
```

以上信息是关于 bridge 网络的，包括 Docker 主机和 bridge 网络之间的网关 IP 地址（172.17.0.1）。"Containers"键中列出已经连接的容器，其中有它们的 IP 地址（本示例中容器的 IP 地址为 172.17.0.2）。

3. 容器连接到默认桥接网络

创建或启动容器时不指定网络，则该容器会被连接到默认桥接网络。连接到默认桥接网络的容器之间可以进行通信，但只能通过 IP 地址进行通信。下面示范如何使用 Docker 自动设置的默认桥接网络，本示例中在同一 Docker 主机上启动两个不同的 alpine 容器（Alpine 操作系统是一个面向安全应用的轻量级 Linux 发行版），并测试它们之间的相互通信。

容器连接到默认
桥接网络

（1）打开一个终端窗口，先执行 docker network ls 命令列出当前已有的网络。

本示例中默认桥接网络的名称为 bridge，接下来要将两个 alpine 容器连接到该网络。

（2）启动两个运行 ash 的 alpine 容器，ash 是 Alpine 操作系统的默认 shell。–dit 组合选项表示分离模式（即在后台运行）、交互式（可以交互操作）和伪终端 TTY（可以查看输入和输出）。由于以分离模式启动，所以容器不能立即连接到网络，只会在命令行输出容器 ID。并且因为没有提供任何 --network 选项，所以容器会连接到默认桥接网络。具体代码如下。

```
[root@host1 ~]# docker run -dit --name alpine1 alpine ash
Unable to find image 'alpine:latest' locally
latest: Pulling from library/alpine
89d9c30c1d48: Pull complete
Digest: sha256:c19173c5ada610a5989151111163d28a67368362762534d8a8121ce95cf2bd5a
Status: Downloaded newer image for alpine:latest
4448ae9b401cca49a485adf28feab3042bac3764e8011730a6731d6aa13787ae
[root@host1 ~]# docker run -dit --name alpine2 alpine ash
036b0b549de87e3ba68937e931b6a3c73346034d529758030a722df0d30f79a5
```

（3）检查两个容器是否已经启动，如下所示。

```
[root@host1 ~]# docker ps
CONTAINER ID   IMAGE    COMMAND    CREATED             STATUS              NAMES
036b0b549de8   alpine   "ash"      About a minute ago  Up About a minute   alpine2
4448ae9b401c   alpine   "ash"      About a minute ago  Up About a minute   alpine1
```

（4）执行 docker network inspect bridge 命令查看 bridge 网络的详细信息。连接到该网络的容器如下，其中包括两个新启动的容器，IP 地址分别为 172.17.0.3 和 172.17.0.4。

```
"Containers": {
    "036b0b549de87e3ba68937e931b6a3c73346034d529758030a722df0d30f79a5": {
        "Name": "alpine2",
        "EndpointID": "c81a8a8ec106f5cbdf4bd6f476e482db26341ad730353790c970c2a900196f92",
        "MacAddress": "02:42:ac:11:00:04",
        "IPv4Address": "172.17.0.4/16",
        "IPv6Address": ""
    },
    "4448ae9b401cca49a485adf28feab3042bac3764e8011730a6731d6aa13787ae": {
        "Name": "alpine1",
        "EndpointID": "67a7732736bb3683cd31f369350e9e8147ae66acba58ee4353d6adb87b4049bf",
        "MacAddress": "02:42:ac:11:00:03",
        "IPv4Address": "172.17.0.3/16",
        "IPv6Address": ""
    },
    "dc7065038c733944e180e8a987d58fe34ad7eb11ff5d841f9f836488888eefae": {
        "Name": "myregistry",
        "EndpointID": "a866fe739a433a22f7e15dd4e592a3c7a8a8602c7c2425ac5537c42ea5721667",
        "MacAddress": "02:42:ac:11:00:02",
        "IPv4Address": "172.17.0.2/16",
        "IPv6Address": ""
    }
},
```

（5）由于容器在后台运行，因此可以使用 docker attach 命令连接到 alpine1 容器，如下所示。

```
[root@host-a ~]# docker attach alpine1
/ #
```

提示符"#"说明当前在容器中用户以 root 用户身份登录。使用 ip addr show 命令显示 alpine1 容器的网络接口，结果如下。

```
/ # ip addr show
1: lo: <LOOPBACK,UP,LOWER_UP> mtu 65536 qdisc noqueue state UNKNOWN qlen 1000
    link/loopback 00:00:00:00:00:00 brd 00:00:00:00:00:00
    inet 127.0.0.1/8 scope host lo
        valid_lft forever preferred_lft forever
8:  eth0@if9:  <BROADCAST,MULTICAST,UP,LOWER_UP,M-DOWN>  mtu  1500  qdisc  noqueue
state UP
    link/ether 02:42:ac:11:00:03 brd ff:ff:ff:ff:ff:ff
    inet 172.17.0.3/16 brd 172.17.255.255 scope global eth0
        valid_lft forever preferred_lft forever
```

第 1 个接口是回环设备（Loopback）。注意，第 2 个接口有一个 IP 地址 172.17.0.3，这与步骤（4）中显示的 alpine1 容器的 IP 地址相同。

（6）在 alpine1 容器中通过 ping 一个 Internet 网址来证明可以连接到外网。-c 2 选项限制 ping 命令仅尝试两次。结果如下，表明容器能够访问外部网络。

```
/ # ping -c 2 www.163.com
PING www.163.com (222.134.66.184): 56 data bytes
64 bytes from 222.134.66.184: seq=0 ttl=56 time=7.788 ms
64 bytes from 222.134.66.184: seq=1 ttl=56 time=7.735 ms

--- www.163.com ping statistics ---
2 packets transmitted, 2 packets received, 0% packet loss
round-trip min/avg/max = 7.735/7.761/7.788 ms
```

（7）尝试 ping 第 2 个容器。首先 ping 它的 IP 地址 172.17.0.4，结果如下。

```
/ # ping -c 2 172.17.0.4
PING 172.17.0.4 (172.17.0.4): 56 data bytes
64 bytes from 172.17.0.4: seq=0 ttl=64 time=0.314 ms
64 bytes from 172.17.0.4: seq=1 ttl=64 time=0.213 ms
--- 172.17.0.4 ping statistics ---
2 packets transmitted, 2 packets received, 0% packet loss
round-trip min/avg/max = 0.213/0.263/0.314 ms
```

以上结果说明可连通。接着通过容器名称来 ping 容器 alpine2，结果如下，说明通信失败，不可以通过容器名称来访问 alpine2。

```
/ # ping -c 2 alpine2
ping: bad address 'alpine2'
```

（8）脱离 alpine1 容器而不要停止它。这需要使用两个组合键 Ctrl+P 和 Ctrl+Q（在键盘上按住 Ctrl 键，再依次按下 P 和 Q 键）。

（9）依次执行以下命令，停止并删除这两个容器。

```
docker stop alpine1 alpine2
docker container rm alpine1 alpine2
```

使用传统的容器连接

4. 使用传统的容器连接

连接到默认桥接网络的容器之间只能通过 IP 地址进行通信。如果要通过名称进行通信，则需要使用传统的 --link 选项添加到容器的连接。--link 选项的基本语法如下。

> --link <名称或 ID>:容器别名

冒号前面的参数是源容器的名称或 ID，后面的参数是源容器在该连接下的别名。

--link 选项也可采用以下格式。

> --link <容器名称或 ID >

这种语法的连接别名与连接名称相同。

下面参照上一个示例在两个 alpine 容器之间建立一个连接，然后通过连接名称或别名访问源容器。

（1）打开一个终端窗口，执行以下命令启动一个运行 ash 的 alpine 容器。因为没有提供任何 --network 选项，所以容器会连接默认桥接网络。

> docker run -dit --name alpine1 alpine ash

（2）执行以下命令启动另一个运行 ash 的 alpine 容器，并添加到第 1 个 alpine 容器的连接。

> docker run -dit --name alpine2 --link alpine1:alp alpine ash

此时 alpine1 为源容器，alpine2 为接收容器。

（3）执行 docker attach 命令进入 alpine2 容器，然后在接收容器 alpine2 中通过 ping 命令分别测试与源容器 alpine1 以及别名 alp 的连通性，结果如下，表明能够正常通信。

```
[root@host1 ~]# docker attach alpine2
/ # ping -c 2 alpine1
PING alpine1 (172.17.0.3): 56 data bytes
64 bytes from 172.17.0.3: seq=0 ttl=64 time=0.149 ms
64 bytes from 172.17.0.3: seq=1 ttl=64 time=0.102 ms

--- alpine1 ping statistics ---
2 packets transmitted, 2 packets received, 0% packet loss
round-trip min/avg/max = 0.102/0.125/0.149 ms
/ # ping -c 2 alp
PING alp (172.17.0.3): 56 data bytes
64 bytes from 172.17.0.3: seq=0 ttl=64 time=0.074 ms
64 bytes from 172.17.0.3: seq=1 ttl=64 time=0.071 ms

--- alp ping statistics ---
2 packets transmitted, 2 packets received, 0% packet loss
round-trip min/avg/max = 0.071/0.072/0.074 ms
```

（4）使用两个组合键 Ctrl+P 和 Ctrl+Q 脱离 alpine2 容器。

（5）执行 docker attach 命令进入 alpine1 容器，在该源容器中使用 ping 命令通过容器名称测试与接收容器 alpine2 的连通性，结果如下，表明通信失败。

```
[root@host1 ~]# docker attach alpine1
/ # ping -c 2 alpine2
ping: bad address 'alpine2'
```

失败的原因在于使用 --link 选项添加的连接仅支持单向通信，接收容器可以通过名称访问源容器，而源容器不能通过名称访问接收容器，当然通过 IP 地址相互通信不成问题。要支持容器之间通过名称彼此访问，可考虑使用用户自定义桥接网络。

（6）使用两个组合键 Ctrl+P 和 Ctrl+Q 脱离 alpine1 容器。

（7）停止并删除实验用容器，完成实验环境的恢复。

实际生产环境中很少使用--link 选项这种连接方式，保留这种语法主要是为了兼顾现有的容器部署，以及一些实验项目。Web 容器连接到 db 容器就是一个比较经典的示例，首先创建一个包含数据库的容器，代码如下。

```
docker run -d --name db training/postgres
```

以上基于 training/postgres 镜像创建一个名为 db 的容器，它包含 PostgreSQL 数据库。

然后创建一个 Web 容器并将它连接到 db 容器，代码如下。

```
docker run -d -P --name web --link db:db training/webapp python app.py
```

5. 创建用户自定义桥接网络并连接容器

通过 docker network create 命令创建用户自定义网络，语法如下。

```
docker network create [选项] 网络名称
```

--driver（-d）选项指定网络驱动，默认为 bridge，即桥接网络；--gateway 选项指定子网的网关；--ip-range 选项指定子网中容器的 IP 地址范围。

创建用户自定义桥接网络并连接容器

要将容器连接到自定义网络，可以在使用 docker run 命令启动容器时，使用 --network 选项连接到指定的自定义网络。对于正在运行的容器而言，可以使用 docker network connect 命令将它连接到指定的网络。

下面通过一个示例示范如何将容器连接到用户自定义桥接网络，并验证分析容器之间的连通性。为进行比较，示例中创建 4 个容器，其中两个只连接到用户自定义桥接网络，一个仅连接到默认桥接网络，还有一个同时连接到默认桥接网络和用户自定义桥接网络。

（1）创建用户自定义的 alpine-net 网络，如下所示。

```
docker network create --driver bridge alpine-net
```

这是一个桥接网络，可以不使用--driver bridge 选项设置 bridge 驱动，因为它是 Docker 默认的网络驱动。

（2）执行 docker network ls 命令列出 Docker 主机上的网络，会发现新添加的自定义网络，结果如下。

```
NETWORK ID          NAME                DRIVER              SCOPE
20684d763b5c        alpine-net          bridge              local
......
```

查看 alpine-net 网络的详细信息，显示其子网 IP 地址和网关，如下所示，目前没有任何容器连接到该网络。

```
[root@host1 ~]# docker network inspect alpine-net
[
    {
        "Name": "alpine-net",
        "Id": "20684d763b5cc19dc28ffab4dbf53e1c389f4973bec14f8d66c4912deea7cbda",
        "Created": "2019-10-30T17:04:23.886519396Z",
        "Scope": "local",
        "Driver": "bridge",
        "EnableIPv6": false,
        "IPAM": {
            "Driver": "default",
```

```
            "Options": {},
            "Config": [
                {
                    "Subnet": "172.18.0.0/16",
                    "Gateway": "172.18.0.1"
                }
            ]
        },
        "Internal": false,
        "Attachable": false,
        "Ingress": false,
        "ConfigFrom": {
            "Network": ""
        },
        "ConfigOnly": false,
        "Containers": {},
        "Options": {},
        "Labels": {}
    }
]
```

注意，这个网络的网关是 172.18.0.1（在具体的网络环境中该 IP 地址有所不同），而默认桥接网络 bridge 的网关是 172.17.0.1。

（3）分别创建 4 个 alpine 容器，注意命令中--network 选项的使用，如下所示，alpine3 容器仅连接到默认桥接网络 bridge。

```
[root@host1 ~]# docker run -dit --name alpine1 --network alpine-net alpine ash
a53b9be0ec0e4ec78be548b2a654ca60fafdc680bc6d5c22f5d1410f16d0ba25
[root@host1 ~]# docker run -dit --name alpine2 --network alpine-net alpine ash
f7ceec39cdda5e2e13e7faf01812955cde75a3e6e5cc15c9ea43a9e74103525d
[root@host1 ~]# docker run -dit --name alpine3   alpine ash
698a288a2509184e1876e369377a6097338e06d14f7bc58a51da7d5c530a8c08
[root@host1 ~]# docker run -dit --name alpine4 --network alpine-net alpine ash
6bdce6bd979de7a2fa4ac8fb4af8c2a0fee41c6a1a8c17c9ff59d78c66065e84
```

执行 docker run 命令时仅能连接到一个网络，但是容器需要连接到多个网络，所以可在容器创建之后使用 docker network connect 命令再连接到其他网络。这里将 alpine4 容器连接到默认桥接网络，如下所示。

```
[root@host1 ~]# docker network connect bridge alpine4
```

查看所有正在运行的容器，结果表明容器正常运行。

```
[root@host1 ~]# docker ps
CONTAINER ID    IMAGE    COMMAND    CREATED          STATUS          NAMES
6bdce6bd979d    alpine   "ash"      2 minutes ago    Up 2 minutes    alpine4
698a288a2509    alpine   "ash"      2 minutes ago    Up 2 minutes    alpine3
f7ceec39cdda    alpine   "ash"      2 minutes ago    Up 2 minutes    alpine2
a53b9be0ec0e    alpine   "ash"      2 minutes ago    Up 2 minutes    alpine1
```

（4）使用 docker network inspect 命令分别查看 bridge 网络和 alpine-net 网络的详细信息。这里仅列出相关的部分信息，其中连接到默认桥接网络 bridge 的容器的信息如下。

```
"Containers": {
    "698a288a2509184e1876e369377a6097338e06d14f7bc58a51da7d5c530a8c08": {
        "Name": "alpine3",
        "EndpointID":
"4cc937b28fa00cd08e1733e4ae0958271d52dd06fe93577010cdad3a0b2eab8a",
        "MacAddress": "02:42:ac:11:00:03",
        "IPv4Address": "172.17.0.3/16",
        "IPv6Address": ""
    },
    "6bdce6bd979de7a2fa4ac8fb4af8c2a0fee41c6a1a8c17c9ff59d78c66065e84": {
        "Name": "alpine4",
        "EndpointID":
"b684d9d8716afed773bc9bb1cd02ccb40660a3214d3e9ddb999ca088fd43f684",
        "MacAddress": "02:42:ac:11:00:04",
        "IPv4Address": "172.17.0.4/16",
        "IPv6Address": ""
    },
    "dc7065038c733944e180e8a987d58fe34ad7eb11ff5d841f9f836488888eefae": {
        "Name": "myregistry",
        "EndpointID":
"a866fe739a433a22f7e15dd4e592a3c7a8a8602c7c2425ac5537c42ea5721667",
        "MacAddress": "02:42:ac:11:00:02",
        "IPv4Address": "172.17.0.2/16",
        "IPv6Address": ""
    }
},
```

这表明容器 alpine3 和 alpine4 连接到了 bridge 网络。

连接到用户自定义桥接网络 alpine-net 的容器的信息如下。

```
"Containers": {
    "6bdce6bd979de7a2fa4ac8fb4af8c2a0fee41c6a1a8c17c9ff59d78c66065e84": {
        "Name": "alpine4",
        "EndpointID":  "18b75679d80303072a9b3f6985224872bdb7a615f8a327f65e945fdf9
2060b80",
        "MacAddress": "02:42:ac:12:00:04",
        "IPv4Address": "172.18.0.4/16",
        "IPv6Address": ""
    },
    "a53b9be0ec0e4ec78be548b2a654ca60fafdc680bc6d5c22f5d1410f16d0ba25": {
        "Name": "alpine1",
        "EndpointID": "de3471fb00baacb04a75758ce8f808baad7f821cbc7cb206981266801
efd8a78",
```

```
            "MacAddress": "02:42:ac:12:00:02",
            "IPv4Address": "172.18.0.2/16",
            "IPv6Address": ""
        },
        "f7ceec39cdda5e2e13e7faf01812955cde75a3e6e5cc15c9ea43a9e74103525d": {
            "Name": "alpine2",
            "EndpointID": "d11179244d753e13e3501c65f3c8d865849dd9801c8b596245f106ac
1b76c1fd",
            "MacAddress": "02:42:ac:12:00:03",
            "IPv4Address": "172.18.0.3/16",
            "IPv6Address": ""
        }
    },
```

这表明容器 alpine1、alpine2 和 alpine4 连接到了 alpine-net 网络。

（5）在自定义桥接网络中，容器不仅能通过 IP 地址进行通信，而且还能将容器名称解析到 IP 地址。这种功能称为自动服务发现（Automatic Service Discovery）。管理员接下来执行 docker attach 命令进入 alpine1 容器测试此功能，alpine1 可以将 alpine2、alpine4 名称解析到 IP 地址，当然也可以解析 alpine1 自己的名称。再执行 docker attach 命令进入 alpine1 容器进行测试，过程和结果如下。

```
[root@host1 ~]# docker attach alpine1
/ # ping -c 2 alpine2
PING alpine2 (172.18.0.3): 56 data bytes
64 bytes from 172.18.0.3: seq=0 ttl=64 time=0.125 ms
64 bytes from 172.18.0.3: seq=1 ttl=64 time=0.071 ms

--- alpine2 ping statistics ---
2 packets transmitted, 2 packets received, 0% packet loss
round-trip min/avg/max = 0.071/0.098/0.125 ms
/ # ping -c 2 alpine4
PING alpine4 (172.18.0.4): 56 data bytes
64 bytes from 172.18.0.4: seq=0 ttl=64 time=0.137 ms
64 bytes from 172.18.0.4: seq=1 ttl=64 time=0.071 ms

--- alpine4 ping statistics ---
2 packets transmitted, 2 packets received, 0% packet loss
round-trip min/avg/max = 0.071/0.104/0.137 ms
```

（6）alpine1 容器不能与 alpine3 容器连通，这是因为 alpine3 容器不在 alpine-net 网络中。测试结果如下。

```
/ # ping -c 2 alpine3
ping: bad address 'alpine3'
```

不仅如此，alpine1 容器也不能通过 IP 地址连通 alpine3 容器。查看之前显示的 bridge 网络详细信息，就会发现 alpine3 容器的 IP 地址是 172.17.0.3，尝试 ping 该 IP 地址，如下所示。

```
/ # ping -c 2 172.17.0.3
PING 172.17.0.3 (172.17.0.3): 56 data bytes


--- 172.17.0.3 ping statistics ---
2 packets transmitted, 0 packets received, 100% packet loss
```

脱离 alpine1 容器而不要停止它，方法是按住 Ctrl 键，再依次按下 P 和 Q 键。

（7）注意，alpine4 容器同时连接到默认桥接网络和自定义的 alpine-net。它可以访问所有其他容器，只是访问 alpine3 容器时需要通过它的 IP 地址才能访问，这是因为 alpine3 和 alpine4 容器都连接到了默认桥接网络。管理员使用 docker attach 命令进入 alpine4 容器进行下列测试。

```
[root@host1 ~]# docker attach alpine4
/ # ping -c 2 alpine1
PING alpine1 (172.18.0.2): 56 data bytes
64 bytes from 172.18.0.2: seq=0 ttl=64 time=0.061 ms
64 bytes from 172.18.0.2: seq=1 ttl=64 time=0.088 ms


--- alpine1 ping statistics ---
2 packets transmitted, 2 packets received, 0% packet loss
round-trip min/avg/max = 0.061/0.074/0.088 ms
/ # ping -c 2 alpine2
PING alpine2 (172.18.0.3): 56 data bytes
64 bytes from 172.18.0.3: seq=0 ttl=64 time=0.114 ms
64 bytes from 172.18.0.3: seq=1 ttl=64 time=0.070 ms


--- alpine2 ping statistics ---
2 packets transmitted, 2 packets received, 0% packet loss
round-trip min/avg/max = 0.070/0.092/0.114 ms
/ # ping -c 2 alpine3                        # 通过容器名称访问 alpine3 失败
ping: bad address 'alpine3'
/ # ping -c 2 172.17.0.3                      # 通过容器 IP 地址访问 alpine3 成功
PING 172.17.0.3 (172.17.0.3): 56 data bytes
64 bytes from 172.17.0.3: seq=0 ttl=64 time=0.128 ms
64 bytes from 172.17.0.3: seq=1 ttl=64 time=0.070 ms


--- 172.17.0.3 ping statistics ---
2 packets transmitted, 2 packets received, 0% packet loss
round-trip min/avg/max = 0.070/0.099/0.128 ms
```

（8）最后通过 ping 一个公网网址以证明无论是连接到默认桥接网络，还是自定义桥接网络，容器都可以访问外网。由于管理员已经进入 alpine4 容器，因此可以从它开始测试，下面结果表明能够正常访问外网。

```
/ # ping -c 2 www.163.com
PING www.163.com (222.134.66.167): 56 data bytes
```

```
64 bytes from 222.134.66.167: seq=0 ttl=55 time=6.733 ms
64 bytes from 222.134.66.167: seq=1 ttl=55 time=6.611 ms


--- www.163.com ping statistics ---
2 packets transmitted, 2 packets received, 0% packet loss
round-trip min/avg/max = 6.611/6.672/6.733 ms
```

按住 Ctrl 键，再依次按下 P 和 Q 键脱离 alpine4 容器，然后进入 alpine3 容器（仅连接到 bridge 网络）进行测试，下面结果表明能够正常访问外网。

```
[root@host1 ~]# docker attach alpine3
/ # ping -c 2 www.163.com
PING www.163.com (222.134.66.180): 56 data bytes
64 bytes from 222.134.66.180: seq=0 ttl=55 time=8.384 ms
64 bytes from 222.134.66.180: seq=1 ttl=55 time=7.256 ms


--- www.163.com ping statistics ---
2 packets transmitted, 2 packets received, 0% packet loss
round-trip min/avg/max = 7.256/7.820/8.384 ms
```

按住 Ctrl 键，再依次按下 P 和 Q 键脱离 alpine3 容器，然后进入 alpine1 容器（仅连接到 alpine-net 网络）进行测试，下面结果表明能够正常访问外网。

```
[root@host1 ~]# docker attach alpine1
/ # ping -c 2 www.163.com
PING www.163.com (222.134.66.175): 56 data bytes
64 bytes from 222.134.66.175: seq=0 ttl=56 time=6.439 ms
64 bytes from 222.134.66.175: seq=1 ttl=56 time=6.343 ms


--- www.163.com ping statistics ---
2 packets transmitted, 2 packets received, 0% packet loss
round-trip min/avg/max = 6.343/6.391/6.439 ms
```

按住 Ctrl 键，再依次按下 P 和 Q 键脱离 alpine1 容器。

（9）停止并删除以上实验用到的所有容器和 alpine-net 网络，完成实验环境的恢复。

```
docker stop alpine1 alpine2 alpine3 alpine4
docker rm alpine1 alpine2 alpine3 alpine4
docker network rm alpine-net
```

6. 设置端口映射，允许外部网络访问容器

要让容器能够被外部网络访问，就要在通过 docker run 命令创建容器时使用-p 或-P 选项设置端口映射，将容器的一个端口映射到 Docker 主机上的一个端口，允许外部网络通过该端口访问容器。

（1）使用-p 选项发布特定端口

通过 docker run 命令启动容器时，使用-p 选项将容器的一个或多个端口映射到 Docker 主机上，可以多次使用-p 选项设置任意数量的端口映射。有多种选项格式用来实现不同类型的端口映射，具体语法如表 3-1 所示。

表 3-1   使用-p 选项设置端口映射的语法

选项格式	说明	示例
-p 主机端口:容器端口	映射主机上所有网络接口的地址	-p 8080:80
-p 主机 IP 地址:主机端口:容器端口	映射指定地址的指定端口	-p 192.168.10.10:80:5000
-p 主机 IP 地址::容器端口	映射指定地址的任一端口	-p 127.0.0.1::5010
-p 容器端口	自动分配主机端口	-p 5200
-p 以上各种格式/udp	发布 UDP 端口（默认为 TCP 端口）	-p 8080:80/udp
-p 以上各种格式/tcp -p 以上各种格式/udp	同时发布 TCP 和 UDP 端口	-p 8080:80/tcp -p 8080:80/udp

下面给出一个通过端口映射发布 Web 服务的示例。首先在创建容器时指定端口映射，如下所示。

```
[root@host1 ~]# docker run --rm -d --name websrv -p 8080:80 httpd
3bfecebd1e377128b4ff33aaa4cdb62d4103ccdc645b7883ae4a7798b3765cf0
```

容器启动后，可通过 docker ps 命令查看端口映射，如下所示。

```
[root@host1 ~]# docker ps
CONTAINER ID IMAGE   COMMAND         CREATED       STATUS      PORTS         NAMES
3bfecebd1e37   httpd   "httpd-foreground"   33 seconds ago Up 32 seconds 0.0.0.0:8080->80/tcp  websrv
```

本示例中 httpd 容器的 80 端口被映射到主机上的 8080 端口，这样就可以通过<主机 IP>:<8080>访问容器的 Web 服务了。这里使用 curl 命令访问该服务进行测试，结果如下。

```
[root@host1 ~]# curl http://192.168.199.51:8080
<html><body><h1>It works!</h1></body></html>
```

实验完毕，停止该容器，根据设置它会被自动删除。

（2）使用-P 选项发布所有暴露的端口

通过 docker run 命令创建容器时，使用-P 选项将容器中所有暴露的端口发布到 Docker 主机上随机的高端地址端口中。这要求容器中要发布的端口必须提前暴露出来，有两种方式可以暴露端口：一种是在 Dockerfile 中使用 EXPOSE 指令定义，另一种是执行 docker run 命令创建容器时使用--expose 选项指定。而使用-P 选项发布端口时，即使该端口没有使用 EXPOSE 指令或--expose 选项显式声明，Docker 也会隐式暴露这些已经发布的端口。

下面也通过一个操作示例示范-P 选项的使用。首先创建一个容器并使用-P 选项发布 httpd 服务，如下所示。

```
[root@host1 ~]# docker run --rm -d --name websrv -P httpd
a60af39a2ba9c1ed3109b05b6717148c7306b6cafcd3f72c5e5343b5f3ebf08a
```

然后使用 docker port 命令查看该容器的端口映射设置，如下所示。

```
[root@host1 ~]# docker port websrv
80/tcp -> 0.0.0.0:32768
```

上面结果中，箭头左边是容器发布的端口，右边是映射到主机上的 IP 地址和端口。由于 httpd 镜像通过 EXPOSE 指令暴露了 80 端口，因此可以使用-P 选项发布，本示例中 Docker 自动分配的映射端口是 32768。这里使用 curl 命令访问该服务进行测试，结果如下。

```
[root@host1 ~]# curl http://192.168.199.51:32768
<html><body><h1>It works!</h1></body></html>
```

任务二　Docker 存储配置与管理

任务说明

有状态的容器都有数据持久化的需求。Docker 采用联合文件系统时，文件系统的改动都发生在顶部的容器层。在容器的生命周期内容器层是可持续的，这也包括容器被停止后。但是，当容器被删除后，容器层也随之被删除了。要为容器提供持久存储，就需要使用容器的外部存储，Docker 为此提供了卷和绑定挂载这两种类型的持久存储方案，读者应掌握容器存储的配置与管理操作方法。本任务的具体要求如下。

- 了解容器本地存储与外部存储的差别。
- 了解容器的挂载类型。
- 熟悉卷的创建和管理操作。
- 掌握容器挂载卷的操作方法。
- 熟悉容器绑定挂载的操作。

知识引入

1. 容器本地存储与 Docker 存储驱动

每个容器都被自动分配了本地存储，也就是内部存储。容器由一个可写容器层和若干只读镜像层组成，容器的数据就存放在这些层中。每个容器的本地存储空间都是由这种分层结构构成的，分层结构有助于镜像和容器的创建、共享和分发。

容器本地存储采用的是联合文件系统，这种文件系统将其他文件系统合并到一个联合挂载点，实现了多层数据的叠加并对外提供一个统一视图。

联合文件系统是 Docker 的一种底层技术，Docker 可以使用联合文件系统的多种变体，包括 AUFS、OverlayFS、Btrfs、BFS 和 DeviceMapper 等。这些联合文件系统实际上是由存储驱动（Storage Driver）实现的，相应的存储驱动有 aufs、overlay、overlay2、devicemapper、btrfs、zfs、vfs 等。这里的文件系统首字母大写，而相应的存储驱动使用小写写法。

容器的本地存储是通过存储驱动进行管理的。存储驱动控制镜像和容器在 Docker 主机上的存储和管理方式。Docker 通过插件机制支持不同的存储驱动，不同的存储驱动采用不同方法实现镜像层构建和写时复制策略。虽然底层实现的差异并不影响用户与 Docker 之间的交互，但是选择合适的存储驱动对 Docker 的性能和稳定性至关重要。应当优先使用 Linux 发行版默认的存储驱动。对于所有能够支持 overlay2 的 Linux 发行版来说，应当首选 overlay2 作为 Docker 的存储驱动。CentOS 从 7.4 版开始，所安装的 Docker 都可以直接支持 overlay2 存储驱动。至于其他 Linux 发行版，overlay2 只兼容 Linux 内核 4.0 以上的版本。

每个 Docker 主机都只能选择一种存储驱动，不能为每个容器选择不同的存储驱动。可使用 docker info 命令查看 Docker 主机上当前使用的存储驱动。例如，在一台安装 CentOS 7.6 操作系统的计算机上执行该命令，从输出的结果中找出"Storage Driver"部分的信息如下。

```
Storage Driver: overlay2          #存储驱动是 overlay2
   Backing Filesystem: xfs        #底层文件系统是 xfs
   Supports d_type: true          #支持 d_type
   Native Overlay Diff: true
```

可以根据需要更改现有的存储驱动。建议在更改存储驱动之前使用 docker save 命令导出已创建的镜像，或者将它们推送到 Docker Hub 或其他镜像注册中心，以免今后重建它们。

在运行 Linux 系统的 Docker 主机中，基于某种存储驱动的本地存储位于"/var/lib/docker/<存储驱动>"目录之下，更改存储驱动会使得现有容器和镜像不可访问。这是因为每种存储驱动在主机上存储镜像层的位置是不同的，修改了存储驱动的类型，Docker 就无法找到原有的镜像和容器了。如果恢复原来的存储驱动，则可以再次访问旧镜像和容器。但是，这样又会使得基于新的存储驱动拉取或创建的任何镜像和容器都不能被访问。

在 Linux 系统上，可以通过修改/etc/docker/daemon.json 配置文件来更改存储引擎配置，修改完成之后需要重启 Docker 才能够生效。下面展示了如何将存储驱动设置为 overlay2。

```
{
    "storage-driver": "overlay2"
}
```

2. 容器与非持久化数据

非持久化数据是不需要保存的那些数据，容器本地存储中的数据就属于这种类型。容器创建时会创建非持久化存储，这是容器全部文件和文件系统保存的地方。

默认情况下，在容器内创建的所有文件都存储在可写容器层，文件系统的改动都发生在容器层，这意味着存在以下问题。

- 非持久化数据从属于容器，生命周期与容器相同，会随着容器的删除而被删除。
- 当该容器不再运行时，数据不会持久保存，如果另一个进程需要，则可能很难从该容器中获取数据。
- 容器的可写层与运行容器的 Docker 主机紧密耦合，无法轻松地将数据转移到其他位置。
- 写入容器的可写层需要 Docker 存储驱动管理文件系统。存储驱动使用 Linux 内核提供的联合文件系统，其性能不如直接写入主机文件系统的 Docker 卷。

3. 容器与持久化数据

持久化数据是需要保存的数据，如客户信息、财务、计划、审计日志，以及某些应用日志数据。Docker 通过将主机中的文件系统挂载到容器中供容器访问，从而实现持久化数据存储，这就是容器的外部存储。即使容器删除之后，这些文件仍然存在。Docker 目前支持卷和绑定挂载这两种挂载类型来实现容器的持久化数据存储。

卷是在 Docker 中进行持久化数据存储的最佳方式。如果希望自己的容器数据保留下来（持久化），则可以将数据存储在卷上。卷又称数据卷，本质上是 Docker 主机文件系统中的目录或文件，它能够直接被挂载到容器的文件系统中。卷与容器是解耦的，因此可以独立地创建并管理卷，并且卷并未与任意容器生命周期绑定。用户可以停止或删除一个关联了卷的容器，但是卷并不会被删除。可以将任意数量的卷装入容器，多个容器也可以共享一个或多个卷。

绑定挂载是 Docker 早期版本就支持的挂载类型。绑定挂载性能高，但它们需要指定主机文件系统的特定路径，从而限制了容器的可移植性。

卷和绑定挂载这两种外部存储都绕过了联合文件系统，其读写操作会绕过存储驱动，并以本地主机的存取速度运行。这里以绑定挂载为例说明外部存储与本地存储的关系，如图 3-7 所示。其中一个 Docker 主机运行两个容器，每个容器都位于 Docker 主机本地存储区（/var/lib/docker/…）各自的空间内，由存储驱动支持。Docker 主机上的/data 目录绑定挂载到两个容器中，可以被两个容器共享。容器的挂载点目录与主机上的/data 目录之间采用虚线连接，这是为了表明它们之间是非耦合的关系。外部存储位于 Docker 主机本地存储区域之外，进一步增强了它们不受存储驱动控制的独立性。当容器被删除时，外部存储中的任何数据都会保留在 Docker 主机上。

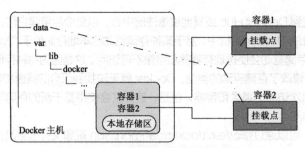

图3-7　外部存储与本地存储的关系

4．挂载类型

往容器中挂载的外部文件系统有多种类型。除了卷和绑定挂载之外，如果在 Linux 系统上运行 Docker，也可以使用 tmpfs 挂载，只是这种类型仅支持非持久化数据，不能用于持久化数据存储。无论选择哪种挂载类型，从容器内部的角度看，数据并没有什么不同，这些数据在容器的文件系统中都会显示为目录或文件。

卷、绑定挂载和 tmpfs 挂载这 3 种挂载类型的区别是数据在 Docker 主机中存放的位置不同，如图 3-8 所示。

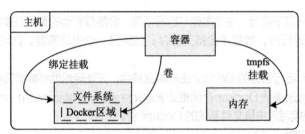

图3-8　不同类型的挂载在 Docker 主机上的位置

（1）卷

卷存储在主机文件系统中由 Docker 管理的位置，在 Linux 主机上该位置默认就是/var/lib/docker/volumes 目录。它受到保护，非 Docker 进程是不能修改该部分的。卷是 Docker 中持久存储容器的应用数据的最佳方式。卷也支持使用卷驱动，卷驱动可以让用户将数据存储在远程主机或云提供商处，以及其他可能的位置。

可以以命名方式或匿名方式挂载卷。匿名卷（Anonymous Volumes）在首次挂载到容器中时没有指定明确的名称，因此 Docker 会为其随机指定一个在当前 Docker 主机中唯一的名称。除了名称外，命名卷（Named Volumes）和匿名卷的其他特性相同。

卷由 Docker 创建并管理，卷适合以下应用场景。

* 在多个正在运行的容器之间共享数据。如果没有显式创建卷，则卷会在首次被挂载到容器上时创建。当容器被删除时，卷依然会存在。多个容器可以同时挂载同一个卷，挂载模式可以是读写模式或只读模式。只有显式删除卷时，卷才会被删除。

* 当 Docker 主机不能保证具有特定目录结构时，卷有助于将 Docker 主机的配置与容器运行时解耦。

* 当需要将容器的数据存储到远程主机或云提供商处，而不是本地时。

* 当需要在两个 Docker 主机之间备份、恢复或迁移数据时。可以在停止使用卷的容器之后，备份卷所在的目录（如/var/lib/docker/volumes/<卷名>）。

（2）绑定挂载

绑定挂载可以存储到主机系统的任意位置，甚至会存储到一些重要的系统文件或目录中。Docker 主机上的非 Docker 进程或 Docker 容器都可以随时对它们进行修改。

与卷相比，绑定挂载功能更受限。绑定挂载性能高，但它们依赖于具有特定目录结构的主机文件系统，不能使用 Docker 命令直接管理绑定挂载。绑定挂载还允许访问敏感文件。

绑定挂载适合以下应用场景。

● 在主机和容器之间共享配置文件。Docker 向容器提供 DNS 解析时默认采用的就是这种方式，即将主机上的/etc/resolv.conf 文件挂载到每个容器中。

● 在 Docker 主机上的开发环境和容器之间共享源代码或构建工件（Artifacts）。例如，可以将项目管理工具 Maven 的 target 目录挂载到容器中，每次在 Docker 主机上构建 Maven 项目时，容器会访问重新构建的工件。以这种方式使用 Docker 进行开发时，生产环境中的 Dockerfile 会直接将生产就绪的工件复制到镜像中，而不是依赖一个绑定挂载。

● 当 Docker 主机上的目录结构保证与容器要求的绑定挂载一致时。

如果正在开发新的 Docker 化应用程序，则应考虑使用命名卷，而不要使用绑定挂载。

（3）tmpfs 挂载

tmpfs 挂载仅限于运行 Linux 操作系统的 Docker 主机使用，它只存储在主机的内存中，不会被写到主机的文件系统中，因此不能持久保存容器的应用数据。在不需要将数据持久保存到主机或容器中时，tmpfs 挂载最合适。出于安全考虑，或者要保证容器的性能，应用程序需要写入大量非持久化数据时，这种挂载很适用。

如果容器产生了非持久化数据，那么可以考虑使用 tmpfs 挂载避免将数据永久存储到任何位置，并且通过避免写入容器的可写层来提高容器的性能。

5. Docker 卷管理语法

docker volume 是 Docker 卷的管理命令，基本语法如下。

docker volume 子命令

子命令用于完成具体的卷管理任务，docker volume 命令列举如下。

● docker volume create：创建一个新的卷。

● docker volume ls：列出本地 Docker 主机上的卷。

● docker volume inspect：查看卷的详细信息，包括卷在 Docker 主机文件系统中的具体位置。

● docker volume prune：删除未被容器或者服务副本使用的全部卷。

● docker volume rm：删除未被使用的指定卷。

6. 容器的文件系统挂载语法

使用 docker run 或 docker create 命令的相关选项将外部文件系统挂载到容器中。

早期的 Docker 版本中，-v（长格式为--volume）选项用于独立容器，而--mount 选项用于集群服务。卷和绑定挂载都可以通过这两个选项挂载到容器中，只是二者的语法存在细微差异。对于 tmpfs 挂载，可以使用--tmpfs 选项。

在 Docker 17.06 或更高版本中，建议对于所有的容器或服务的绑定挂载、卷或 tmpfs 挂载都使用--mount 选项，因为其语法更清晰、定制更详细。从 Docker 17.06 开始，也可以将--mount 选项用于独立容器。--mount 与-v 最大的不同在于：-v 的语法是将所有选项组合在一个字段中，而--mount 的语法是将它们分开，--mount 采用若干键值对的写法以支持更多的设置选项。-v 写法更加简洁，目前仍然被广泛使用。在本书的一些示例中这两个选项都会兼顾到。

（1）-v 选项的基本语法

-v 选项的语法格式如下。

-v [主机中的源:]容器中的目标[:<选项>]

该选项包括由冒号（:）分隔的 3 个字段。这些字段必须按照正确的顺序排列。第 1 个字段表示挂载源（来自主机的文件系统），第 2 个字段是挂载目标（容器中的挂载点，可以是目录或文件路径，必须采用绝对路径的形式），第 3 个字段是可选的，是一个以逗号分隔的选项列表，如 ro 表示只读。

（2）--mount 选项的基本语法

--mount 选项的语法格式如下。

```
--mount <键>=<值>,<键>=<值>,…
```

该选项的参数由多个由逗号分隔的键值对组成。--mount 选项的语法比 -v 选项更冗长，但键的排列顺序并不重要，并且键值更易于理解。其主要的键列举如下。

- type：指定要挂载的类型，值可以是 bind（绑定挂载）、volume（卷）或 tmpfs。默认使用 volume。
- source（或 src）：指定挂载源。对于卷，这里是卷名；对于绑定挂载，则为主机上的目录或文件。
- destination（或 dst、target）：指定挂载目标，即容器中的挂载点，必须采用绝对路径的形式。
- readonly：指定只读选项，表示源以只读方式挂载到容器中。
- 其他键：可以被多次指定，由若干键值对组成。卷和绑定挂载有不同的键。

任务实现

1. 创建一个卷并让容器挂载

创建一个卷并让
容器挂载

使用 docker volume create 命令创建卷。下面示范创建卷并让容器挂载该卷的操作过程。

（1）执行以下命令创建一个卷。

```
[root@host1 ~]# docker volume create test-vol
test-vol
```

默认情况下，Docker 创建新卷时采用内置的 local 驱动，使用该驱动的本地卷只能被所在主机上的容器使用。

（2）使用以下命令列出当前的卷（列出卷驱动和卷名称）。

```
[root@host1 ~]# docker volume ls
DRIVER              VOLUME NAME
local               test-vol
```

（3）使用以下命令查看该卷的详细信息。

```
[root@host1 ~]# docker volume inspect test-vol
[
    {
        "CreatedAt": "2019-11-08T08:52:01Z",
        "Driver": "local",                                          # 卷驱动
        "Labels": {},
        "Mountpoint": "/var/lib/docker/volumes/test-vol/_data",     # 卷的挂载点
        "Name": "test-vol",                                         # 卷的名称
        "Options": {},
        "Scope": "local"                                            # 卷的作用域
    }
]
```

可以发现，创建卷时会在主机上的 Docker 根目录（Linux 主机上默认为/var/lib/docker）下的 volumes 子目录中生成一个以卷名命名的子目录（示例中为 test-vol），在该子目录中再创建名为_data 的子目录作为卷的数据存储路径。

（4）执行以下命令启动一个容器，并将 test-vol 卷挂载到容器中的/world 目录。

```
[root@host1 ~]# docker run –it –v test-vol:/world ubuntu /bin/bash
```

Docker 并不支持在容器中使用相对路径的挂载点目录，挂载点目录必须从根目录开始。

（5）在容器中列出目录，会发现容器中有一个名为 world 的目录，这个目录实际指向的是上述 test-vol 卷，如下所示。

```
root@43ba3b537949:/# ls
bin  boot  dev  etc  home  lib  lib64  media  mnt  opt  proc  root  run  sbin  srv  sys  tmp
usr  var  world
```

（6）退出该容器，如下所示。

```
root@43ba3b537949:/# exit
exit
```

（7）执行以下命令验证卷被正确挂载到容器中。

```
docker inspect 43ba
```

查看其 Mounts（挂载）部分信息。

```
        "Mounts": [
            {
                "Type": "volume",                                    # 挂载类型为 volume（卷）
                "Name": "test-vol",                                  # 卷名
                "Source": "/var/lib/docker/volumes/test-vol/_data",  # 挂载源
                "Destination": "/world",                             # 挂载目标
                "Driver": "local",                                   # 卷驱动类型
                "Mode": "z",                                         # SELinux 标签
                "RW": true,                                          # 可读写
                "Propagation": ""                                    # 传播属性
            }
        ],
```

这表明挂载的是一个卷，显示了正确的源和目标，并且是可读写的。

（8）执行以下命令删除该卷。

```
[root@host1 ~]# docker volume rm test-vol
Error response from daemon: remove test-vol: volume is in use - [43ba3b53794962ae93e8d8383
166ee75f72d69585bf331f9e77be7183a3053df]
```

报出错误信息，说明卷正在被容器使用。上述容器虽然停止运行了，但仍然处于容器生命周期内，会占用卷。

（9）删除该容器，再删除该卷即可成功，代码如下。

```
[root@host1 ~]# docker rm 43ba
43ba
[root@host1 ~]# docker volume rm test-vol
test-vol
```

创建卷时使用-d 选项可以指定不同的驱动，第三方驱动可以通过插件方式接入。这些驱动提供了高级存储特性，并为 Docker 集成了外部存储系统。

有些卷驱动可能需要使用-o 或--opt 等额外的选项定制卷的创建，例如：

```
docker volume create --driver fake  --opt tardis=blue  --opt timey=wimey  foo
```

下面再给出一个挂载 NFS 文件系统的示例。

```
docker volume create --driver local \            # 本地驱动
    --opt type=nfs \                             # 文件类型为 NFS
```

```
    --opt o=addr=192.168.1.1,rw \                                          # NFS 服务器地址，可读写
    --opt device=:/path/to/dir \                                            # NFS 目录路径
    foo
```

多个容器可以同时使用同一个卷，这对需要访问共享数据的容器特别有用。例如，一个容器写入数据到卷，另一个容器从卷中读取数据。

卷名必须是唯一的，这就意味着不同的卷驱动不能使用相同的卷名。如果定义的卷名在当前卷驱动上已经存在，那么 Docker 会认为要重用现有的卷而不会报错。

2. 启动容器时自动创建卷

启动带有卷的容器时，如果卷尚不存在，则 Docker 会自动创建这个卷，即在 Docker 根目录下的 volumes 子目录中生成相应的目录结构。

下面的示例将 myvol 挂载到容器 testnovol 的/app 目录下。先来看--mount 选项的实现方法，如下所示。

```
docker run -d --name testnovol --mount source=myvol,target=/app nginx
```

myvol 卷并没有提前被创建，Docker 会自动创建这个卷。执行 docker inspect testnovol 命令查看该容器的详细信息，可以验证卷是否被正确创建和挂载。下面列出该卷的 Mounts 部分信息。

```
    "Mounts": [
        {
            "Type": "volume",
            "Name": "myvol",
            "Source": "/var/lib/docker/volumes/myvol/_data",               # 挂载源
            "Destination": "/app",                                          # 挂载目标
            "Driver": "local",
            "Mode": "z",
            "RW": true,
            "Propagation": ""
        }
    ],
```

改用-v 选项挂载卷，执行以下命令会产生与--mount 选项相同的结果。

```
docker run -d --name testnovol -v myvol:/app nginx
```

要注意的是，因为容器名是唯一的，所以上述两个操作命令不能同时运行，除非在运行其中一个之后删除 testnovol 容器，或者使用其他容器名，或者不使用自定义容器名。

实验结束之后，停止并删除所用的容器，再删除所用的卷。

3. 使用容器填充卷

使用容器填充卷

如果容器启动时挂载已经存在并拥有包含数据的卷，则容器不会将其挂载点目录的数据复制到该卷，而是直接使用该卷中的数据。如果容器启动时挂载空白卷（卷已存在但没有任何数据）或者自动创建新卷，而容器在挂载点目录中已有文件或目录，则该挂载点目录的内容会被传播（复制）到卷中，也就是将容器中挂载点目录的数据填充到卷中。其他容器挂载并使用该卷时可以访问其中预先填充的内容。下面给出一个实例验证容器填充卷。

（1）执行以下命令启动一个 Nginx 容器，并使用容器的/usr/share/nginx/html 目录（Nginx 服务器存储其网页内容的默认位置）的内容填充新的卷 nginx-vol。

```
docker run -d --name=nginxtest --mount source=nginx-vol,destination=/usr/share/nginx/html nginx
```

（2）执行 docker volume inspect nginx-vol 命令查看该卷的详细信息，其中挂载点设置如下。

"Mountpoint": "/var/lib/docker/volumes/nginx-vol/_data",

（3）执行以下命令查看主机上该卷所在目录的内容，可以发现容器已经填充了卷。

```
[root@host1 ~]# ls -l /var/lib/docker/volumes/nginx-vol/_data
total 8
-rw-r--r--. 1 root root 494 Oct 22 14:30 50x.html
-rw-r--r--. 1 root root 612 Oct 22 14:30 index.html
```

（4）启动另一个容器挂载该卷，以使用其中预先填充的内容，操作过程如下。

```
[root@host1 ~]# docker run -it --name=othercntr --mount source=nginx-vol,destination=/nginx ubuntu /bin/bash
root@36e88b4a5420:/# ls nginx
50x.html   index.html
root@36e88b4a5420:/# exit
exit
```

（5）依次执行下面的命令删除容器和卷。

```
docker stop nginxtest   othercntr
docker rm nginxtest othercntr
docker volume rm nginx-vol
```

由上述实验可知，如果启动容器时指定一个不存在的卷，则自动创建一个空白卷。如果将一个空白卷挂载到容器中已包含文件或目录的目录中，则这些文件或目录会被复制到卷中，这是预先填充其他容器所需数据的好方法。

4. 使用只读卷

同一个卷可以由多个容器挂载，并且可以让某些容器执行读写操作，而让另一些容器仅能执行只读操作。设置只读权限后，在容器中是无法对卷中的数据进行修改的，只有 Docker 主机有权修改数据，这在某种程度上提高了安全性。

下面的示例通过在容器中挂载点后面的选项列表（默认为空）中添加只读参数，将卷以只读模式挂载到容器目录。如果存在多个选项，则用逗号分隔。先来看使用--mount 选项的实现方法。

```
docker run -d --name=nginxtest --mount source=nginx-vol,destination=/usr/share/nginx/html,readonly nginx:latest
```

使用 docker inspect nginxtest 命令验证卷挂载创建是否正确。查看其 Mounts 部分信息，可以发现挂载的卷为只读模式，如下所示。

```
"Mounts": [
    {
        "Type": "volume",
        "Name": "nginx-vol",
        "Source": "/var/lib/docker/volumes/nginx-vol/_data",
        "Destination": "/usr/share/nginx/html",
        "Driver": "local",
        "Mode": "z",                    # SELinux 标签
        "RW": false,                    # 读写模式为 false，表示只读
        "Propagation": ""
    }
],
```

停止并删除 nginxtest 容器，然后删除 nginx-vol 卷。

也可改用-v 选项实现。

```
docker run -d --name=nginxtest -v nginx-vol:/usr/share/nginx/html:ro nginx:latest
```

编者使用 docker inspect nginxtest 命令验证卷的挂载，查看其 Mounts 部分信息，发现显示的信息与使用--mount 选项显示的信息略有差别，如下所示。

```
"Mounts": [
    {
        "Type": "volume",
        "Name": "nginx-vol",
        "Source": "/var/lib/docker/volumes/nginx-vol/_data",
        "Destination": "/usr/share/nginx/html",
        "Driver": "local",
        "Mode": "ro",                    # 模式为只读
        "RW": false,                     # 读写模式为 false，表示只读
        "Propagation": ""
    }
],
```

差别体现在 Mode 选项的含义不同，使用-v 选项时，Mode 表示读写模式，而使用--mount 选项时，Mode 用于 SELinux 标签设置。

5. 使用匿名卷

使用匿名卷

在创建或启动容器时可以创建匿名卷，匿名卷没有指定明确的名称。

使用--mount 选项启动容器时不定义 source，则会产生匿名卷，例如：

```
[root@host1 ~]# docker run -it --mount destination=/world ubuntu /bin/bash
root@623eff3a0f1f:/# exit
exit
```

执行 docker inspect 623e 命令查看该容器的挂载信息，如下所示。

```
"Mounts": [
    {
        "Type": "volume",
        "Name": "e5f1bd261bdd7f3fb5b679c281906d4b90617fc26d12a7382011e539d75af4dc",
        "Source": "/var/lib/docker/volumes/e5f1bd261bdd7f3fb5b679c281906d4b90617fc26d
12a7382011e539d75af4dc/_data",
        "Destination": "/world",
        "Driver": "local",
        "Mode": "z",
        "RW": true,
        "Propagation": ""
    }
],
```

可以发现，匿名卷并不是没有名称，而是 Docker 自动为匿名卷生成一个 UUID（通用唯一识别码）作为名称，这个 UUID 与容器一样采用的是由 64 个十六进制字符组成的字符串。

删除该容器，列出当前的卷，发现该匿名卷仍然存在。

```
[root@host1 ~]# docker volume ls
DRIVER              VOLUME NAME
```

local   e5f1bd261bdd7f3fb5b679c281906d4b90617fc26d12a7382011e539d75af4dc

使用 docker volume rm 命令删除匿名卷，必须指定匿名卷的完整 UUID，如下所示。

```
[root@host1 ~]# docker volume rm e5f
Error: No such volume: e5f
[root@host1 ~]# docker volume rm e5f1bd261bdd7f3fb5b679c281906d4b90617fc26d12a7382011e
539d75af4dc
e5f1bd261bdd7f3fb5b679c281906d4b90617fc26d12a7382011e539d75af4dc
```

要自动删除匿名卷，应在创建容器时使用--rm 选项。

要使用-v 选项在启动容器时产生匿名卷，则需要省略第 1 个字段，例如：

```
docker run -it -v /world ubuntu /bin/bash
```

6. 绑定挂载主机上的目录

通过绑定挂载可以将 Docker 主机上现有的目录挂载到容器的目录中，需要挂载的目录可以由主机上的绝对路径引用。

这里给出一个使用绑定挂载构建源代码的示例。假如源代码保存在 source 目录中，当构建源代码时，工件保存到另一个目录 source/target 中。要求工件在容器的 /app 目录中可用，且每次在开发主机上构建源代码时容器都可以访问新的工件。可以使用以下命令将 target/目录绑定挂载到容器的/app/目录中。从 source 目录中运行此命令，$(pwd)子命令表示 Linux 主机上的当前工作目录。

绑定挂载主机上的目录

（1）准备源代码目录并切换到 source 目录，这里只是作为示范，没有添加具体源代码内容，如下所示。

```
[root@host1 ~]# mkdir -p source/target
[root@host1 ~]# cd source
```

（2）执行以下命令启动容器并将主机上的 source/target 目录挂载到容器的/app 目录中。

```
[root@host1 source]# docker run -d -it --name devtest --mount type=bind,source="$(pwd)"/target,
target=/app    nginx
d4c0169e648cd4d05841630fe665f83bb2c30bec4e8724ffcc265adb2794e5cf
```

使用--mount 选项时要指明挂载类型 bind，挂载源和挂载目标必须使用绝对路径。

Linux 的 Shell 中的命令替换可用来非常灵活方便地指定挂载的源或目标目录。这里使用 pwd 来指定挂载源为主机的当前目录，挂载目标也可以使用 pwd 来表示容器的当前目录。

上述命令改用以下-v 选项定义可以产生相同的结果。

```
docker run -d -it --name devtest -v "$(pwd)"/target:/app    nginx
```

（3）使用 docker inspect devtest 命令查看容器详细信息，并验证绑定挂载是否正确创建。查看该容器的 Mounts 部分信息，如下所示。

```
"Mounts": [
    {
        "Type": "bind",                          # 挂载类型为 bind（绑定）
        "Source": "/root/source/target",         # 源为主机上的目录/root/source/target
        "Destination": "/app",                   # 目标为容器上的/app
        "Mode": "",                              # 模式为空
        "RW": true,                              # 可读写
        "Propagation": "rprivate"                # 传播方式
    }
],
```

这表明挂载方式是绑定挂载，源和目标都正确。与卷挂载不同的是，这里的挂载类型为 bind，源为主机上指定的目录，而不是 Docker 根目录中的特定路径。

传播（Propagation）方式是 rprivate，表示是私有的。

其中 Mode 表示与 SELinux 标签有关的选项。如果使用 SELinux，可以添加 z 或 Z 选项来修改被挂载到容器中的主机目录或文件的 SELinux 标签，但这会影响主机本身的目录或文件，并影响 Docker 之外的范围。z 选项表示绑定挂载的内容在多个容器之间共享；Z 选项表示绑定挂载的内容是私有的，不能共享。对这些选项要格外小心，使用 Z 选项绑定系统目录（如/home 或/usr）时会导致主机无法操作，可能需要手动重新标记主机文件。不过，在服务而不是容器上使用绑定挂载时，SELinux 标签 ":Z" ":z" ":ro" 都会被忽略。

（4）停止并删除实验所用的容器，如下所示。

```
docker stop devtest
docker rm devtest
```

某些应用中，容器需要写入绑定挂载，所写入的内容就会自动传回 Docker 主机上的相应目录。另一些应用中，容器可能只需读取绑定挂载。下面修改以上的示例，使用只读绑定挂载。

（5）使用--mount 选项实现只读绑定挂载，如下所示。

```
[root@host1 source]# docker run -d  -it  --name devtest   --mount type=bind,source="$(pwd)"/
target,target=/app,readonly   nginx
30d8a89cd1ed3aa97b04ea9eff00a4565845a73fd46ded8aaf5f499b6cfaa9e1
```

如果存在多个选项，则用逗号分隔。

上述命令改用以下-v 选项定义可以产生相同的结果。

```
docker run -d  -it  --name devtest  -v "$(pwd)"/target:/app :ro  nginx
```

（6）使用 docker inspect devtest 命令查看容器详细信息，Mounts 部分信息如下。

```
        "Mounts": [
            {
                "Type": "bind",
                "Source": "/root/source/target",
                "Destination": "/app",
                "Mode": "",                        #模式为空
                "RW": false,                       #只读
                "Propagation": "rprivate"
            }
        ],
```

（7）停止并删除实验所用容器。

7. 绑定挂载主机上的文件

除了绑定挂载目录外，还可以单独指定一个文件进行绑定挂载，该文件可以由主机上的绝对路径引用。

绑定挂载文件主要用于主机与容器之间共享配置文件。许多应用程序依赖于配置文件，如果为每个配置文件制作一个镜像，则会让简单的工作变得复杂起来，而且很不方便。将配置文件置于 Docker 主机上，并且挂载到容器中，可以随时修改配置，使得配置文件的管理变得简单灵活。例如，将主机上的/etc/localtime 挂载到容器中，可以让容器的时区设置与主机保持一致，如下所示。

```
[root@host1 ~]# docker run --rm -it -v /etc/localtime:/etc/localtime ubuntu /bin/bash
root@35b8f30eeab9:/# date +%z       #查看时区设置
+0000
root@35b8f30eeab9:/# exit
exit
```

8. 绑定挂载主机上不存在的目录或文件

绑定挂载 Docker 主机中并不存在的目录或文件时，--mount 和-v 选项的表现有些差异。

如果使用-v 选项，则会在主机上自动创建一个目录，对于不存在的文件，创建的也是一个目录。在下面的示例中，Docker 会在启动容器之前在主机上创建一个/doesnt/exist 目录。

```
[root@host1 ~]# docker run  --rm -v /doesnt/exist:/foo -w /foo -i -t ubuntu bash
root@52045285f9da:/foo# exit
exit
```

但是如果改用--mount 选项，则 Docker 非但不会自动创建目录，反而会报错。改写上述示例，结果如下。

```
[root@host1 ~]# docker run  --rm --mount type=bind,source=/doesnt/exist:/foo,target=/foo -w /foo
-i -t ubuntu bash
docker: Error response from daemon: invalid mount config for type "bind": bind source path does not
exist: /doesnt/exist:/foo.
```

9. 绑定挂载到容器中的非空目录

如果将主机上的目录绑定挂载到容器上的非空目录，则容器挂载的目录中的现有内容会被绑定挂载（主机上的目录）所遮盖。被遮盖的目录和文件不会被删除或更改，但在使用绑定挂载时不可访问。这就像将文件保存到 Linux 主机上的/mnt 目录中，然后将 USB 驱动器挂载到/mnt 目录中，在卸载 USB 驱动器之前，USB 驱动器的内容会遮盖/mnt 目录中的内容，访问/mnt 目录存取的是 USB 驱动器的内容。卸载 USB 驱动器之后，访问/mnt 目录看到的是该目录本身的内容。

无论主机上的目录是否为空，绑定挂载到容器中的非空目录都会发生遮盖的情况。一定要注意，这种方式与 Docker 卷是完全不同的。对于卷来说，只有卷中存在内容，挂载卷的容器目录才会被遮盖而使用该卷中的内容。

这里给出比较极端的示例，用主机上的/tmp 目录替换容器的/usr 目录的内容，如下所示。在大多数情况下，这会产生一个没有用处的容器。

```
[root@host1 ~]# docker run -d -it  --name broken-container  --mount type=bind,source=
/tmp,target=/usr  nginx
e84a1cfbdb5b87b2cbb1722383a049e60d4eae6e1d03ba9dcdd585d829ea6c45
docker: Error response from daemon: OCI runtime create failed: container_linux.go:345: starting
container process caused "exec: \"nginx\": executable file not found in $PATH": unknown.
```

容器虽然创建了，但是无法工作。执行以下命令删除这个容器。

```
docker container rm broken-container
```

10. 备份、恢复和迁移数据卷

可以通过卷容器（Volume Container）实现卷的备份、恢复和迁移。卷容器又称数据卷容器，是一种特殊的容器，专门用来将卷（也可以是绑定挂载）提供给其他容器挂载。使用 docker run 或 docker create 命令创建容器时可通过--volumes-from 选项基于卷容器创建一个新的容器，并挂载卷容器提供的卷。下面给出一个备份、恢复卷的示例。

（1）创建卷容器

执行以下命令创建一个名为 dbstore 的卷容器，挂载一个匿名卷（/dbdata）。

```
docker create -v /dbdata --name dbstore busybox /bin/sh
```

（2）备份卷容器

执行以下命令完成以下 3 项任务。

```
docker run --rm --volumes-from dbstore -v $(pwd):/backup ubuntu tar cvf /backup/backup.tar
/dbdata
```

- 启动一个新的容器并从dbstore容器中挂载卷。
- 将本地主机的当前目录挂载为/backup。
- 传送一个命令，将dbdata卷的内容打包为/backup/backup.tar文件。

命令完成后停止容器，会在主机当前目录中留下一个dbdata卷的备份文件。

（3）从备份中恢复卷容器

创建备份之后，可以将它恢复到同一个容器，或者另一个在别处创建的容器。例如，创建一个名为dbstore2的新容器，如下所示。

```
docker run -v /dbdata --name dbstore2 ubuntu /bin/bash
```

然后在新容器的数据卷中将备份文件解压缩，如下所示。

```
docker run --rm --volumes-from dbstore2 -v $(pwd):/backup ubuntu bash -c "cd /dbdata && tar xvf /backup/backup.tar --strip 1"
```

项目实训

项目实训一　创建和使用用户自定义桥接网络

实训目的

掌握用户自定义桥接网络的操作。

实训内容

- 创建一个用户自定义网络。
- 查看该网络的详细信息。
- 参照任务一中相关示例创建4个alpine容器，连接到用户自定义桥接网络和默认桥接网络，测试容器之间的通信。

项目实训二　Docker 卷的使用

实训目的

掌握Docker卷的基本操作。

实训内容

- 创建一个卷。
- 查看该卷的详细信息。
- 启动一个容器并挂载该卷。
- 查看该容器的详细信息以验证卷是否被成功挂载。
- 删除该容器，再删除该卷。

项目实训三　绑定挂载的使用

实训目的

掌握绑定挂载的基本操作。

实训内容

- 启动一个容器时将主机上的某目录挂载到容器中。
- 查看该容器的详细信息，验证绑定挂载是否正确创建。
- 停止并删除实验用容器。

项目实训四　测试容器填充卷

实训目的

通过测试理解容器填充卷。

实训内容

- 启动一个容器并挂载一个自动创建的卷。
- 查看该卷的详细信息。
- 查看主机上该卷所在目录的内容。
- 启动另一个容器挂载该卷，以使用其中预先填充的内容。
- 查看这个容器中的挂载目录。
- 删除测试中用到的容器和卷。

项目总结

　　通过本项目的实施，读者应当掌握 Docker 网络和存储的使用方法，能够使容器变得更实用、具备更强大的功能，也能通过网络配置让容器与其他容器及外部网络进行通信，还能通过挂载外部存储实现容器数据的持久存储。下一个项目介绍 Docker 容器与守护进程运维和管理。

项目四
Docker容器与守护
进程运维

学习目标

- 了解容器的高级配置，掌握相应的配置方法；
- 了解容器资源控制技术，学会限制容器使用资源的操作；
- 了解容器监控知识，掌握容器监控的实施方法；
- 了解容器日志知识，掌握日志查看和配置方法；
- 了解 Docker 对象，掌握通用的配置与管理方法；
- 掌握 Docker 守护进程的配置与管理方法。

项目描述

项目三实现了容器的网络和存储配置。Docker 容器正式的部署环境需要更为严谨的配置和管理，要解决一些更为实际的问题，如容器的持续运行、容器运行资源控制、容器监控与日志管理，以及 Docker 守护进程本身的管理和 Docker 对象的通用配置等。本项目关注的正是这些问题的解决方案，即对 Docker 容器与守护进程实施运维管理。

任务一　Docker 容器配置进阶

任务说明

前面章节讲解了容器的基本操作，这里介绍一些更高级的配置功能。本任务的具体要求如下。

- 掌握容器的自动重启配置。
- 了解 Docker 的实时恢复功能，能够让容器保持持续运行。
- 在一个容器中运行多个服务。
- 了解容器健康检查机制。
- 了解容器运行时如何覆盖镜像的默认设置。

知识引入

1. 容器的自动重启

Docker 提供重启策略选项控制容器退出时或 Docker 重启时是否自动启动该容器。重启策略能够确保关联的多个容器按照正确的顺序启动。Docker 建议使用重启策略，并避免使用进程管理器启动容器。运行容器时可以使用--restart 选项指定重启策略。

重启策略是面向生产环境的，在开发过程中不必考虑。容器的重启都是由 Docker 守护进程完成的，因此与守护进程息息相关。

使用重启策略时应注意以下几点。

* 重启策略只在容器成功启动后才会生效。成功启动是指容器至少运行 10s 以上,并且 Docker 守护进程已经开始监控它,这样可以防止那些从未启动的容器进入重启循环。

* 如果手动停止一个容器,那么它的重启策略会被忽略,直到 Docker 守护进程重启或容器手动重启。这是防止重启循环的另一种措施。

* 这里所讲的重启策略只适用于容器。Docker Swarm 服务的重启策略采用不同的配置方式。

* 重启策略不同于 dockerd 命令的--live-restore 选项。使用--live-restore 选项,可使得在 Docker 升级过程中,即使网络和用户输入都中断了,容器仍然可以保持运行。

如果重启策略无法满足需求,如当 Docker 外部的进程依赖容器时,那么可以改用像 upstart、systemd 或 supervisor 这样的进程管理器来解决。要注意,不要尝试组合使用 Docker 重启策略与主机级进程管理器,因为这会产生冲突。

还可以在容器内使用进程管理器检查进程是否正在运行,如果没有运行,则启动或重新启动进程。这种方法只是在容器内监控操作系统进程,Docker 是无法监控它们的。因为这种方法依赖于操作系统,甚至会因 Linux 发行版的不同而有所不同,所以 Docker 并不推荐使用这种方法。

2. 在 Docker 停止时保持容器继续运行

默认情况下,当 Docker 守护进程终止时,正在运行的容器会关闭。管理员可以配置 Docker 守护进程,使容器在 Docker 守护进程不可用时仍然保持运行,这个功能被称为实时恢复(Live Restore)。使用此功能有助于减少因 Docker 守护进程崩溃、计划停机或升级导致的容器停机时间。需要注意的是,运行 Windows 操作系统的容器不支持此功能,但对于 Docker for Windows 运行的 Linux 容器,该功能则是可用的。

实时恢复功能仅适用于独立容器,不适用于 Swarm 服务。Swarm 服务由 Swarm 管理器管理。如果 Swarm 管理器不可用,则 Swarm 服务将继续在工作节点上运行,但无法管理,直到有足够多的可用 Swarm 管理器,即能够保持法定的数量为止。

(1)启用实时恢复功能

有两种方式可以启用实时恢复功能,使容器在守护进程不可用时保持活动状态。一种方式是在 Docker 守护进程配置文件(在 Linux 系统上默认是/etc/docker/daemon.json)中进行设置,加入以下选项。

```
{
    "live-restore": true
}
```

重启 Docker 守护进程。

在 Linux 主机上可以通过重新加载 Docker 守护进程来避免重启 Docker(同时避免容器停止)。如果使用 systemd,则使用 systemctl reload docker 命令即可。否则,向 dockerd 进程发送 SIGHUP 信号,具体方法是执行以下命令。

```
kill -SIGHUP dockerd
```

另一种启用实时恢复的方式是在手动启动 dockerd 进程时指定--live-restore 选项。这里不建议使用此方法,因为它不会在启动 Docker 进程时设置 systemd 或其他进程管理器所使用的环境,这可能会导致意外行为的发生。

(2)升级期间的实时恢复

实时恢复功能支持 Docker 守护进程在升级期间保持容器的运行。不过,这仅限于 Docker 补丁版本的升级,而不支持 Docker 主要版本和次要版本的升级。

如果在升级过程中跳过版本,则 Docker 守护进程可能无法恢复其与容器的连接。如果守护进程无法恢复连接,则无法管理正在运行的容器,管理员必须手动停止它们。

（3）重启时的实时恢复

只有 Docker 守护进程选项（如网桥 IP 地址和图形驱动程序）未发生更改时，实时恢复功能才可以用于恢复容器。如果这些守护进程的配置选项中有任意一个已更改，则实时恢复可能不起作用，管理员可能需要手动停止容器。

（4）实时恢复功能对运行容器的影响

如果 Docker 守护进程停止很长时间，则正在运行的容器可能会填满守护程序通常读取的 FIFO 日志，日志填满后会阻止容器记录更多的日志数据。默认缓冲区大小为 64kB，如果缓冲区已被填满，则必须重新启动 Docker 守护进程来刷新它们。

在 Linux 中，管理员可以通过更改/proc/sys/fs/pipe-max-size 来修改内核的缓冲区大小。注意，不能修改 Docker Desktop for Mac 或 Docker Desktop for Windows 的缓冲区大小。

3. 一个容器中运行多个服务

容器的主运行进程由 Dockerfile 末尾的 ENTRYPOINT 和 CMD 指令定义，通常建议每个容器运行一个服务以便实现应用的不同方面。该服务可能会分成多个进程，如 Apache Web 服务器启动多个工作进程。一个容器可以有多个进程，但为了高效利用 Docker，不要让一个容器负责整个应用程序的多个方面，而要通过用户定义网络和共享卷连接多个容器来实现应用程序的多个方面。

容器的主进程负责管理它启动的所有进程。在某些情形下，主进程设计得不好，并且在容器退出时无法优雅地处理"reaping"（stopping）子进程（reaping 是回收的意思）。如果进程遇到这种情形，则可以在运行容器时使用--init 选项。--init 选项可以将一个精简的初始化进程作为主进程插入容器，并在容器退出时回收所有进程。解决这些进程启停最好的方式是设置一个上层的进程来统一处理这些进程的生命周期。比较稳定的初始化进程有 sysvinit、upstart、systemd。

如果需要在一个容器中运行多个服务，可以有以下几种实现方式。

- 将所有命令放入包装器脚本中，并提供测试和调试信息，使用 CMD 指令运行包装器脚本。
- 如果有一个主进程需要首先启动并保持运行，但是临时需要运行一些其他进程（可能与主进程交互），可以使用 bash 脚本的作业控制实现。
- 在容器中使用 supervisord 等进程管理器。

4. 容器健康检查机制

对于容器而言，最简单的健康检查是进程级的健康检查，即检验进程是否正在运行。Docker 守护进程会自动监控容器中的第 1 个进程（进程 ID 为 1），如果为容器指定了重启策略，则可以根据该策略自动重启已停止的容器。在实际应用中，仅使用这种进程级健康检查机制是不够的。例如，容器进程虽然在运行中，但是其应用程序死锁，无法继续响应用户的请求，这样的问题无法通过进程级监控发现。为此，Docker 提供了健康检查机制，可以通过 Dockerfile 文件在镜像中注入，也可以在启动容器时通过相应选项实现。

（1）在 Dockerfile 中使用 HEALTHCHECK 指令

可以在 Dockerfile 文件中使用 HEALTHCHECK 指令声明健康检测配置，用于判断容器主进程的服务状态是否正常，反映容器的实际健康状态。基于这样的 Dockerfile 构建镜像，再基于该镜像启动容器，这样的容器就具备健康状态检查能力，能够自动进行健康检查。

HEALTHCHECK 指令包括以下两种格式。

```
HEALTHCHECK [选项] CMD <命令>
HEALTHCHECK NONE
```

第 1 种格式表示设置检查容器健康状况的命令；第 2 种格式表示禁止从基础镜像继承 HEALTHCHECK 指令设置。这里重点介绍第 1 种，其中可用的选项如下。

--interval：设置容器运行之后开始健康检查的时间间隔，默认为 30s。

--timeout：设置允许健康检查命令运行的最长时间，默认为 30s。如果超时，本次健康检查就被视为失败。

　　--start-period：设置需要启动的容器的初始化时间，在启动过程中的健康检查失败不会被计入，默认为 0s。

　　--retries：设置允许连续重试的次数，默认为 3 次。当健康检查连续失败指定的次数后，则将容器状态视为不健康状态。

　　其中 CMD 指令后面的命令参数指定执行健康检查的具体命令，与 ENTRYPOINT 指令一样，可使用 shell 格式或 exec 格式。该命令执行完毕返回下列值，表示容器的运行状况。

- 0：成功。容器是健康且可用的。
- 1：失败。容器不健康，不能正常工作。
- 2：保留值。暂时不要使用。

　　在 Dockerfile 中 HEALTHCHECK 指令只可以出现一次，如果出现多次，则只有最后一次生效。

　　一旦有一次健康检查成功，Docker 就会确认容器为健康状态。当容器的健康状态发生变化时，Docker 会触发一个 health_status 事件。

　　下面的示例表示每 5min 执行一次健康检查，通过访问 Web 服务器主页进行检查，每次检查执行时间限制在 3s 以内。

```
HEALTHCHECK --interval=5m --timeout=3s   CMD curl -f http://localhost/ || exit 1
```

　　（2）启动容器时通过相应选项实现健康检查

　　可以在执行 docker run 命令时启动容器，或者执行 docker create 命令创建容器时通过相应选项指定容器的健康检查策略，其中--health-cmd 选项用于指定健康检查命令，对应于 Dockerfile 中 HEALTHCHECK 指令的命令参数；--health-interval、--health-retries、--health-timeout 和 --health-start-period 分别对应于 Dockerfile 中 HEALTHCHECK 指令的--interval、--retries、--timeout 和--start-period 选项。

　　--no-healthcheck 选项用于禁用容器的任何 HEALTHCHECK 指令。

5. 运行时选项覆盖 Dockerfile 指令

　　Dockerfile 中的语句相当于编译阶段的设置，开发人员基于 Dockerfile 构建镜像之后，运维人员基于镜像启动容器（执行 docker run 命令）时设置的一些运行时选项可能会覆盖镜像文件中的 Dockerfile 设置。Dockerfile 中的 FROM、MAINTAINER、RUN 和 ADD 指令在运行时是不能被覆盖的，其他的指令在执行 docker run（或 docker create）命令时都会被相应地覆盖。下面梳理一下 Dockerfile 中的部分指令，介绍对于开发人员在 Dockerfile 中设置的相关指令，运维人员如何在运行时进行覆盖。

　　（1）CMD（默认的命令或选项）

　　运维人员在命令行中重新调用可选的命令，如下所示。

```
docker run [选项] 镜像[:标签|@摘要值] [命令] [参数…]
```

　　命令参数是可选的，因为镜像创建者可能使用 Dockerfile 的 CMD 指令提供了一个默认的命令。从镜像运行一个容器时，可以指定一个新的命令来覆盖 Dockerfile 的 CMD 指令。

　　如果镜像的 Dockerfile 还声明了 ENTRYPOINT 指令，则 Dockerfile 的 CMD 指令或容器运行时指定的命令均作为参数追加到 ENTRYPOINT 指令中。

　　（2）ENTRYPOINT（运行时执行的默认命令）

　　使用 docker run 命令的—entrypoint 运行时选项设置会覆盖定义镜像的 Dockerfile 中的 ENTRYPOINT 指令设置。

　　镜像的 ENTRYPOINT 指令定义容器启动时要执行的命令，在启动容器时不容易被覆盖。

　　ENTRYPOINT 指令为容器给出默认的行为，基于设置该指令的镜像可以直接运行容器，这与执行二进制文件一样，也可以实现默认的选项，还可以通过命令传入更多的选项。但是，有时运维人员可能要在容器中运行其他命令，这时可以在运行时使用一个字符串定义新的入口命令来覆盖镜像默认的

ENTRYPOINT 指令设置。

下面的示例是在已设置为自动运行其他命令（如/usr/bin/redis-server）的容器中再运行一个 shell 命令。

```
docker run -it --entrypoint /bin/bash example/redis
```

以下两个示例示范如何将更多的参数传递给 ENTRYPOINT 指令。

```
docker run -it --entrypoint /bin/bash example/redis -c ls -l
docker run -it --entrypoint /usr/bin/redis-cli example/redis --help
```

还可以通过传递一个空字符串重置容器的入口命令，如下所示。

```
docker run -it --entrypoint="" mysql bash
```

注意，运行时使用--entrypoint 选项将清除镜像的任何默认命令（Dockerfile 的任何 CMD 指令）。

（3）EXPOSE（传入端口）

这里汇总一下可以用于容器网络的有关端口映射的运行时选项。

--expose=[]：对外暴露容器的一个端口或一个端口范围。这些端口可以补充 Dockerfile 的 EXPOSE 指令所定义的端口。

-P：将所有端口发布到主机接口。

-p=[]：将容器的一个端口或一个端口范围发布到主机，使用 docker port 命令可以查看实际的端口映射。

--link=""：增加到其他容器的连接。

除了 EXPOSE 指令，镜像开发人员无法控制网络连接。EXPOSE 指令定义对外提供服务的初始传入端口，这些端口可用于容器中的进程。运维人员可以使用--expose 选项增加端口。

要暴露容器的内部端口，运维人员可以在启动容器时使用-P 或-p 选项，这样能够访问主机的任何客户端都能访问这些端口。

如果运维人员启动一个连接默认桥接网络的新的客户端容器时使用--link 选项，那么该容器可以通过私有网络接口访问暴露的端口。

（4）ENV（环境变量）

创建 Linux 容器时，Docker 自动设置以下环境变量。

* HOME（用户主目录）：根据 USER 值设置。

* HOSTNAME（主机名）：默认为容器名。

* PATH（执行文件的默认路径）：包括常用目录，如/usr/local/sbin:/usr/local/bin:/usr/sbin:/usr/bin:/sbin:/bin。

* TERM（终端）：如果容器被分配了伪 TTY，则为 xterm。

另外，运维人员可以通过若干-e 选项设置任何环境变量，可以覆盖上述默认环境变量或由开发人员在 Dockerfile 中使用 ENV 指令定义的环境变量。如果运行时-e 选项设置为只提供环境变量名，那么主机中该环境变量的值将被传递到容器中。下面给出一个测试容器环境变量的示例。

```
[root@host1 ~]# export today=Sunday                                    # 主机中临时增加一个环境变量
[root@host1 ~]# docker run -t -e "deep=purple" -e today -e DESKTOP_SESSION --rm alpine env
PATH=/usr/local/sbin:/usr/local/bin:/usr/sbin:/usr/bin:/sbin:/bin      # PATH 环境变量
HOSTNAME=2ebbcb83e27f                                                  # 主机名
TERM=xterm                                                             # 终端
deep=purple                                                           # -e 选项指定的环境变量
today=Sunday                                                         # -e 选项未指定环境变量值
DESKTOP_SESSION=gnome-classic                                        # -e 选项未指定环境变量值
HOME=/root                                                           # 用户主目录
```

（5）HEALTHCHECK

运行时健康检查相关选项会覆盖 Dockerfile 中的 HEALTHCHECK 指令设置。

（6）VOLUME（共享的文件系统）

开发人员可以在 Dockerfile 中使用 VOLUME 指令定义一个或多个与镜像关联的卷，但是只有运维人员能够在容器运行时从一个容器访问另一个容器（使用--volumes-from 选项），或者从容器访问主机上的挂载卷（使用-v 或--volume 选项）。

Dockerfile 中由 VOLUME 指令定义的卷可以在执行 docker run 命令时使用，但是如果执行 docker run 命令时没有指定这些卷，则这些卷不能被挂载到容器中。即使 Dockerfile 中没有通过 VOLUME 指令定义卷，也可以在执行 docker run 命令时指定所需的挂载卷。Dockerfile 中使用 VOLUME 指令声明卷，只是帮助开发人员定位需要持久存储数据的目录位置。

（7）USER

容器中的默认用户是 root（UID=0），镜像开发人员可以创建其他用户。这些用户可以通过名称指定，不能使用 UID。开发人员通过 Dockerfile 的 USER 指令指定容器运行第 1 个进程时的默认用户。

运维人员启动容器时可以使用-u（--user）选项指定新的默认用户以覆盖镜像中的 USER 指令设置。这个选项设置中可以使用用户名、UID、组名或 GID 作为参数，如下所示。

```
--user=[ 用户名 | 用户名:组名 | UID | UID:GID | 用户名:GID | UID:组名 ]
```

（8）WORKDIR

在容器中运行二进制文件的默认工作目录是根目录（/），但是开发人员可以在 Dockerfile 中使用 WORKDIR 指令自定义工作目录。运维人员可以使用-w 选项覆盖该设置。

任务实现

1. 配置容器使用重启策略

容器默认是不支持自动重启的。要为容器配置重启策略，可以在执行 docker run 或 docker create 命令启动或创建容器时使用--restart 选项。该选项的可用值如表 4-1 所示。

表 4-1　容器重启策略选项值

选项值	功能
no	容器退出时不要自动重启。这是默认设置
on-failure[:max-retries]	只在容器以非 0 状态码退出时重启。这种策略还可以使用 max-retries 参数指定 Docker 守护进程尝试重启容器的次数
always	不管是什么退出状态都始终重启容器，Docker 守护进程将无限次地重启容器。容器也会在 Docker 守护进程启动时尝试重启，不管容器当时的状态如何
unless-stopped	不管是什么退出状态都始终重启容器，只是当 Docker 守护进程启动时，如果容器之前已经为停止状态，则不会尝试启动它

容器的退出状态可用状态码表示。来自 docker run 命令的退出状态码会给出容器运行失败或者退出的原因。非 0 退出状态码采用 chroot 标准，表示异常退出。退出状态码列举如下。

- 0：表示正常退出。
- 125：Docker 守护进程本身的错误。
- 126：容器启动后，要执行的默认命令无法调用。
- 127：容器启动后，要执行的默认命令不存在。
- 其他：容器启动后正常执行命令，退出命令时该命令的返回状态码作为容器的退出状态码。

例如，以下命令运行一个始终重启的 redis 容器，该容器退出时 Docker 将重启它。

```
[root@host1 ~]# docker run -d --name testrs --restart=always redis
7cb806dbe787d4e96e5eaa4f3903ff81e16b1b157adbaae982a73659c47abcc8
```

当容器启用重启策略时，在 docker ps 命令的输出结果中会显示 Up 或者 Restarting 状态，如下所示。

```
[root@host1 ~]# docker ps
CONTAINER ID  IMAGE   COMMAND              CREATED         STATUS         PORTS       NAMES
7cb806dbe787  redis   "docker-entrypoint.s..."  37 seconds ago  Up 35 seconds  6379/tcp    testrs
```

测试一下该容器是否自动重启，先停止 Docker 并查看当前是否有容器正在运行，如下所示。

```
[root@host1 ~]# systemctl stop docker
[root@host1 ~]# docker ps
Cannot connect to the Docker daemon at unix:///var/run/docker.sock. Is the docker daemon running?
```

此时没有任何容器正在运行。再启动 Docker 并查看当前是否有容器正在运行，如下所示。

```
[root@host1 ~]# systemctl start docker
[root@host1 ~]# docker ps
CONTAINER ID  IMAGE   COMMAND              CREATED         STATUS         PORTS       NAMES
7cb806dbe787  redis   "docker-entrypoint.s..."  9 minutes ago   Up 5 seconds   6379/tcp    testrs
```

可以发现该容器随着 Docker 启动而自动重启。

可以使用 on-failure 策略指定 Docker 尝试重启容器的最大次数，再来看一个示例。

```
docker run --restart=on-failure:10 redis
```

此命令运行一个失败后重启、最大重启次数为 10 的 redis 容器。如果 redis 以非 0 状态连续退出超过 10 次，那么 Docker 将中断并尝试重启这个容器。on-failure 策略支持设置最大重启次数，如果不设置次数，则将无限次重启容器。

对于已经创建或运行的容器，可以通过 docker update 命令来更改其重启策略，例如：

```
docker update --restart=on-failure:3 7cb806dbe787
```

2. 测试 Docker 的实时恢复功能

测试 Docker 的
实时恢复功能

这里通过重新加载 Docker 守护进程和结束 Docker 守护进程来测试实时恢复功能。

（1）编辑 Docker 守护进程配置文件/etc/docker/daemon.json，启用实时恢复功能。本例中该文件的内容如下。

```
{"registry-mirrors": ["https://unx7713y.mirror.aliyuncs.com"],
"insecure-registries":["192.168.199.51:5000"],
"live-restore": true}
```

（2）重启 Docker 守护进程，如下所示。

```
[root@host1 ~]# systemctl restart docker
```

接下来开始测试。

（3）基于 httpd 镜像创建一个运行 Apache 服务的容器，如下所示。

```
[root@host1 ~]# docker run --rm -d -p 8080:80   httpd
014ea3da05cd9e1293bc9fc4c95dbc30efeb4453755d2458f98982bff15dfb60
```

（4）重新加载 Docker 守护进程，如下所示。

```
[root@host1 ~]# systemctl reload docker
```

（5）查看当前容器，可以发现该容器并没有停止，依然在运行，结果如下。

```
[root@host1 ~]# docker ps
CONTAINER ID   IMAGE    COMMAND            CREATED        STATUS       PORTS              NAMES
014ea3da05cd   httpd    "httpd-foreground"  2 minutes ago  Up 2 minutes  0.0.0.0:8080->80/tcp   xenodochial_brown
```

（6）使用 kill 命令结束进程需要获取进程号，以下操作获取 dockerd 的进程号。

```
[root@host1 ~]# ps -e | grep dockerd
 28002 ?          00:00:00 dockerd
```

（7）向 dockerd 进程发送 SIGHUP 信号，如下所示。

```
kill -SIGHUP 28002
```

（8）再次查看当前容器，发现该容器在运行。

（9）访问该容器提供的 Apache 服务，结果正常，如下所示。

```
[root@host1 ~]# curl 127.0.0.1:8080
<html><body><h1>It works!</h1></body></html>
```

（10）实验完毕，停止该容器后其自动被删除，恢复实验环境。

3. 在容器中使用 supervisord 管理 PHP 和 Nginx 服务

Supervisor 是 Linux/UNIX 系统下的一个进程管理工具，其守护进程名为 supervisord，可以很方便地监听、启动、停止、重启一个或多个进程。使用该工具管理的进程如果意外地被"杀死"，那么 supervisord 守护进程监听到之后会自动将它重新启动。该工具有实现进程自动恢复的功能，不再需要编写 shell 脚本来进行控制。在容器中使用该工具，需要将 supervisord 及其配置打包到镜像中（或基于一个包含 supervisord 的镜像），与它所管理的不同应用程序放在一起。下面示范如何使用 supervisord 守护进程在一个容器中同时运行 PHP 和 Nginx 服务。

在容器中使用
supervisord 管理
PHP 和 Nginx 服务

（1）创建项目目录，这里将其命名为 php-nginx-supervisord。

（2）在该目录下创建 nginx 子目录，准备 Nginx 服务的配置文件，这里包括 nginx.conf 和 conf.d/site.conf。

（3）在该目录下创建 supervisor 子目录，准备 supervisord 的配置文件。这里再创建一个下级目录 conf.d，在其中创建 supervisord.conf 文件，其内容如下。

```
[supervisord]
# 设置是否在前台启动（默认是 false，表示以守护进程方式启动）
nodaemon=true
#定义被管理的进程
[program:nginx]
command=/usr/sbin/nginx


[program:php7-fpm]
command=/usr/local/sbin/php-fpm
```

这里 supervisord 管理两个进程。

（4）在项目目录下编写 Dockerfile，其内容如下。

```
FROM php:7.3-fpm
RUN   apt-get -y update && apt-get -y install nginx supervisor
RUN   mkdir -p /var/log/supervisor
COPY nginx /etc/nginx
COPY supervisor /etc/supervisor
WORKDIR /var/www
RUN usermod -u 1000 www-data
EXPOSE 80
CMD ["/usr/bin/supervisord"]
```

这里以 php:7.3-fpm 作为父镜像,安装 Nginx 和 Supervisor,并复制相应的配置文件。

(5)在项目目录下执行以下命令,基于 Dockerfile 构建镜像。

```
[root@host1 php-nginx-supervisord]# docker build -t php-nginx-supervisord .
Sending build context to Docker daemon    162.3kB
Step 1/10 : FROM php:7.3-fpm
......
Successfully built 09f9ee2b706a
Successfully tagged php-nginx-supervisord:latest
```

(6)在项目目录下执行以下命令,基于该镜像启动容器。

```
[root@host1 php-nginx-supervisord]# docker run -itd  --rm -p 8080:80  php-nginx-supervisord
5b6faf2eabe71f06c6dfff07bb9d5d796bb8aa45efab5785af944a28409070ba
```

(7)执行以下命令实际测试 Web 服务。

```
[root@host1 php-nginx-supervisord]# curl 127.0.0.1:8080
<!DOCTYPE html>
<html>
<head>
<title>Welcome to nginx!</title>
......
```

这表明服务正常运行。该容器停止运行后会被自动删除,恢复实验环境。

这个示例比较简单,读者可根据此例进一步完善 PHP 和 Nginx 设置,还可加上 MySQL 数据库。

测试容器健康
检查功能

4. 测试容器健康检查功能

管理员为容器设置健康检查之后,除了能获取容器的正常状态信息外还会获取其健康状态信息。初始状态是正在启动(Starting)。首次达到检查时间间隔后,Docker守护进程会开始执行健康检查命令,并周期性执行。如果返回 0 值,则说明容器处于健康状态。如果返回非 0 值,或者健康检查命令执行超时,则本次检查被认为失败。如果健康检查连续失败并超过了允许的重试次数,则认为容器状态不健康。下面基于busybox 镜像创建一个容器来测试健康检查功能。

(1)为便于快速启动镜像以检测初始状态,先下载 busybox 镜像,如下所示。

```
[root@host1 ~]# docker pull busybox
Using default tag: latest
latest: Pulling from library/busybox
bdbbaa22dec6: Pull complete
Digest: sha256:6915be4043561d64e0ab0f8f098dc2ac48e077fe23f488ac24b665166898115a
Status: Downloaded newer image for busybox:latest
docker.io/library/busybox:latest
```

(2)一次执行以下两条命令。

```
[root@host1 ~]# docker run --rm --name test-health -d  --health-cmd 'stat /etc/passwd || exit 1'
--health-interval 20s --health-retries 1  busybox sleep 1d ; docker inspect --format '{{.State.
Health.Status}}' test-health
9b396455ff16c54811c720c032975d8e78cb52c54ce85b89ed5c14ffd1f39427
starting
```

两条命令使用分号分隔。其中第 1 条命令基于 busybox 镜像创建名为 test-health 的容器,并为该容器设置健康检查选项,检查时间间隔为 20s,失败则重试 1 次,检查命令 "stat /etc/passwd || exit 1" 的含义是执行 shell 命令,输出/etc/passwd 文件的详细信息,如果找不到该文件则退出当前 shell 并返

回状态码 1。该容器启动后执行 shell 命令 sleep 1d，休眠 1 天。

第 2 条命令用于获取该容器的健康状态信息，结果表明容器启动后的健康状态为 Starting。

（3）一次执行以下两条命令。

```
[root@host1 ~]# sleep 20s; docker inspect --format '{{.State.Health.Status}}' test-health
healthy
```

其中第 1 条命令延迟 20s，超过健康检查时间间隔，让 Docker 为该容器执行健康检查命令。第 2 条命令查看该容器的健康状态，结果为 healthy，说明处于健康状态。

（4）执行以下命令在该容器中删除/etc/passwd 文件，以模拟产生健康问题。

```
[root@host1 ~]# docker exec test-health rm /etc/passwd
```

（5）一次执行以下两条命令。

```
[root@host1 ~]# sleep 20s; docker inspect --format '{{json .State.Health}}' test-health
{"Status":"unhealthy","FailingStreak":1,"Log":[{"Start":"2020-01-29T20:26:50.924833037Z","End":"2020-01-29T20:26:51.089623705Z","ExitCode":0,"Output":"  File: /etc/passwd\n  Size: 340       \tBlocks: 8  IO Block: 4096   regular file\nDevice: 29h/41d\tInode: 102259649   Links: 1\nAccess: (0644/-rw-r--r--)  Uid: (    0/    root)   Gid: (    0/    root)\nAccess: 2019-12-01 21:39:47.000000000\nModify: 2019-12-01 21:39:47.000000000\nChange: 2020-01-29 19:34:17.000000000\n\n"},{"Start":"2020-01-29T20:27:11.094950958Z","End":"2020-01-29T20:27:11.303039454Z","ExitCode":1,"Output":"stat: can't stat '/etc/passwd': No such file or directory\n"}]}
```

其中第 1 条命令延迟 20s，让 Docker 为该容器执行健康检查命令。第 2 条命令查看该容器的健康状态，结果为 unhealthy，说明处于不健康状态。这里以 JSON 格式显示容器健康的详细日志信息，包括引起容器不健康的具体问题，本示例中不健康的原因是因为没有这样的文件或目录（No such file or directory），正好是前面模拟产生的问题。

（6）执行以下命令查看该容器的当前信息，也可以发现它处于不健康状态。

```
[root@host1 ~]# docker ps
CONTAINER ID   IMAGE     COMMAND     CREATED        STATUS                  NAMES
8a6ec7f9f0b7   busybox   "sleep 1d"  3 minutes ago  Up 3 minutes (unhealthy)  test-health
```

（7）停止运行该容器，该容器会被自动删除。

任务二 限制容器的资源使用

任务说明

一个 Docker 主机上会运行若干容器，与虚拟机一样，每个容器都需要使用主机的 CPU、内存和磁盘 I/O 资源。默认情况下，容器可以使用主机内核调度程序所允许的资源，但这样就有可能导致某个容器因占用太多资源而影响其他容器，乃至影响整个主机的性能。在生产环境中要避免这种情况，可以通过设置 docker run（或 docker create）命令的运行时配置选项限制容器对资源的使用，还可以通过 docker update 命令动态更改容器的运行时资源限制配置。本任务的具体要求如下。

- 理解容器资源限制的实现机制。
- 熟悉容器的内存限制操作。
- 熟悉容器的 CPU 限制操作。
- 熟悉容器的 I/O 资源限制操作。
- 掌握容器资源限制的动态更改方法。

知识引入

1. 容器所用内存资源的限制

容器可使用的内存包括两部分：物理内存和交换空间（Swap）。可以使用相关选项控制容器的内存使用。Docker 对内存可以实施"硬"限制，仅允许容器使用不超过给定数量的用户内存或系统内存；也可以实施"软"限制，允许容器按需使用尽可能多的内存，除非满足某些条件，如内核检测到内存不足或主机上有内存争用。

（1）用户内存限制

Docker 默认没有设置内存限制，容器进程可以根据需要使用尽可能多的内存和交换空间。容器的用户内存限制设置涉及以下两个选项。

-m（--memory）：设置容器可用的最大内存。该值最低为 4MB。

--memory-swap：允许容器置入磁盘交换空间中的内存大小。

Docker 可以提供以下 4 种方式设置容器的用户内存使用。

① 对容器内存使用无限制。

上述两个选项都不用，容器可以根据需要使用尽可能多的内存。

② 设置内存限制并取消交换空间内存限制。

下面的例子意味着容器中的进程可以使用 300MB 的内存，并且按需使用尽可能多的交换空间（前提是主机支持交换空间）。

```
docker run -it -m 300M --memory-swap -1 ubuntu /bin/bash
```

③ 只设置内存限制。

在下面的示例中，容器进程可以使用 300MB 的内存和 300MB 的交换空间，默认情况下虚拟内存总量（--memory-swap）将设置为内存大小的两倍，这样内存和交换空间之和为 2×300MB，因此容器进程能使用 300MB 的交换空间。

```
docker run -it -m 300M ubuntu /bin/bash
```

④ 同时设置内存和交换空间。

下面的示例意味着容器进程能使用 300MB 的内存和 700MB 的交换空间。

```
docker run -it -m 300M --memory-swap 1G ubuntu /bin/bash
```

（2）内核内存限制

不同于用户内存，内核内存不能交换到磁盘中。内核内存无法使用交换空间，容器消耗过多的内核内存可能导致其阻塞系统服务。限制内核内存后，当内核内存使用过多时，系统会阻止新进程的创建。内核内存不会完全独立于用户内存，而是在用户内存限制的基础上限制内核内存。

下面的示例设置了用户内存和内核内存，容器进程可以使用共 500MB 的内存，在 500MB 的内存中，可以使用最高 50MB 的内核内存。

```
docker run -it -m 500M --kernel-memory 50M ubuntu /bin/bash
```

再来看一个示例。

```
docker run -it --kernel-memory 50M ubuntu /bin/bash
```

此例只设置了内核内存限制，所以容器进程可以使用尽可能多的内存，不过只可以使用 50MB 的内核内存。

（3）设置内存预留实现软限制

使用--memory-reservation 选项设置内存预留。它是一种内存软限制，允许更多的内存共享。正常情况下，容器可以根据需要使用尽可能多的内存，且所用内存空间只能被由-m（--memory）选项所设置的硬限制所约束。设置内存预留后，Docker 将检测内存争用或内存不足，并强制容器将其内存消耗限制为预留值。

内存预留值应当始终低于硬限制，否则硬限制会优先触发。将内存预留值设置为 0 表示不作限制。默认情况下没有设置内存预留。

作为一个软限制功能，内存预留并不能保证不会超过限制。它主要的目的是确保当内存争用严重时，内存就按预留设置进行分配。

以下示例限制内存为 500MB，内存预留值（软限制）为 200MB。

```
docker run -it -m 500M --memory-reservation 200M ubuntu /bin/bash
```

按照此配置，当容器消耗内存大于 200MB、小于 500MB 时，下一次系统内存回收将尝试将容器内存缩减到 200MB 以下。

下面的示例设置内存软限制为 1GB，没有设置内存硬限制。

```
docker run -it --memory-reservation 1G ubuntu /bin/bash
```

内存软限制设置只是确保容器不会长时间消耗过多内存，因为每次内存回收就将容器内存消耗缩减到软限制。

2. 容器所用 CPU 资源的限制

安装时默认设置所有容器可以平等地使用主机 CPU 资源并且不受限制。可以通过相应的选项设置来限制容器使用主机的 CPU 资源。

（1）CPU 份额限制

默认情况下，所有的容器都得到相同比例的 CPU 周期。可以更改这个比例，设置一个容器相对于所有其他正在运行的容器的 CPU 份额权重。

使用-c（--cpu-shares）选项将 CPU 份额权重设置为指定的值。默认值为 1024，如果设置为 0，系统将忽略该值并使用默认值 1024。

只有在运行 CPU 密集型进程时才会应用 CPU 份额权重。当一个容器的任务空闲时，其他容器可使用其剩余 CPU 时间。实际的 CPU 时间总数会根据系统中运行的容器数量而变化。例如，有 3 个容器，一个 CPU 份额权重为 1024，另外两个为 512。当 3 个容器中的所有进程尝试使用 100%的 CPU 时间时，第 1 个容器将得到 50%的 CPU 时间。如果再添加第 4 个容器并将其 CPU 份额权重设置为 1024，则第 1 个容器就只能得到 33%的 CPU 时间，其他 3 个容器分别得到 16.5%、16.5%和 33%的 CPU 时间。

在一个多核系统中，CPU 时间的份额分布在所有 CPU 核心上。即使一个容器被限制使用低于 100%的 CPU 时间，它也能使用每个单独 CPU 核心的 100%时间。例如，在一个超过 3 核的系统中，如果使用-c=512 选项启动一个容器 C0，只运行一个进程，使用-c=1024 选项启动另一个容器 C1 并运行两个进程，就会导致 CPU 份额分配如下。

PID	container	CPU	CPU share
100	{C0}	0	100% of CPU0
101	{C1}	1	100% of CPU1
102	{C1}	2	100% of CPU2

（2）CPU 周期限制

使用--cpu-period 选项（以 μs 为单位）设置 CPU 周期以限制容器 CPU 资源的使用。默认的 CFS（完全公平调度器）周期为 100ms（100 000 μs）。通常将--cpu-period 与--cpu-quota 这两个选项配合使用。这里给出一个示例。

```
docker run -it --cpu-period=50000 --cpu-quota=25000 ubuntu /bin/bash
```

此例表明，如果只有 1 个 CPU，则容器可以每 50ms（50 000 μs）获得 50%（25000/50000）的 CPU 运行时间。

除了组合使用--cpu-period 与--cpu-quota 选项设置 CPU 周期限制，还可以使用--cpus 选项指定容器的可用 CPU 资源来达到同样的目的。--cpus 选项值是一个浮点数，默认值为 0.000，表示不受限制。上例改用以下命令实现，结果是一样的。

```
docker run -it --cpus=0.5 ubuntu /bin/bash
```

注意，--cpu-period 和 --cpu-quota 选项都是以 1 个 CPU 为基准的。

（3）CPU 放置限制

可以通过 --cpuset-cpus 选项限制容器进程在指定的 CPU 上执行。下面的示例表示容器中的进程可以在 cpu 1 和 cpu 3 上执行。

```
docker run -it --cpuset-cpus="1,3" ubuntu:14.04 /bin/bash
```

再来看一个示例，容器中的进程可以在 cpu 0、cpu 1 和 cpu 2 上执行。

```
docker run -it --cpuset-cpus="0-2" ubuntu:14.04 /bin/bash
```

（4）CPU 配额限制

使用 --cpu-quota 选项限制容器的 CPU 配额，默认值为 0 表示容器占用 100%的 CPU 资源（1个 CPU）。CFS 用于处理进程执行的资源分配，是由内核使用的默认 Linux 调度程序。将此值设置为 50 000 意味着限制容器至多使用 CPU 资源的 50%。对于多个 CPU 而言，调整 --cpu-quota 选项是必要的。

3. 容器所用块 I/O 带宽的限制

块 I/O 带宽（Block I/O Bandwidth，Blkio）是另一种可以限制容器使用的资源。块 I/O 指磁盘的读写，Docker 可通过设置权重、限制每秒字节数（B/s）和每秒 I/O 次数（IO/s）的方式控制容器读写磁盘的带宽。

（1）设置块 I/O 权重

默认情况下，所有的容器都能获得相同比例的块 I/O 带宽，这个比例值是 500。可以使用 --blkio-weight 选项更改这个比例，设置一个容器相对于所有其他正在运行的容器的块 I/O 带宽权重。目前块 I/O 带宽权重只支持直接 I/O，不支持缓冲 I/O。

可设置的块 I/O 带宽权重范围为 10~1000。例如，下面的命令创建两个有不同块 I/O 带宽权重的容器。

```
docker run -it --name c1 --blkio-weight 300 ubuntu /bin/bash
docker run -it --name c2 --blkio-weight 600 ubuntu /bin/bash
```

（2）限制设备读写速率

Docker 根据两类指标限制容器的设备读写速率：一类是每秒字节数，另一类是每秒 I/O 次数。

① 限制每秒字节数。

Docker 使用 --device-read-bps 选项限制指定设备的读取速率，即每秒读取的字节数。例如，执行以下命令创建一个容器，并限制对/dev/sda 设备的读取速率为每秒 1MB。

```
docker run -it --device-read-bps /dev/sda:1mb ubuntu
```

类似地，可使用 --device-write-bps 选项限制指定设备的写入速率。

这两个选项都采用以下格式。读取和写入速率必须是一个正整数，可以在定义速率时使用 KB/s、MB/s 或 GB/s 作为单位。

```
<设备>:<速率值>[单位]
```

② 限制每秒 I/O 次数。

与限制每秒字节数类似，Docker 分别使用 --device-read-iops 和 --device-write-iops 选项限制指定设备的读取和写入速率，用每秒 I/O 次数表示。例如，以下命令创建一个容器，限制它对/dev/sda 设备的读取速率为每秒 1 000 次。

```
docker run -ti --device-read-iops /dev/sda:1000 ubuntu
```

4. 资源限制的实现机制

对容器使用的内存、CPU 和块 I/O 带宽资源的限制具体是由控制组（Cgroup）的相应子系统来实现的。其 memory 子系统设置控制组中的任务所使用的内存限制；cpu 子系统通过调度程序提供对 CPU 的控制组任务的访问；blkio 子系统为块设备（如磁盘、固态硬盘、USB 等）设置输入和输出限制。在 docker run 命令中使用--cpu-shares、--memory、--device-read-bps 等选项实际上就是在配置控制组，相关的配置文件保存在/sys/fs/cgroup 目录中。

任务实现

1. 验证分析容器资源限制的实现机制

这里通过实验来验证分析容器资源限制的实现机制。

（1）打开一个终端窗口，执行以下命令启动一个容器，设置内存限额为 300MB，CPU 权重为 512。

验证分析容器资源限制的实现机制

```
[root@host1 ~]# docker run --rm -d -p 8080:80 -m 300M --cpu-shares=512
httpd
2a249f2c4321c0c125052e8e777bf6bd0b3d2bf321dbbba62458906caa62d889
```

（2）查看/sys/fs/cgroup/cpu/docker 目录，发现 Linux 会为每个正在运行的容器创建一个 Cgroup 目录，以容器 ID 命名，如下所示。

```
[root@host1 ~]# ls -l /sys/fs/cgroup/cpu/docker
total 0
drwxr-xr-x. 2 root root 0 Jan   8 21:07 2a249f2c4321c0c125052e8e777bf6bd0b3d2bf321dbbba6245
8906caa62d889
-rw-r--r--. 1 root root 0 Jan   8 15:28 cgroup.clone_children
--w--w--w-. 1 root root 0 Jan   8 15:28 cgroup.event_control
......
```

（3）进一步查看容器子目录，会发现每个容器的子目录中都包含所有与 CPU 相关的 Cgroup 配置，如下所示。

```
[root@host1 ~]# ls -l /sys/fs/cgroup/cpu/docker/2a249f2c4321c0c125052e8e777bf6bd0b3d2bf321d
bbba62458906caa62d889
total 0
-rw-r--r--. 1 root root 0 Jan   8 21:07 cgroup.clone_children
--w--w--w-. 1 root root 0 Jan   8 21:07 cgroup.event_control
-rw-r--r--. 1 root root 0 Jan   8 21:07 cgroup.procs
-r--r--r--. 1 root root 0 Jan   8 21:07 cpuacct.stat
-rw-r--r--. 1 root root 0 Jan   8 21:07 cpuacct.usage
-r--r--r--. 1 root root 0 Jan   8 21:07 cpuacct.usage_percpu
-rw-r--r--. 1 root root 0 Jan   8 21:07 cpu.cfs_period_us
-rw-r--r--. 1 root root 0 Jan   8 21:07 cpu.cfs_quota_us
-rw-r--r--. 1 root root 0 Jan   8 21:07 cpu.rt_period_us
-rw-r--r--. 1 root root 0 Jan   8 21:07 cpu.rt_runtime_us
-rw-r--r--. 1 root root 0 Jan   8 21:07 cpu.shares
-r--r--r--. 1 root root 0 Jan   8 21:07 cpu.stat
-rw-r--r--. 1 root root 0 Jan   8 21:07 notify_on_release
-rw-r--r--. 1 root root 0 Jan   8 21:07 tasks
```

（4）查看其中 cpu.shares 文件的内容，发现它保存的就是--cpu-shares 选项的配置，示例中的值就是所设置的 512，如下所示。

```
[root@host1 ~]# cat
/sys/fs/cgroup/cpu/docker/2a249f2c4321c0c125052e8e777bf6bd0b3d2bf321dbbba62458906caa62
d889/cpu.shares
512
```

（5）采用类似的方法，查看/sys/fs/cgroup/memory/docker 目录中的内存 Cgroup 配置，发现
memory.limit_in_bytes 文件保存的就是-m 选项的配置，其值为所设置的 300MB，用字节表示为
314572800。

```
[root@host1 ~]# cat
/sys/fs/cgroup/memory/docker/2a249f2c4321c0c125052e8e777bf6bd0b3d2bf321dbbba62458906ca
a62d889/memory.limit_in_bytes
314572800
```

2. 动态更改容器的资源限制

使用 docker run 或 docker create 命令创建的容器一旦生成，就不能直接修改。通常间接修改的办
法是，将容器提交为新的镜像，再基于该镜像启动一个新的容器，在启动容器时重新进行配置。Docker
提供 docker update 命令动态地更新容器配置，主要目的是防止容器在 Docker 主机上使用太多的资源，
也就是说修改的是容器的运行时资源限制。该命令的语法如下。

```
docker update [选项] 容器 [容器…]
```

其选项包括--blkio-weight、--cpu-period、--cpu-quota、--cpu-rt-period（以μs 为单位限
制 CPU 实时周期）、--cpu-rt-runtime（以μs 为单位限制 CPU 实时运行时间）、--cpu-shares、
--cpuset-cpus、--cpuset-mems、--kernel-memory、--memory、-m、--memory-reservation、
--memory-swap 和--restart。

这些选项基本同前面资源限制的选项相同，--restart 选项用于容器重启策略也介绍过。除了
--kernel-memory 选项，其他的选项都可以应用于正在运行的或已经停止的容器并立即生效，
--kernel-memory 选项只可以应用于已停止的容器。当使用 docker update 命令操作已停止的容器时，
更新的配置将在下一次重启容器时生效。执行 docker update 命令通过--restart 选项动态更改重启策
略之后，新的重启策略将立即生效。

例如，启动一个限制资源的容器之后，再修改其资源限制，如下所示。

```
[root@host1 ~]# docker run --rm -d -p 8080:80 -m 300M --cpu-shares=512 httpd
586eb564eda5974905c0dba669199232b3d7a808dd24193661755e432336b484
[root@host1 ~]# docker update -m 500M --cpu-shares=1024 586e
586e
```

任务三　容器监控与日志管理

任务说明

在生产环境中往往会有大量的业务软件在容器中运行，因此对容器的监控越来越重要。监控的指标
主要是容器本身和容器所在主机的资源使用情况和性能，具体涉及 CPU、内存、网络和磁盘等。日志管
理对保持系统持续稳定地运行以及排查问题至关重要。容器具有数量多、变化快的特性，生命周期往往
短暂且不固定，因此记录日志就显得非常必要，尤其是在生产环境中，日志是不可或缺的组成部分。本
任务的具体要求如下。

- 熟悉容器监控工具及其使用方法。
- 熟悉容器日志工具及其使用方法。

知识引入

1. Docker 监控工具

监控容器最简单的方法是使用 Docker 自带的监控命令，如 docker ps、docker top 和 docker stats 等命令，其运行方便，很适合快速了解容器运行状态，只是输出的数据比较有限。

要高效率地进行监控，需要使用第三方工具。Google 提供的 cAdvisor 可以用于分析正在运行容器的资源占用情况和性能指标，是具有图形界面、最易于入门的 Docker 容器监控工具。cAdvisor 以守护进程方式运行，负责收集、聚合、处理和输出运行中容器的数据，它可以监测资源隔离参数、历史资源使用情况和网络统计数据。

Weave Scope 是一款开源的故障诊断与监控工具，除了用于 Docker 外，还可以用于 Kubernetes 集群。Weave Scope 会自动生成容器之间的关系图，便于管理员直观地以可视化的方式监控容器化和微服务化应用。Weave Scope 能够进行跨主机监控，并且消耗的资源非常少。

2. 容器日志工具 docker logs

Docker 自带的 docker logs 命令输出正在运行的容器的日志信息，而 docker service logs 命令显示服务中的所有容器的日志信息，这个命令适用于集群环境，因此这里重点讲解 docker logs 命令。

日志信息和格式取决于容器的终端命令。默认情况下，docker logs 命令的输出类似于终端中交互式运行命令的输出。UNIX 和 Linux 中的命令在运行时通常会打开 3 个 I/O 流，分别称为 STDIN、STDOUT 和 STDERR。STDIN 是命令的输入流，可能包括来自键盘的输入或来自另一个命令的输入；STDOUT 通常是命令的正常输出，而 STDERR 通常用于输出错误消息。默认情况下，docker logs 显示命令的 STDOUT 和 STDERR 流。也就是说，Docker 捕捉每一个容器进程的 STDOUT 和 STDERR 流，并将它们保存在磁盘上，然后用户就能使用 docker logs 命令来进行查询了。

需要注意，某些情况下，docker logs 命令可能不会显示有用信息，除非另外采取了必要的措施。下面列举其中两种情况。

- 如果使用将日志发送到文件、外部主机、数据库或另外一个后端日志系统的日志驱动，则 docker logs 命令不会显示有用信息，这时可以通过其他方式处理日志。

- 如果镜像运行的是 Web 服务器或数据库等非交互式进程，那么应用程序可能会将输出发送到日志文件而不是 STDOUT 和 STDERR 中。例如，官方的 Nginx 镜像创建了一个从/dev/stdout 到/var/log/nginx/access.log 的符号连接和一个从/dev/stderr 到/var/log/nginx/error.log 的符号连接，覆盖了日志文件并使所有日志发送到指定的相关设备中。又如，官方的 Apache httpd 镜像改变了 httpd 应用程序的配置文件，将其正常输出改为/proc/self/fd/1（也就是 STDOUT），错误输出改为/proc/self/fd/2（也就是 STDIN）。

3. 第三方日志工具

docker logs 命令输出的日志可用于简单的开发。但是，想在更复杂的环境下使用 Docker，或者想要查看更多传统架构的 UNIX 后台程序的日志，就需要考虑使用第三方日志工具。比较常用的是由 3 个开源的组件 Elasticsearch、Logstash 和 Kibana 组成的 ELK 日志系统。其中 Elasticsearch 是分布式搜索引擎；Logstash 可以对日志进行收集和分析，并将其存储下来供以后使用；Kibana 可以为 Logstash 和 Elasticsearch 提供日志分析 Web 界面，用来汇总、分析和搜索重要的日志数据。在 ELK 日志系统中，Logstash 获取 Docker 中的日志，然后将日志转发给 Elasticsearch 进行索引，Kibana 提供日志的分析和可视化。

部署 ELK 日志系统之后，还要考虑如何获取容器的日志数据。通常将日志数据传输到中间层，然后由 Logstash 从中获取。Beats 可以用来采集数据并发布到 Logstash 中；Filebeat 以轻量级代理的形式安装，可将来自若干机器的数据发送到 Logstash 或 Elasticsearch 中；Logspout 自动将所有容器的全部日志发布到 Logstash 中。个别容器的日志可以直接通过 syslog 日志驱动进行发布，例如：

```
docker run --log-driver=syslog --log-opt syslog-address=tcp://:5000
```

这里重点介绍一下 Logspout。Logspout 将来自某个主机上的所有容器的所有日志汇集到所需的任何目标中。它是一个无状态的容器化程序，并不是用来管理日志文件或查看日志的，主要用于将所在主机上容器的日志转发到其他地方。目前它只捕获容器中的程序发送到 STDOUT 和 STDERR 的日志。

4. 容器日志驱动

将容器日志发送到 STDOUT 和 STDERR 是 Docker 的默认日志行为。实际上，Docker 提供了多种日志机制帮助用户从运行的容器中提取日志信息。这些机制被称为日志驱动（Logging Driver）。Docker 默认的日志驱动是 json-file。在启动容器时，可以通过--log-driver 选项配置日志驱动。常用的日志驱动选项值如表 4-2 所示。

表 4-2　常用的 Docker 日志驱动选项值

选项值	说明
none	禁用容器日志，docker logs 命令不会输出任何日志信息
json-file	Docker 默认的日志驱动。该驱动将日志保存在 JSON 文件中，Docker 负责格式化其内容并输出到 STDOUT 和 STDERR
syslog	将日志信息写入 syslog 日志系统，syslog 守护进程必须在主机上运行
journald	将日志信息写入 journald 日志系统，journald 守护进程必须在主机上运行
gelf	将日志信息写入像 Graylog 或 Logstash 这样的 GELF（Graylog Extended Log Format）终端
fluentd	将日志信息写入 fluentd，fluentd 守护进程必须在主机上运行
splunk	将日志信息写入使用 HTTP 事件搜集器的 splunk

注意，使用 Docker CE 时，docker logs 命令只能用于 local、json-file 和 journald 日志驱动。

任务实现

1. 查看容器中运行的进程的信息

可以使用 docker top 命令查看容器中正在运行的进程的信息，语法如下。

```
docker top 容器 [ps 选项]
```

容器运行时不一定提供/bin/bash 终端来交互执行 top 命令，而且容器中可能没有 top 命令，而使用 docker top 命令就可以查看容器中正在运行的进程，例如：

```
[root@host1 ~]# docker run --rm -d --name redis redis
9f7fa564a26dc336585bb8702ec7a888b67ffb7205ba244f40ae359b92445fc1
[root@host1 ~]# docker top redis
UID      PID      PPID     C   STIME     TTY    TIME       CMD
polkitd  20961    20944    0   13:36     ?      00:00:00   redis-server *:6379
```

该命令后面的 ps 选项是指 Linux 操作系统 ps 命令的选项，可用于显示特定的信息，例如：

```
docker top redis aux
```

可以运行以下命令行脚本来查看所有正在运行的容器中的进程信息。

```
for i in `docker ps |grep Up|awk '{print $1}'`;do echo \ &&docker top $i; done
```

2. 查看容器的资源使用情况

及时掌握容器的系统资源使用情况，无论对开发还是运维工作者都是非常有益的。可以使用 docker stats 命令实时查看容器的系统资源使用情况，语法如下：

```
docker stats [选项] [容器…]
```

主要选项说明如下。

--all（-a）：显示所有的容器，包括未运行的。默认仅显示正在运行的容器。

--format：根据指定格式显示内容。

--no-stream：仅显示第 1 条记录（只输出当前的状态）。

--no-trunc：不截断输出，显示完整的信息。

例如，执行 docker stats 命令显示正在运行的容器的资源使用情况，结果如下。

```
CONTAINER ID   NAME   CPU %   MEM USAGE / LIMIT   MEM %   NET IO      BLOCK IO    PIDS
820dca7cf322   myweb  0.00%   8.438MiB/3.683GiB   0.22%   1.06kB/0B   11.8MB/0B   82
9f7fa564a26d   redis  0.22%   8.375MiB/3.683GiB   0.22%   3.12kB/0B   31.9MB/0B   4
```

docker stats 命令实时流式传输容器的运行时计量信息，包括 CPU、内存使用情况、内存限制和网络 I/O 指标。默认情况下，该命令会每隔 1s 刷新 1 次输出的内容，直到按下 Ctrl+C 组合键退出。显示的 8 列数据依次为容器 ID、容器名称、CPU 使用百分比、使用的内存与最大可用内存、内存使用百分比、网络 I/O 数据、磁盘 I/O 数据和进程 ID。

如果不想持续监控容器使用资源的情况，可以通过--no-stream 选项只输出当前的状态，如下所示。

```
docker stats --no-stream
```

可以提供容器名称或容器 ID 参数查看指定容器的资源使用情况。

可以通过--format 选项自定义输出的内容和格式，如下面的命令仅显示容器名称（.Name）、CPU 使用百分比和内存使用百分比。

```
docker stats --format "table {{.Name}}\t{{.CPUPerc}}\t{{.MemUsage}}"
```

3. 使用 cAdvisor 监控容器

cAdvisor 是一个开源软件，可从 GitHub 网站上获取。cAdvisor 可以在主机上以原生程序的方式安装，也可以作为容器运行，这里以后一种方式为例进行讲解。

（1）启动两个容器用于测试

使用 cAdvisor
监控容器

```
[root@host1 ~]# docker run --rm -d --name redis redis
9f7fa564a26dc336585bb8702ec7a888b67ffb7205ba244f40ae359b92445fc1
[root@host1 ~]# docker run --rm -d -p 80:80 --name myweb httpd
820dca7cf32247da3ab9e50273b7e9fe16447fc5180a71ebeb8589e23ad00a30
```

（2）创建并启动 cAdvisor 容器

使用以下命令在 Docker 主机上创建并启动 cAdvisor 容器。

```
docker run --privileged \
--volume /:/rootfs:ro  --volume /var/run:/var/run:rw \
--volume /sys:/sys:ro  --volume /var/lib/docker/:/var/lib/docker:ro \
--publish 8080:8080  --detach  --name  cadvisor  google/cadvisor:latest
```

其中 4 个--volume 选项所定义的绑定挂载都不能缺少，否则会无法连接到 Docker 守护进程；--publish 8080:8080 选项表示对外暴露端口 8080 以提供服务；--detach 选项表示容器创建以后以分离方式在后台运行，让其自动完成监视功能。

对于运行 CentOS 或 RHEL 操作系统的主机来说，应当加上--privileged 选项。只有这样，容器中的 root 账户才会拥有真正的 root 权限，可以监测主机上的设备，并且可以执行挂载操作，否则容器内的 root 账户只具备容器外部的一个普通用户的权限。

（3）访问 cAdvisor 监控服务

cAdvisor 容器成功运行后，即可通过网址 http://[主机_IP]:8080 访问 cAdvisor 监控服务。

首页显示当前的主机监控信息，包括 CPU、内存（Memory）、网络（Network）、文件系统

（Filesystem）和进程（Processes）等。图4-1显示了其中部分监控信息。

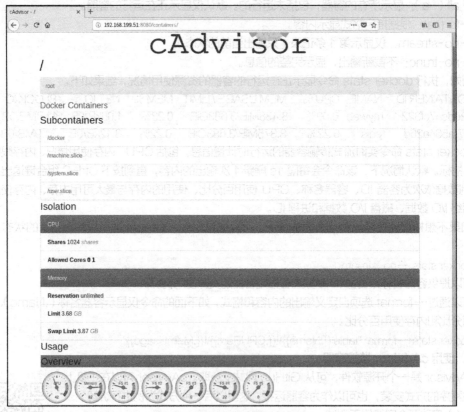

图4-1　显示主机监控信息（部分）

单击"Docker Containers"链接进入相应界面，显示容器列表和Docker信息（相当于docker info命令的输出），如图4-2所示。

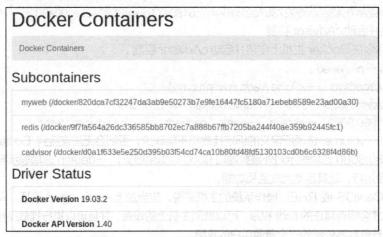

图4-2　Docker Containers 界面（部分）

其中，"Subcontainers"显示当前正在运行的容器列表。单击某个容器，进入该容器的监控界面，如图4-3所示，显示的是容器的 CPU、进程、内存等资源使用情况。

myweb (/docker
/820dca7cf32247da3ab9e50273b7e9fe16447fc5180a71ebeb
8589e23ad00a30)

Docker Containers | myweb (/docker/820dca7cf32247da3ab9e50273b7e9fe16447fc5180a71ebeb8589e23ad00a30)

Isolation

CPU

Shares 1024 *shares*

Allowed Cores 0 1

Memory

Reservation unlimited

Limit unlimited

Swap Limit unlimited

Usage

Overview

Processes

图 4-3　某容器的监控信息（部分）

以上展示的是主机和容器两个层次的实时监控数据以及历史变化数据。

（4）cAdvisor 配置

cAdvisor 还提供一些运行时选项供用户配置使用，下面列举部分选项。

--storage_duration：历史数据保存的时间，默认为 2min，即只保存最近 2min 的数据。

--allow_dynamic_housekeeping：控制 cAdvisor 如何和何时执行周期性的容器状态收集工作。

--global_housekeeping_interval：设置检测是否有新容器的时间周期。

--housekeeping_interval：统计每个容器数据的时间周期，默认每 1s 读取一次数据，选取统计到的最近 60 个数据。

cAdvisor 的数据可以直接导出到本地文件中，存储驱动可以设置为 STDOUT，将容器运行于前台，将输出导入指定文件即可，如下所示。

```
docker run --volume /:/rootfs:ro \
    --volume /var/run:/var/run:rw --volume /sys:/sys:ro \
    --volume /var/lib/docker/:/var/lib/docker:ro \
    --publish 8080:8080 --detach false --name cadvisor-stdout \
    google/cadvisor:latest --storage_driver stdout >> data
```

当然还可以将数据导出到数据库，这需要设置相应的存储驱动以及配置参数。cAdvisor 只能监控一个主机，且数据展示功能有限，但是它可以将监控数据导出给第三方工具，是一个优秀的容器监控数据收集器。

4. 使用 Weave Scope 监控容器

Weave Scope 主要具有以下功能。

* 实时了解容器状态。
* 提供内部细节与深度链接。
* 支持容器的交互与管理。
* 通过插件进行扩展与定制。

（1）安装 Weave Scope

安装 Weave Scope 的前提是已经安装并运行 Docker，因为它要以容器方式运行。

① 执行以下命令下载 Weave Scope 的二进制安装脚本文件。

使用 Weave Scope
监控容器

```
curl –L git.io/scope -o /usr/local/bin/scope
```
② 执行以下命令赋予该安装脚本可执行权限。
```
chmod a+x /usr/local/bin/scope
```
③ 执行以下命令从 Docker Hub 中下载 Weave Scope 镜像并启动容器。
```
[root@host1 ~]# scope launch
Unable to find image 'weaveworks/scope:1.12.0' locally
1.12.0: Pulling from weaveworks/scope
……
Status: Downloaded newer image for weaveworks/scope:1.12.0
2fc41634ddc68ea1f6d89b92edacbfa1c744e4cc5abf63e80027d4357b57d9f7
Scope probe started
Weave Scope is listening at the following URL(s):        # Weave Scope 监听的地址和端口
   * http://192.168.199.51:4040/
   * http://192.168.122.1:4040/
```
④ 启动两个容器准备进行测试。

⑤ 使用浏览器访问 Weave Scope 界面，URL 地址为 http://服务器名或 IP:4040，示例中为 http://192.168.199.51:4040/（上一步有提示），如图 4-4 所示。

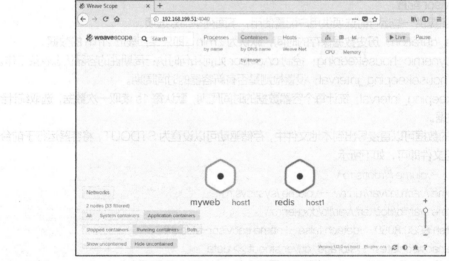

图 4-4　Weave Scope 主界面

（2）熟悉 Weave Scope 操作界面

Weave Scope 操作界面的左上角区域提供搜索功能，左下角区域提供将显示的对象按照不同的条件进行过滤显示的选项，如容器可以选择系统容器还是应用容器、运行的容器还是停止的容器等。例如，当前显示容器对象，单击"All"按钮就会显示所有的容器。

Weave Scope 可以显示的对象有进程（Process）、容器（Containers）和主机（Hosts）。单击顶部栏的相应对象按钮，可以切换显示不同的对象，对象的信息在中间区域显示。进程可以按照名称显示（by name）；容器可以按照 DNS 域名（by DNS name）和镜像（by image）显示；主机可以按照 Weave 网络（Weave Net）显示。

顶部栏中的 3 个按钮 、 和 用于切换对象的信息显示格式，分别表示图表、表格和资源统计图。例如，单击按钮 将以表格方式显示对象信息，如图 4-5 所示。

Contain	Contain	Hosts	Created	IPs	Image n	Image t	Restart #	State	Uptime	▼ CPU	Memory
▦ we...	weav...	host1	11 minutes ago	127.0...	weav...	1.12.0	0	Up 10 minutes	10 minutes	2.23 %	148.3 MB
▦ re...	redis	host1	2 hours ago	172.17...	redis	latest	0	Up About an hour	1 hour	0.04 %	8.4 MB
▦ my...	httpd	host1	2 hours ago	172.17...	httpd	latest	0	Up About an hour	1 hour	0.00 %	8.4 MB

图 4-5　以表格方式显示对象信息

Weave Scope 主界面右上角区域的"Live""Pause"按钮分别表示监控显示的是实时信息，或是几秒之前的信息，两者之间可以切换。右下角区域的"+""-"按钮将以图表或资源统计图形式显示的对象进行放大和缩小操作。

主界面底部栏的几个按钮提供页面重载、显示对比度调整和帮助等功能。

（3）监控容器

单击图 4-4 顶部栏的"Containers"按钮显示容器列表，Weave Scope 主界面默认显示的就是当前运行的容器。通过左下角区域的选项按钮控制要显示的容器类型。"All"表示全部容器；"System containers"表示系统容器，包括 Weave Scope 自身的容器；"Application containers"表示应用容器；"Stopped containers""Running containers"分别表示已停止的容器和正在运行的容器，"Both"则表示这两类都显示；"Show uncontained""Hide uncontained"分别表示显示和隐藏非容器进程。

单击某个容器，会弹出窗口显示该容器更详细的信息，如图 4-6 所示。除了显示该容器的状态（CPU 和内存占用）和其他信息之外，还可以使用容器信息上面的一排按钮对容器进行控制操作，按钮从左至右依次表示连接（Attach）、运行 shell（Exec Shell）、重启（Restart）、暂停（Pause）和停止（Stop）操作。如果执行了暂停操作还会提供恢复（Unpause）按钮，执行了停止操作还会显示启动（Start）和删除（Remove）按钮。

（4）监控主机

管理员可以使用 Weave Scope 监控主机。单击图 4-4 顶部栏的"Hosts"按钮显示主机列表，单击其中某个主机，会弹出窗口显示该主机更详细的信息，如图 4-7 所示。除了显示该主机的状态（CPU、内存占用以及负载）和基本信息之外，还可以单击其中的">_"按钮直接打开该主机的 shell 窗口进行命令行操作。

图 4-6　监控某容器

图 4-7　监控主机

实验完毕，恢复实验环境。通过 docker ps 命令查到 Weave Scope 的容器名为 weavescope，停止并删除它，同时停止并删除测试用的容器。

5. 使用 docker logs 命令查看容器日志

对于一个运行中的容器，Docker 会将日志发送到容器的 STDOUT 和 STDERR 上，可以将

STDOUT 和 STDERR 视为容器的控制台终端。如果容器以前台方式运行，则日志会直接输出到当前的终端窗口中；如果以后台方式运行容器，则不能直接看到输出的日志。对于这种情形，可以使用 docker attach 命令连接到后台容器的控制台终端，查看输出的日志。不过这种方法仅用于查看容器日志就没有必要了，因为 Docker 自带的 docker logs 命令专门用于查看容器的日志，语法如下。

```
docker logs [选项] 容器
```

其选项说明如下。

--details：显示更为详细的日志信息。

--follow（-f）：跟踪日志输出。

--since：显示自某个时间开始的所有日志。

--tail：仅列出最新 N 条容器日志。

--timestamps（-t）：显示时间戳。

--until：显示到某个截止时间的所有日志。

默认输出自容器启动以来完整的日志，加上-f 选项可以继续显示新产生的日志，效果与执行 Linux 的 tail -f 命令一样，例如：

```
[root@host1 ~]# docker logs -f redis
1:C 09 Jan 2020 13:36:22.241 # oO0OoO0OoO0Oo Redis is starting oO0OoO0OoO0Oo
1:C 09 Jan 2020 13:36:22.241 # Redis version=5.0.6, bits=64, commit=00000000, modified=0, pid=1,
just started
……
```

6. 配置日志驱动

每个 Docker 守护进程都有一个默认的日志驱动，如果没有为容器配置其他日志驱动，则容器会使用这个默认日志驱动。除了使用 Docker 自带的日志驱动外，还可以实现和使用日志驱动插件（前提是为 Docker 17.05 或更高版本）。

（1）配置默认的日志驱动

要配置 Docker 守护进程默认使用指定的日志驱动，则将 daemon.json 文件（在 Linux 主机中一般位于/etc/docker 目录中，在 Windows 主机中一般位于 C:\ProgramData\docker\config 目录中）中的 log-driver 值设为日志驱动名称即可。默认的日志驱动是 json-file，下面的示例将其设置为 syslog。

```
{
  "log-driver": "syslog"
}
```

如果日志驱动有可配置的选项,则可以在 daemon.json 文件的关键字 log-opts 中以 JSON 格式设置。下面的示例为 json-file 日志驱动设置了两个可配置选项。

```
{
  "log-driver": "json-file",
  "log-opts": {
    "labels": "production_status",
    "env": "os,customer"
  }
}
```

如果没有指定日志驱动，则默认日志驱动就是 json-file。因此，使用 docker inspect 之类命令的默认输出就是 JSON 格式。

要获知当前 Docker 守护进程的默认日志驱动，执行 docker info 命令并在输出结果中查找"Logging Driver"部分即可。例如：

```
[root@host1 ~]# docker info | grep 'Logging Driver'
 Logging Driver: json-file
```

（2）配置容器的日志驱动

在启动容器时，可以通过--log-driver 选项将其配置成与 Docker 守护进程使用不同的日志驱动。如果日志驱动有可配置选项，则可通过一个或多个选项（--log-opt <名称>=<值>）进行设置。即使容器使用的是默认的日志驱动，也可以使用不同的配置选项。

下面的示例启动了一个使用 none 日志驱动的 redis 容器。

```
[root@host1 ~]# docker run --rm -d --log-driver none --name redis redis
```

可以通过 docker inspect 命令找出某容器当前使用的日志驱动，例如：

```
[root@host1 ~]# docker inspect -f '{{.HostConfig.LogConfig.Type}}' redis
none
```

7. 容器日志清理

容器的日志文件会占据大量的磁盘空间。在 Linux 中，容器日志一般存放在/var/lib/docker/containers/container_id 目录下以 json.log 结尾的文件中。如果容器正在运行，那么使用 Linux 系统的 rm－rf 命令删除日志后，通过 df－h 命令检查会发现磁盘空间并没有释放，除非重启 Docker。这是因为日志文件是被打开的（有进程正在使用），进程将仍然可以读取该文件，磁盘空间也一直被占用。正确的日志清理方法是将日志文件清空，这里提供一个 shell 脚本清理正在运行的容器的日志。

```sh
#!/bin/sh
logs=$(find /var/lib/docker/containers/ -name *-json.log)
for log in $logs
    do
        echo "clean logs : $log"
        cat /dev/null > $log
    done
```

要从根本上解决日志占用空间问题，就需要限制容器的日志大小上限。在 daemon.json 配置文件中为 Docker 守护进程设置日志驱动时，可以通过 log-opts 选项来限制日志大小的上限。例如：

```
"log-driver":"json-file",
    "log-opts": {"max-size":"500m", "max-file":"2"}
```

上述设置表明默认的容器日志大小上限是 500MB，一个容器最多有 2 个日志文件。

对于某个容器的日志大小限制，可以通过 Docker Compose 配置文件（这部分下一个项目将详细讲解）的 max-size 选项来实现。例如：

```
nginx:
  image: nginx:1.6
  logging:
    driver: "json-file"
    options:
      max-size: "500m"
```

8. 将容器的日志重定向到 Linux 日志系统

在运行 Linux 操作系统的 Docker 主机上，可以通过配置日志驱动将容器的日志重定向到 Linux 日志系统。

（1）将容器日志记录到 syslog

一直以来 syslog 都是 Linux 标配的日志记录工具，rsyslog 是 syslog 的多线程增强版，也是 CentOS 7 默认的日志系统。syslog 主要用来收集系统产生的各

将容器的日志重定
向到 Linux 日志系统

种日志，日志文件默认放在/var/log 目录下。选择 syslog 作为日志驱动可将日志定向输出到 syslog 日志系统中，前提是 syslog 守护进程必须在容器所在的 Docker 主机上运行。在 CentOS 7 主机上，syslog 记录的日志文件是/var/log/messages。下面给出一个示例。

打开一个终端窗口，使用 tail 工具实时监控系统日志文件/var/log/messages。

```
[root@host1 ~]# tail -f /var/log/messages
```

打开另一个终端窗口，执行以下操作，将该容器的日志记录到 syslog 日志文件。

```
[root@host1 ~]# docker run --rm -d --log-driver syslog --name redis redis
d09dcb56347cda408b269ae9fc75cfaea2531286d39bc87f2631a0d40f398f98
```

回到 tail 工具监控窗口，发现显示了该容器相应的日志信息，如下所示。

Jan 11 09:39:06 host1 d09dcb56347c[9103]: 1:C 11 Jan 2020 09:39:06.382 # oO0OoO0OoO0Oo Redis is starting oO0OoO0OoO0Oo

Jan 11 09:39:06 host1 d09dcb56347c[9103]: 1:C 11 Jan 2020 09:39:06.382 # Redis version=5.0.6, bits=64, commit=00000000, modified=0, pid=1, just started

Jan 11 09:39:06 host1 d09dcb56347c[9103]: 1:C 11 Jan 2020 09:39:06.382 # Warning: no config file specified, using the default config. In order to specify a config file use redis-server /path/to/redis.conf

Jan 11 09:39:06 host1 d09dcb56347c[9103]: 1:M 11 Jan 2020 09:39:06.383 * Running mode=standalone, port=6379.

Jan 11 09:39:06 host1 d09dcb56347c[9103]: 1:M 11 Jan 2020 09:39:06.383 # WARNING: The TCP backlog setting of 511 cannot be enforced because /proc/sys/net/core/somaxconn is set to the lower value of 128.

Jan 11 09:39:06 host1 d09dcb56347c[9103]: 1:M 11 Jan 2020 09:39:06.383 # Server initialized

Jan 11 09:39:06 host1 d09dcb56347c[9103]: 1:M 11 Jan 2020 09:39:06.383 # WARNING overcommit_memory is set to 0! Background save may fail under low memory condition. To fix this issue add 'vm.overcommit_memory = 1' to /etc/sysctl.conf and then reboot or run the command 'sysctl vm.overcommit_memory=1' for this to take effect.

Jan 11 09:39:06 host1 d09dcb56347c[9103]: 1:M 11 Jan 2020 09:39:06.383 # WARNING you have Transparent Huge Pages (THP) support enabled in your kernel. This will create latency and memory usage issues with Redis. To fix this issue run the command 'echo never > /sys/kernel/mm/transparent_hugepage/enabled' as root, and add it to your /etc/rc.local in order to retain the setting after a reboot. Redis must be restarted after THP is disabled.

Jan 11 09:39:06 host1 d09dcb56347c[9103]: 1:M 11 Jan 2020 09:39:06.383 * Ready to accept connections

默认情况下，系统在日志数据中使用容器 ID 的前 12 个字符来标识容器。本例中的容器 ID 为 d09dcb56347c。

使用 docker logs 命令获取 redis 容器的日志信息，会给出以下提示信息。

```
[root@host1 ~]# docker logs redis
Error response from daemon: configured logging driver does not support reading
```

这是因为该容器的日志驱动不再是 json-file。

实验完毕，退出该容器。

（2）将容器日志记录到 journald

journald 是一个收集并存储日志数据的 systemd 日志系统服务，它将日志数据存储在带有索引的结构化二进制文件中，便于集中查看和管理，可以使用 journalctl 命令查看它。

选择 journald 作为日志驱动可将日志定向输出到 systemd 日志系统中，例如：

```
docker run --rm -d --log-driver journald --name redis redis
```

9. 使用 Logspout 收集所有容器的日志

Logspout 本身是基于 Alpine Linux 构建的 Docker 容器。Docker 主机启动一个容器运行 Logspout 服务，Logspout 负责将同一主机上其他容器的日志根据路由设置转发给不同的日志接收端。实际应用中，Logspout 通常将所有容器的全部日志发布到 Logstash，为便于实验，这里以转发到简单的 syslog 服务器中为例。

使用 Logspout 收集所有容器的日志

（1）将所有容器的输出路由到远程 syslog

使用 Logspout 最简单的方式是将所有日志转发到远程 syslog 服务器，这只需将 syslog 的 URI（若有多个则用逗号分隔）作为命令即可。下面进行简单的示范。

为简化实验，这里将 Docker 主机上的 rsyslog 日志服务当作远程 syslog 服务器。本例运行的是 CentOS 7 系统，日志服务器是 rsyslog，默认已开机启动，但是不能接收外部信息。修改它的配置文件 /etc/rsyslog.conf，从中找到以下两行，并将行首的"#"字符删除（去注释）。

```
$ModLoad imudp
$UDPServerRun 514
```

这样就允许 rsyslog 服务在 UDP 的 514 端口上接收日志信息了。

保存该配置文件，重启 rsyslog，然后检查确认 514 端口是否已开启，如下所示。

```
[root@host1 ~]# netstat -antup | grep 514
udp        0       0 0.0.0.0:514          0.0.0.0:*                      58106/rsyslogd
udp6       0       0 :::514               :::*                           58106/rsyslogd
```

启动 logspout 容器，将日志转发到 Docker 主机上的 syslog 服务中，如下所示。

```
[root@host1 ~]# docker run --name="logspout" --volume=/var/run/docker.sock:/var/run/docker.sock
gliderlabs/logspout syslog+udp://192.168.199.51:514
# logspout v3.2.6 by gliderlabs
# adapters: tls raw syslog multiline tcp udp
# options : persist:/mnt/routes
# jobs: http[health,logs,routes]:80 pump routes
# routes:
# ADAPTER   ADDRESS   CONTAINERS SOURCES   OPTIONS
# syslog+udp   192.168.199.51:514   map[]
```

由于 logspout 容器要访问 Docker 守护进程来获取日志信息，因此需要将 Docker 主机上的 UNIX Socket（/var/run/docker.sock）挂载到 logspout 容器内部。

logspout 容器将收集其他没有使用-t 选项启动的容器，并且将这些容器的日志驱动配置为 journald 和 json-file（可通过 docker logs 命令查看）。注意，使用-t 选项启动的容器会以前台方式运行，日志会直接输出到当前的终端窗口中，无法通过 docker logs 命令查看。

默认情况下，Logspout 会将它所在主机上所有满足条件的容器的日志都进行路由，如果需要排除某个容器，可以在启动容器时设置环境变量-e 'LOGSPOUT=ignore'，这样该容器的日志便会被 Logspout 忽略。

接下来进行实际测试。打开一个终端窗口，使用 tail 工具监控系统日志文件/var/log/messages，如下所示。

```
tail -f /var/log/messages
```

打开另一个终端窗口，执行以下命令启动一个 redis 容器。

```
[root@host1 ~]# docker run --rm -d --name redis redis
5506f1012a5a5196f27125eaf7dcfc31cfdf040217f5a27b2a643b65ff0063a4
```

回到 tail 监控窗口，会发现显示了关于该容器输出的日志信息，如下所示。

Jan 11 09:08:58 5506f1012a5a redis[21484] 1:C 11 Jan 2020 09:08:58.366 # oO0OoO0OoO0Oo Redis is starting oO0OoO0OoO0Oo

Jan 11 09:08:58 5506f1012a5a redis[21484] 1:C 11 Jan 2020 09:08:58.367 # Redis version=5.0.6, bits=64, commit=00000000, modified=0, pid=1, just started

......

Jan 11 09:08:58 5506f1012a5a redis[21484] 1:M 11 Jan 2020 09:08:58.368 * Ready to accept connections

再打开一个终端窗口，使用 docker logs 命令获取 redis 容器的日志信息，会发现获取的日志信息与 logspout 容器收集到的完全一致，如下所示。

[root@host1 ~]# docker logs   redis

1:C 11 Jan 2020 09:08:58.366 # oO0OoO0OoO0Oo Redis is starting oO0OoO0OoO0Oo

1:C 11 Jan 2020 09:08:58.367 # Redis version=5.0.6, bits=64, commit=00000000, modified=0, pid=1, just started

......

1:M 11 Jan 2020 09:08:58.368 * Ready to accept connections

实验完毕，停止 redis 容器和 logspout 容器（切换该容器运行的终端窗口，按下 Ctrl+C 组合键），然后删除它们。

（2）通过 HTTP 查看 Logspout 收集的日志

只需读取 HTTP 数据流，即可实时查看生成的聚合日志。可以使用 Logspout 的 HTTP 流模块，实时查看由它聚合的本地日志，而不用提供日志路由的 URI，如执行以下操作：

[root@host1 ~]# docker run -d --name="logspout" --volume=/var/run/docker.sock:/var/run/docker.sock --publish=127.0.0.1:8000:80 gliderlabs/logspout

5c1762af552c958ab20c22f97dac7b083bc82b4572d604858e09027eb426b59a

使用 curl 观察容器的日志流。

[root@host1 ~]# curl http://127.0.0.1:8000/logs

打开另一个终端窗口，执行容器操作。这里启动 redis 容器，切回前面的终端窗口，会发现关于 redis 容器启动的日志流，如下所示。

[root@host1 ~]# curl http://127.0.0.1:8000/logs

redis|1:C 09 Jan 2020 21:28:32.726 # oO0OoO0OoO0Oo Redis is starting oO0OoO0OoO0Oo

redis|1:C 09 Jan 2020 21:28:32.726 # Redis version=5.0.6, bits=64, commit=00000000, modified=0, pid=1, just started

......

redis|1:M 09 Jan 2020 21:28:32.728 * Ready to accept connections

如果收集到多个容器的日志，则将以不同颜色显示不同容器的日志。

实验完毕，停止 redis 容器和 logspout 容器，然后删除它们。

任务四　配置 Docker 对象

任务说明

使用 Docker 的主要工作是创建和使用各类对象，如镜像、容器、网络、卷、插件等。本任务实现 Docker 对象的通用配置，具体要求如下。

- 了解 Docker 对象的标记。
- 了解格式化命令和日志的输出。
- 学会删除所有不用的 Docker 对象。

知识引入

1. Docker 对象的标记

标记（Label）是一种将元数据应用于 Docker 对象的机制，这些对象包括镜像、容器、本地守护进程、卷、网络、Swarm 节点和 Swarm 服务。可以使用标记组织镜像，记录许可信息，注释容器、卷和网络之间的关系，或者执行任何对业务或应用程序有意义的操作。

标记的形式是键值对，以字符串的形式存储。可以为一个对象指定多个标记，但是同一个对象中的每个键值对必须是唯一的。如果同一个键指定了多个值，则后面的值会覆盖前面的值。

标记的键是键值对左边的元素。键是可以包含句点（.）、连字符（-）、字母和数字的字符串。

标记的值可以包含能表示为字符串的任何数据类型，包括但不限于 JSON、XML、CSV 或 YAML，唯一要求是必须使用针对于特定结构类型的机制将值序列化为字符串。例如，要将 JSON 序列化为字符串，可以使用 JavaScript 的 JSON.stringify() 方法。

Docker 并未反序列化该标记值，因此在按标记值查询或过滤时，不能将 JSON 或 XML 文档视为嵌套结构，除非将此功能构建到第三方工具中。

2. 格式化命令和日志的输出

Docker 使用 Go 模板管理某些命令和日志驱动的输出格式。另外，Docker 提供一套基本函数处理模板元素。下面以使用 docker inspect 命令为例进行示范，该命令通过--format 选项控制输出格式，其他命令的自定义输出格式可以参照该命令。

（1）join

使用 join 函数将一组字符串进行连接以创建单个字符串，它在列表中的每个字符串元素之间放置一个分隔符，如下所示。

```
docker inspect --format '{{join .Args " , "}}' container
```

（2）json

使用 json 函数将元素编码为 JSON 字符串，如下所示。

```
docker inspect --format '{{json .Mounts}}' container
```

（3）lower

使用 lower 函数将字符串转换为小写，如下所示。

```
docker inspect --format "{{lower .Name}}" container
```

（4）split

使用 split 函数将字符串切分为由分隔符分隔的字符串列表，如下所示。

```
docker inspect --format '{{split (join .Names "/") "/"}}' container
```

（5）title

使用 title 函数将字符串的首字母转为大写，如下所示。

```
docker inspect --format "{{title .Name}}" container
```

（6）upper

使用 upper 函数将字符串转为大写，如下所示。

```
docker inspect --format "{{upper .Name}}" container
```

（7）println

使用 println 函数使输出时每个值占一行，如下所示。

```
docker inspect --format='{{range .NetworkSettings.Networks}}{{println .IPAddress}}{{end}}' container
```

如果要知道可被输出的内容，可以以 JSON 格式显示全部内容，如下所示。

```
docker container ls --format='{{json .}}'
```

任务实现

1. 管理 Docker 对象的标记

支持标记的每种类型的 Docker 对象都具有添加、管理和使用标记的机制，这种机制与特定对象类型相关。镜像、容器、本地守护进程、卷和网络上的标记在对象的生命周期内是静态的，必须要重新创建对象才能改变这些标记，而 Swarm 集群节点和服务上的标记则可以动态更新。

这里给出一个简单的示例。首先为容器加上标记：

```
[root@host1 ~]# docker run --rm -d --label test-redis   --name redis redis
4e1c216dcdc34dcf7ce477230a6185e85c89a4d210e37e7ef1adb3d168b1990c
```

然后按标记过滤容器列表：

```
[root@host1 ~]# docker ps --filter label=test-redis
CONTAINER ID   IMAGE   COMMAND            CREATED      STATUS       PORTS     NAMES
4e1c216dcdc3   redis   "docker-entrypoint.s…"   2 minutesago   Up 2 minutes   6379/tcp   redis
```

测试完毕停止该容器，该容器会被自动删除。

2. 删除不用的 Docker 对象

Docker 采用保守的方法清理未使用的对象（如镜像、容器、卷和网络），这通常被称为"垃圾回收"。这些对象实际上不会被删除，除非明确要求 Docker 这样做，这就可能导致 Docker 额外占用磁盘空间。对于每种对象类型，Docker 都提供了一条 prune 命令。另外，可以使用 docker system prune 命令一次性清理多种类型的对象。

docker system prune 命令是删除镜像、容器和网络的捷径，例如：

```
[root@host1 ~]# docker system prune
WARNING! This will remove:
        - all stopped containers                          # 所有停止的容器
        - all networks not used by at least one container  # 未被任何容器使用的网络
        - all dangling images                             # 所有虚悬的镜像
        - all build cache                                 # 所有构建缓存
Are you sure you want to continue? [y/N] y                 # 键入 y 确认执行这一系列操作
```

在 Docker 17.06.0 及之前的版本中，该命令默认还会删除不用的卷。在 Docker 17.06.1 及更高版本中，必须为 docker system prune 命令明确指定--volumes 选项才会删除卷，如下所示。

```
docker system prune --volumes
```

使用-f（--force）选项表示强制删除，不会给出提示。

任务五 配置和管理 Docker 守护进程

任务说明

Docker 守护进程是 Docker 中的后台应用程序，进程名称为 dockerd，可以直接使用 dockerd 命令进行配置管理。在 Docker 的运行过程中，可能需要进行自定义配置，手动启动守护进程，发生问题时还需要排查故障和调试守护进程。本任务完成 Docker 守护进程本身的配置和管理，具体要求如下。

* 了解 Docker 守护进程的启动方式。

- 了解 Docker 守护进程的配置方式。
- 排查 Docker 守护进程故障。

知识引入

1. Docker 守护进程的启动

这里采用典型的 Docker 安装，Docker 守护进程由系统工具启动，而不是由用户手动启动，这就使得重启系统时自动启动 Docker 变得很容易。启动 Docker 的命令取决于操作系统，目前大多数 Linux 发行版（RHEL、CentOS、Fedora、Ubuntu 16.04 及更高版本）使用 systemd 管理开机启动的服务。以 CentOS 7 平台为例，Docker 安装之后需执行以下命令启动 Docker。

```
systemctl start docker
```

启动之后，可以重启或停止 Docker，如下所示。

```
systemctl restart docker
systemctl stop docker
```

启用 Docker 开机自动启动，如下所示。

```
systemctl enable docker
```

禁用 Docker 开机启动，如下所示。

```
systemctl disable docker
```

如果不想使用系统工具管理 Docker 守护进程，或者只是要进行测试，则可以使用 dockerd 命令手动启动守护进程，可能还需要使用 sudo，这取决于操作系统的配置。通过 dockerd 命令手动启动 Docker 时，Docker 会在前台运行并将日志直接发送到终端窗口，如下所示。

```
dockerd
INFO[0000] +job init_networkdriver()
INFO[0000] +job serveapi(unix:///var/run/docker.sock)
INFO[0000] Listening for HTTP on unix (/var/run/docker.sock)
…
```

在终端窗口使用 Ctrl+C 组合键停止手动启动的 Docker。

2. Docker 守护进程的配置方式

在成功安装并启动 Docker 后，Docker 守护进程就会使用默认配置运行。可以根据需要进一步配置 Docker 守护进程，有以下两种配置方式。

（1）使用 JSON 配置文件

这是首选方式，因为所有配置都保存在同一个位置。

Docker 守护进程的 JSON 配置文件在 Linux 系统上是/etc/docker/daemon.json，在 Windows 系统上是 C:\ProgramData\docker\config\daemon.json。下面是一个 JSON 配置文件示例。

```
{
    "debug": true,
    "tls": true,
    "tlscert": "/var/docker/server.pem",
    "tlskey": "/var/docker/serverkey.pem",
    "hosts": ["tcp://192.168.199.53:2376"]
}
```

采用这个配置，Docker 守护进程将以调试模式运行，其使用 TLS 安全机制，在 2376 端口监听路由到 IP 地址 192.168.199.53 的流量。

（2）使用选项手动启动 Docker 守护进程

这种方式对于排查问题更有用。可以使用选项手动启动 Docker 守护进程来达到相同的配置目的，执行下面命令的结果同上。

```
dockerd --debug \
    --tls=true \
    --tlscert=/var/docker/server.pem \
    --tlskey=/var/docker/serverkey.pem \
    --host tcp://192.168.199.53:2376
```

只要不用这两种方式同时定义同一选项，就可以同时使用这两种方式。否则，Docker 守护进程不能启动，还会输出错误信息。

3. 解决 daemon.json 文件和启动脚本之间的冲突

如果 daemon.json 配置文件定义了选项，在运行 dockerd 命令或启动脚本时又使用相同的选项，则这些选项会产生冲突，Docker 会启动失败并报出如下错误。

```
unable to configure the Docker daemon with file /etc/docker/daemon.json:
the following directives are specified both as a flag and in the configuration
file: hosts: (from flag: [unix:///var/run/docker.sock], from file: [tcp://127.0.0.1:2376])
```

这就需要调整相关选项或 daemon.json 文件来解决这个冲突。

需要注意的是，如果使用操作系统本身的初始化脚本启动 Docker 守护进程，则可能需要使用该操作系统的特有方式来覆盖这些脚本中的默认值。

配置冲突难以排查的一个原因是，要通过默认值为 Docker 指定不同的 IP 地址。默认情况下，Docker 在 UNIX Socket 上监听。在使用 systemd 管理启动进程的 Debian 和 Ubuntu 系统上，这意味着在启动 Docker 守护进程时会使用-H 主机选项。如果在 daemon.json 文件中设置了 hosts 选项，则会导致配置冲突，显示以上错误信息，并且 Docker 无法启动。要解决这个问题，可创建一个新的配置文件 /etc/systemd/system/docker.service.d/docker.conf，并加入以下选项设置，来屏蔽启动守护进程时所使用的默认-H 选项。

```
[Service]
ExecStart=
ExecStart=/usr/bin/dockerd
```

值得一提的是，如果屏蔽-H 选项，又没有在 daemon.json 中指定 hosts 选项，或者手动启动 Docker 时也未指定-H 选项，那么 Docker 无法启动。

在启动 Docker 之前应当执行 systemctl daemon-reload 命令重新加载 systemd 配置文件。如果 Docker 成功启动，它会开始监听 daemon.json 中由 hosts 选项指定的 IP 地址，而不是 UNIX Socket。

4. Docker 守护进程目录

Docker 守护进程将所有数据保存在一个目录中，用来跟踪与 Docker 有关的一切对象，包括容器、镜像、卷、服务定义和机密数据。默认情况下，在 Linux 系统上该目录是/var/lib/docker，在 Windows 系统上是 C:\ProgramData\docker。可以使用 data-root 配置选项将 Docker 守护进程配置为使用不同的目录。

Docker 守护进程的状态保存在该目录中，确保为每个守护进程使用专用的目录。如果两个守护进程共享同一目录（如 NFS 共享），则一旦出现问题将很难排除。

任务实现

1. 检查 Docker 是否在运行

要检查 Docker 是否在运行，与操作系统无关的一种方式是直接使用 docker info 命令。

当然也可以使用操作系统提供的工具，如 systemctl is-active docker、systemctl status docker 或 service docker status，还可以使用 ps 或 top 之类的 Linux 命令在进程列表中检查 dockerd 进程。

2. 从 Docker 守护进程获取实时事件

可以使用 docker events 命令查看 Docker 服务器端的各种事件信息，包括容器、镜像、插件、卷、网络，以及 Docker 守护进程事件。不同的对象具有不同的事件，以方便调试使用。该命令的语法如下。

```
docker events [选项]
```

-f 选项表示根据条件过滤事件；--since 选项表示显示自某个时间戳开始的所有事件；--until 选项表示显示截至指定时间的所有事件。如果没有提供一since 选项，则这个命令将只返回新的事件或实时事件。

下面演示查看实时事件，需要打开两个 shell 终端。

（1）在一个终端窗口中执行以下命令监听事件。

```
[root@host1 ~]# docker events
```

（2）打开另一个终端窗口，执行以下命令，先启动容器然后停止该容器。

```
[root@host1 ~]# docker create --name test alpine:latest top
24b0fc03b833a36b7166dc67667b40d401002a14a4214444a9680c6697d4239e
[root@host1 ~]# docker start test
test
[root@host1 ~]# docker stop test
test
```

（3）切换到前面的终端窗口，会发现显示了上述操作的详细事件。

```
[root@host1 ~]# docker events
2020-01-09T13:46:25.771026954Z container create
24b0fc03b833a36b7166dc67667b40d401002a14a4214444a9680c6697d4239e (image=alpine:latest,
name=test)
2020-01-09T13:46:39.284850442Z network connect
95510ec157503dc1db037a5df34461211ad867373b47876b321e2b904acefdfa (container=24b0fc03
b833a36b7166dc67667b40d401002a14a4214444a9680c6697d4239e, name=bridge,
type=bridge)
......
```

（4）按下 Ctrl+C 组合键退出 docker events 命令。

3. 查看 Docker 守护进程日志

Docker 守护进程日志有助于诊断问题。操作系统配置和所用的日志记录子系统决定日志的保存位置。

在使用 systemctl 的 Linux 系统（如 Ubuntu 16.04 及以上版本、CentOS）上执行 journalctl -u docker.service 命令，查看 Docker 守护进程日志，如下所示。

```
[root@host1 ~]# journalctl -u docker.service
-- Logs begin at Sat 2020-01-11 10:06:06 UTC, end at Sat 2020-01-11 10:49:01 UTC
Jan 11 10:06:24 host1 systemd[1]: Starting Docker Application Container Engine..
Jan 11 10:06:31 host1 dockerd[9101]: time="2020-01-11T10:06:31.962313417Z" level
Jan 11 10:06:32 host1 dockerd[9101]: time="2020-01-11T10:06:32.081596279Z" level
Jan 11 10:06:32 host1 dockerd[9101]: time="2020-01-11T10:06:32.081922526Z" level
Jan 11 10:06:32 host1 dockerd[9101]: time="2020-01-11T10:06:32.081942018Z" level
Jan 11 10:06:32 host1 dockerd[9101]: time="2020-01-11T10:06:32.081956620Z" level
```

其他操作系统上也可以查看相应的日志文件，常用操作系统中 Docker 守护进程日志的位置列举如下。

- RHEL、Oracle Linux：/var/log/messages。

- Debian：/var/log/daemon.log。
- Ubuntu 14.10：/var/log/upstart/docker.log。
- macOS（Docker 18.01 及以上版本）：~/Library/Containers/com.docker.docker/Data/vms/0/console-ring。
- macOS（Docker <18.01）：~/Library/Containers/com.docker.docker/Data/com.docker.driver.amd64-linux/console-ring。
- Windows：AppData\Local。

如果 Docker 守护进程没有响应，则可以通过向守护进程发送一个 SIGUSR1 信号强制将堆栈跟踪记入日志。Linux 主机上的命令如下。

```
kill –SIGUSR1 $(pidof dockerd)
```

这种做法会强制记录堆栈跟踪，但不会停止守护进程。守护进程日志显示堆栈跟踪或包含堆栈跟踪的文件的路径（如果它已记录到文件中）。守护进程在处理完 SIGUSR1 信号并将堆栈跟踪转储到日志后继续运行。堆栈跟踪可用于确定守护进程内所有 Goroutine（Go 中的协程）和线程的状态。

4. 开启 Docker 守护进程的调试模式

有两种方法启用调试。推荐的方法是在 daemon.json 文件中将 debug 键值设置为 true，这种方法适用于各种 Docker 平台。

（1）编辑 daemon.json 文件（通常位于/etc/docker 目录中），如果该文件不存在，则需要创建。在 macOS 或 Windows 上，不需要直接编辑这个文件，而是直接通过菜单"Preferences → Daemon → Advanced"设置。

（2）如果该文件没有内容，则直接加入以下内容。

```
{
    "debug": true
}
```

如果该文件已经包含了 JSON 数据，则只需要在该 JSON 数据中添加 debug 键值对，并注意用逗号分隔。还需要检查 log-level 关键字是否已设置，它可以设置为 info 或 debug，其中 info 是默认设置，可选的值还包括 warn、error、fatal。

（3）发送 HUP 信号到守护进程，使其重新加载配置。Linux 主机上的命令如下。

```
kill –SIGHUP $(pidof dockerd)
```

在 Windows 主机上重新启动 Docker 即可。

也可以不采用上述步骤，直接停止 Docker 守护进程，并使用-D 调试选项手动重新启动它。例如：

```
[root@host1 ~]# systemctl stop docker
[root@host1 ~]# dockerd –D
INFO[2020-01-11T11:02:15.276806816Z] Starting up
DEBU[2020-01-11T11:02:15.277836860Z] Listener created for HTTP on unix (/var/run/docker.sock)
DEBU[2020-01-11T11:02:15.278556245Z] Golang's threads limit set to 26910
INFO[2020-01-11T11:02:15.278812816Z] parsed scheme: "unix"                    module=grpc
```

但是，这可能会导致 Docker 在不同于主机启动脚本创建的环境中重新启动，从而使调试更加困难。

5. 自定义 Docker 守护进程选项

为 Docker 守护进程配置选项和环境变量的方式有多种，推荐的方式是使用独立于平台的daemon.json 文件。daemon.json 文件可以用来配置几乎所有的守护进程配置选项，这里以运行时目录和存储驱动的配置为例，在 daemon.json 文件中设置以下选项。

```
{
    "data-root": "/mnt/docker-data",
```

```
        "storage-driver": "overlay"
}
```

其中 data-root 选项设置的是运行时目录，即 Docker 镜像、容器和卷所使用的磁盘空间，可以将该空间改到单独的分区中。

6. 为 Docker 守护进程配置 HTTP/HTTPS 代理

无法使用 daemon.json 文件配置 HTTP/HTTPS 代理。如果在 HTTP/HTTPS 代理服务器后面运行 Docker 主机，则需要进行相应的配置。Docker 守护进程在它的启动环境中使用 HTTP_PROXY、HTTPS_PROXY 和 NO_PROXY 环境变量来配置 HTTP/HTTPS 代理的行为，这些环境变量不能通过 daemon.json 文件来配置，而要使用 Docker 的 systemd 服务文件来配置。下面进行示范，注意这里的配置会覆盖默认的 docker.service 文件。

（1）为 docker 服务创建一个可以存放 systemd 文件的目录，如下所示。

```
mkdir -p /etc/systemd/system/docker.service.d
```

（2）创建名为/etc/systemd/system/docker.service.d/http-proxy.conf 的文件，并添加 HTTP_PROXY 环境变量定义，如下所示。

```
[Service]
Environment="HTTP_PROXY=http://proxy.example.com:80/"
```

如果 Docker 守护进程位于 HTTPS 代理服务器后面，则需要创建名为/etc/systemd/system/docker.service.d/https-proxy.conf 的文件，并加入 HTTPS_PROXY 环境变量定义，如下所示。

```
[Service]
Environment="HTTPS_PROXY=https://proxy.example.com:443/"
```

（3）如果企业内部部署了 Docker 注册服务器，不需要使用代理方式的连接，则可以通过 NO_PROXY 环境变量明确指定。

```
[Service]
Environment="HTTP_PROXY=http://proxy.example.com:80/" NO_PROXY=localhost,
127.0.0.1,docker-registry.somecorporation.com"
```

（4）执行以下命令重新加载 systemd 的配置文件。

```
systemctl daemon-reload
```

（5）重新启动 Docker，如下所示。

```
systemctl restart docker
```

（6）执行以下命令验证配置是否已经加载。

```
systemctl show --property=Environment docker
```

配置加载成功会显示如下信息。

```
Environment=HTTP_PROXY=http://proxy.example.com:80/
```

项目实训

项目实训一　容器的高级配置

实训目的
- 掌握 Docker 容器的高级配置。
- 对容器进行资源限制。

实训内容
- 配置容器的自动重启策略。

- 测试实时恢复功能。
- 在容器中使用 supervisord 管理 PHP 和 Nginx 服务。
- 限制容器的内存使用。
- 限制容器的 CPU 使用。
- 使用 docker update 命令动态更改容器的资源限制。

项目实训二　实施容器监控

实训目的

使用工具监控容器的运行状态。

实训内容

- 使用 docker top 命令查看容器的进程信息。
- 使用 docker stats 命令实时查看容器系统资源的使用情况。
- 安装并使用 cAdvisor 监控容器。
- 安装并使用 Weave Scope 监控容器。

项目实训三　管理容器日志

实训目的

使用工具管理容器的日志。

实训内容

- 使用 docker logs 命令查看容器日志。
- 配置默认的日志驱动。
- 清理容器日志。
- 将容器日志记录到 journald 中。
- 使用 Logspout 收集所有容器的日志。

项目实训四　配置和管理 Docker 守护进程

实训目的

- 了解 Docker 守护进程的配置方式。
- 配置和管理 Docker 守护进程。

实训内容

- 使用 docker events 命令获取 Docker 事件信息。
- 查看 Docker 守护进程日志。
- 启用 Docker 守护进程的调试模式。
- 自定义 Docker 守护进程选项。

项目总结

　　通过本项目的实施，读者应当掌握 Docker 容器与守护进程运维、管理的基本方法。在正式的生产环境中，这些工作很重要。下一个项目将转向 Docker 容器编排，使用 Docker Compose 在单主机上部署具有多个容器的复杂应用程序。

项目五
Docker容器编排

学习目标
- 了解 Docker Compose，掌握容器编排的基本操作；
- 熟悉 Compose 文件格式和语法，学会编写 Compose 文件；
- 了解 Compose 命令，会使用 Compose 部署和管理应用程序。

项目描述

Docker 本身提供了命令行接口，用于管理基于容器的应用程序，适合少量容器的简单管理和单一任务的实现。对于复杂一点的应用程序，如一个 Web 网站，需要首先启动数据库服务器容器，再启动 Web 服务器容器。这就需要分别执行多条 docker 命令，操作起来比较麻烦，还不便于统一管理。为此，Docker 引入了容器编排。Docker Compose（可简称为 Compose）是一个定义和运行复杂应用程序的 Docker 工具，它负责实现对容器的编排，通过配置文件管理多个容器。使用单个命令就可以创建并启动配置的所有容器，实现多容器的自动化管理。Docker Compose 适用于所有环境，包括生产、预发布（Staging）、开发和测试，以及持续集成工作流程，能够显著提升软件开发效率，服务于数字政务和数字经济建设。本项目使用 Docker Compose 实现单主机环境下的容器编排。

任务一　Docker Compose 入门

任务说明

在单个 Docker 主机中运行应用程序主要有两种方式：一种是使用 Dockerfile 构建镜像并启动容器，这适用于单个应用程序和单个容器；另一种是使用 Docker Compose 基于配置文件自动构建和编排一组容器，适用于多个应用程序和多个容器。在进行大量容器资源的管理和复杂应用程序的部署时，需要使用编排功能来提高效率和灵活性。本任务的具体要求如下。

- 了解 Docker Compose 的背景知识。
- 理解 Docker Compose 的项目概念。
- 理解 Docker Compose 的工作机制。
- 了解 Docker Compose 的特点和应用场景。
- 熟悉使用 Docker Compose 的基本步骤。

知识引入

1. 为什么要使用 Docker Compose 部署容器

许多应用程序通过多个更小的服务互相协同来构成一个完整可用的项目，如一个订单应用程序可能包括 Web 前端、订单处理程序和后台数据库等多个服务，相当于一个简单的微服务架构。这种架构很适合使用容器实现，每个服务由一个容器承载，一台计算机同时运行多个容器就能部署整个应用程序。

仅使用 docker 命令部署和管理这类多容器应用程序时往往需要编写若干脚本文件，使用的命令可能会变得冗长，包括大量的选项和参数，配置过程比较复杂，而且容易发生差错。为解决这个问题，Orchard 公司推出了多容器部署管理工具 Fig。Docker 的公司收购 Fig 之后将其改名为 Docker Compose。

Docker Compose 并不是通过脚本和各种 docker 命令将多个容器组织起来，而是通过一个声明式的配置文件描述整个应用程序，从而让用户使用一条 docker-compose 命令即可完成整个应用程序的部署。Docker Compose 将逻辑关联的多个容器编排为一个整体进行统一管理，提高了应用程序部署效率。

2. Docker Compose 的项目概念

Docker Compose 以项目为单位管理应用程序的部署，可以将它所管理的对象从上到下依次分为以下 3 个层次。

* 项目：项目又称工程，表示需要实现的一个应用程序，并涵盖了该应用程序所需的所有资源，是由一组关联的容器组成的一个完整业务单元。Compose 文件定义一个项目要完成的所有容器管理与部署操作。一个项目拥有特定的名称，可包含一个或多个服务。Docker Compose 实际上是面向项目进行管理的，它通过命令对项目中的一组容器实现生命周期管理。项目具体由项目目录下的所有文件（包括配置文件）和子目录组成。

* 服务：服务是一个比较抽象的概念，表示需要实现的一个子应用程序，它以容器方式完成某项任务。一个服务运行一个镜像，它决定了镜像的运行方式。服务具体定义容器运行的镜像、参数和依赖关系。服务也可以看作分布式应用程序或微服务的不同组件。

* 容器：这里的容器指的是服务的副本。每个服务又可以以多个容器实例的形式运行，可以更改容器实例的数量来增减服务数量，从而为进程中的服务分配更多的计算资源。例如，Web 应用为保证高可用性和负载平衡，通常会在服务器上运行多个服务。即使在单主机环境下，Docker Compose 也支持一个服务多个副本，每个副本就是一个服务容器。

3. Docker Compose 的工作机制

使用 Docker Compose 时，首先要编写定义多容器（多服务）应用的 YAML 格式的 Compose 文件（Docker Compose 项目的配置文件），然后将其交由 docker-compose 命令处理，Docker Compose 就会基于 Docker 引擎完成应用程序的部署。

Docker Compose 是使用 Python 开发的，实际上是调用 Docker API 来实现对容器的管理，其工作机制如图 5-1 所示。对于不同的 docker-compose 请求，Docker Compose 将调用不同的处理方法来处理。由于处理必须落实到 Docker 引擎对容器的部署与管理上，因此 Docker Compose 最终必须与 Docker 引擎建立连接，并在该连接之上完成 Docker API 请求的处理。实际上 Docker Compose 是借助 docker-py 软件完成这个任务的，docker-py 是一个使用 Python 开发并调用 Docker API 的软件。

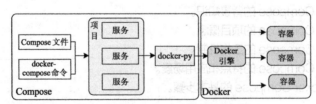

图 5-1　Docker Compose 的工作机制

4. Docker Compose 的特点

（1）在单主机上建立多个隔离环境

Docker Compose 使用项目名称隔离环境。下面给出几个典型的应用场景。

* 在开发主机上可以创建单个环境的多个副本，如为一个项目的每个功能分支运行一个稳定的副本。

- 在持续集成（CI）服务器上为防止构建互相干扰，可以将项目名称设置为唯一的构建编号。
- 在共享主机或开发主机上，防止可能使用相同服务名称的不同项目之间的相互干扰。

（2）创建容器时保留卷数据

Docker Compose 会保留服务所使用的所有卷，确保在卷中创建的任何数据都不会丢失。

（3）仅重建已更改的容器

Docker Compose 可以缓存用于创建容器的配置。当重新启动未更改的服务时，将重用已有的容器，仅重建已更改的容器，这样可以快速更改环境。

（4）为不同环境定制编排

Docker Compose 支持 Compose 文件中的变量，可以使用这些变量为不同的环境或不同的用户定制编排。

5. Docker Compose 的应用场景

（1）软件开发环境

在开发软件时，Docker Compose 命令行工具可用于创建隔离的环境，在其中运行应用程序并与之进行交互。Compose 文件提供了记录和配置所有应用程序的服务依赖关系（数据库、队列、缓存和 Web 服务 API 等）的方式。通过 Docker Compose 命令行工具，可以使用单个命令（docker-compose up）为每个项目创建和启动一个或多个容器。

（2）自动化测试环境

这是持续部署或持续集成过程的一个重要部分，通过 Docker Compose 可以创建和销毁用于测试集合的隔离测试环境。在 Compose 文件中定义完整的环境后，可以仅使用几条命令就创建和销毁这些环境，例如：

```
docker-compose up -d          # 启动应用程序
./run_tests                   # 运行测试
docker-compose down           # 停止应用程序并删除相关的资源
```

（3）单主机部署

Docker Compose 一直专注于开发和测试工作流，但在每个发行版本中都会增加更多面向生产的功能。可以使用 Docker Compose 将应用程序部署到远程 Docker 引擎中，Docker 引擎可以是 Docker Machine 或整个 Docker 集群配置的单个实例。

6. 使用 Docker Compose 的基本步骤

（1）使用 Dockerfile 定义应用程序的环境，以便可以在任何地方分发应用程序。通过 Docker Compose 编排的主要是多容器的复杂应用程序，这些容器的创建和运行需要相应的镜像，而镜像则要基于 Dockerfile 构建。

（2）使用 Compose 文件定义组成应用程序的服务。该文件主要声明应用程序的启动配置，可以定义一个包含多个相互关联的容器的应用程序。

（3）执行 docker-compose up 命令启动整个应用程序。使用这条简单的命令即可启动配置文件中的所有容器，不再需要使用任何 shell 脚本。

任务实现

1. 安装 Docker Compose

Docker Compose 是 Docker 官方的开源项目，依赖 Docker 引擎才能正常工作，但 Compose 并未完全集成到 Docker 引擎中，因此安装 Docker Compose 之前应确保已安装了本地或远程 Docker 引擎。

在 Linux 系统上，先安装 Docker，再安装 Docker Compose。作为一个需

安装 Docker Compose

要在 Docker 主机上进行安装的外部 Python 工具，Compose 有两种最常用的安装方式：一种是使用 pip 安装 Docker Compose；另一种是从 GitHub 上的 Docker Compose 仓库下载 docker-compose 二进制文件进行安装。建议读者优先采用后一种方式，具体过程示范如下。

（1）使用 curl 命令从 GitHub 上的 Docker Compose 仓库下载二进制文件。

```
curl -L "<GitHub 上的 Docker Compose 仓库网址>" -o /usr/local/bin/docker-compose
```

注意，应尽可能使用最新的 Docker Compose 版本，具体要登录 GitHub 上的 Docker Compose 仓库查看。本例中执行以下命令。

```
[root@host1 ~] sudo curl -L "https://github.com/docker/compose/releases/download/1.26.0/docker-compose-$(uname -s)-$(uname -m)" -o /usr/local/bin/docker-compose
```

（2）为该二进制文件添加可执行权限，如下所示。

```
[root@host1 ~] chmod +x /usr/local/bin/docker-compose
```

（3）执行以下命令进行测试。

```
[root@host1 ~]# docker-compose --version
docker-compose version 1.26.0, build 0a186604
```

以这种方式安装的 Docker Compose 如果要卸载，执行以下命令即可。

```
rm /usr/local/bin/docker-compose
```

使用 Docker Compose
部署 WordPress

2. 使用 Docker Compose 部署 WordPress

WordPress 是一款个人博客系统，并逐步演化成一款内容管理系统软件。它是使用 PHP 和 MySQL 数据库开发的，用户可以在支持 PHP 和 MySQL 数据库的服务器上通过它架设属于自己的博客网站。接下来以部署 WordPress 为例示范使用 Docker Compose 进行容器编排的完整过程。执行这个示例之前，应当确认已经安装了 Docker Compose。

（1）定义项目

① 执行以下命令创建一个空的项目目录。

```
mkdir my_wordpress  && cd my_wordpress
```

该目录可根据需要进行命名，这个名称将作为 Docker Compose 项目名称。该目录是应用程序镜像的上下文，应当仅包含用于构建镜像的资源。这个项目目录包括一个名为 docker-compose.yml 的 Compose 文件，用来定义项目。

② 将当前工作目录切换到该项目目录。本示例中执行以下命令。

```
cd my_wordpress
```

③ 在该目录下创建并编辑 docker-compose.yml 文件，加入以下内容。

```
version: '3.3'
services:
  db:
    image: mysql:5.7
    volumes:
      - db_data:/var/lib/mysql
    restart: always
    environment:
      MYSQL_ROOT_PASSWORD: somewordpress
      MYSQL_DATABASE: wordpress
      MYSQL_USER: wordpress
      MYSQL_PASSWORD: wordpress
```

```
    wordpress:
      depends_on:
        - db
      image: wordpress:latest
      ports:
        - "8000:80"
      restart: always
      environment:
        WORDPRESS_DB_HOST: db:3306
        WORDPRESS_DB_USER: wordpress
        WORDPRESS_DB_PASSWORD: wordpress
        WORDPRESS_DB_NAME: wordpress
  volumes:
    db_data: {}
```

这个 Compose 文件定义了两个服务，db 是独立的 MySQL 服务器（用于持久存储数据），wordpress 是 WordPress 博客。它还定义了一个卷 db_data，用于保存由 WordPress 提交到数据库的任何数据。

（2）构建项目

现在，可以从项目目录中执行 docker-compose up -d 命令了。下载所需的 Docker 镜像，以分离模式在后台启动 WordPress 和数据库容器，如下所示。

```
[root@host1 my_wordpress]# docker-compose up -d
Pulling db (mysql:5.7)…
5.7: Pulling from library/mysql
……
Digest: sha256:5779c71a4730da36f013a23a437b5831198e68e634575f487d37a0639470e3a8
Status: Downloaded newer image for mysql:5.7
Pulling wordpress (wordpress:latest)…
latest: Pulling from library/wordpress
……
Digest: sha256:b82c292ca0e37e86bbe2a0d4469388ce78504da8332af171cdcff3f157c791e6
Status: Downloaded newer image for wordpress:latest
Creating my_wordpress_db_1 … done
Creating my_wordpress_wordpress_1 … done
```

执行以下命令查看正在运行的容器。

```
[root@host1 my_wordpress]# docker ps
CONTAINER ID   IMAGE           COMMAND            CREATED        STATUS        PORTS        NAMES
1769d84f5167   wordpress:latest   "docker-entrypoint.s…"   21 minutes ago   Up 21 minutes
0.0.0.0:8000->80/tcp        my_wordpress_wordpress_1
e117541990df   mysql:5.7      " docker-entrypoint.s…"   21 minutes ago   Up 21 minutes
3306/tcp, 33060/tcp        my_wordpress_db_1
```

可以发现，上述 docker-compose up -d 命令启动了两个容器。这两个容器分别被命名为 my_wordpress_wordpress_1 和 my_wordpress_db_1。

每个服务容器就是服务的一个副本，其名称的格式为"项目名_服务名_序号"，序号从 1 开始，不同的序号表示依次分配的副本。默认只为服务分配一个副本，其序号为1。

（3）在Web浏览器中打开WordPress

此时WordPress应当在Docker主机的8000端口上运行，用户可以作为WordPress管理员快速完成安装。注意，由于容器可能仍在进行初始化，因此WordPress站点可能不能立刻访问，首次加载可能需要好几分钟。

首先要选择安装语言，这里选择"简体中文"，单击"继续"按钮，出现图5-2所示的界面，填写WordPress的配置信息。

单击"安装WordPress"按钮开始安装，安装完成之后出现图5-3所示的对话框。

图5-2 填写WordPress的配置信息   图5-3 WordPress安装完成

输入所设置的密码，单击"登录"按钮，进入图5-4所示的WordPress管理界面。至此就可以正常使用WordPress了。

图5-4 WordPress管理界面

（4）关闭和清理

执行docker-compose down命令可以删除容器和默认网络，但是会保留存储到卷中的WordPress数据库。如果要同时删除卷，应执行以下命令。

```
[root@host1 my_wordpress]# docker-compose down --volumes
Stopping my_wordpress_wordpress_1 … done
Stopping my_wordpress_db_1 … done
Removing my_wordpress_wordpress_1 … done
Removing my_wordpress_db_1 … done
Removing network my_wordpress_default
Removing volume my_wordpress_db_data
```

任务二　编写 Compose 文件

任务说明

Compose 文件是 Docker Compose 项目的配置文件，又称 Compose 模板文件。它用于定义整个应用程序，包括服务、网络和卷。Compose 文件是文本文件，采用 YAML 格式，可以使用.yml 或.yaml 扩展名，默认的文件名为 docker-compose.yml。YAML 是 JSON 的一个子集，因此 Compose 文件也可以使用 JSON 格式，构建时需要明确指定要使用的文件名，如 docker-compose -f docker-compose.json up。建议统一使用 YAML 格式。编写 Compose 文件是使用 Docker Compose 的关键环节，本任务的具体要求如下。

* 了解 Compose 文件的结构和格式。
* 了解服务、网络和卷定义的基本语法。
* 掌握 Compose 文件的编写。

知识引入

1. YAML 文件格式

YAML 是一种数据序列化格式，易于阅读和使用，尤其适合用来表示数据。YAML 语法具有以下特点。

* 大小写敏感。
* 使用缩进表示层级关系。
* 缩进只能使用空格，不能使用 Tab，不要求空格个数，但相同层级应当左对齐（一般为 2 个或 4 个空格）。
* 使用符号"#"表示注释，YAML 中只有行注释。
* 字符串可以不用引号标注。
* 每个冒号与它后面所跟的参数之间都需要有一个空格。

YAML 表示的数据可分为以下 3 种类型。

（1）标量

标量（Scalar）相当于常量，是 YAML 数据的最小单位，不可再分割。YAML 支持整数、浮点数、字符串、NULL、日期、布尔值和时间等多种标量类型。

（2）序列

序列（Sequence）就是列表，相当于数组，使用一个短横线加一个空格表示一个序列项，实际上是一种字典格式。例如：

```
- "3000"
- "8000"
```

序列支持流式语法，如上面的示例，也可将它们改写在一行中。

```
["3000", "8000"]
```

（3）映射

映射（Map）相当于 JSON 中的对象，也使用键值对表示，只是冒号后面一定要加一个空格，同一缩进层次的所有键值对属于一个映射，例如：

```
RACK_ENV: development
SHOW: 'true'
```

映射支持流式语法表示，如上面的示例可以改写为：

```
{ RACK_ENV: development, SHOW: 'true' }
```

YAML 中的数据结构可以相互嵌套，就是用缩进格式表示层级关系，嵌套方式有多种。映射可以嵌套其他映射，例如：

```
mysql:
  image: mysql:8
  container_name: mysql8
```

映射可以嵌套序列，例如：

```
expose:
 - "3000"
 - "8000"
```

序列还可以再嵌套其他序列。

在采用 YAML 格式的 Compose 文件中，多个值可以使用映射（数组）或字典表示。下面是一个映射示例（数组格式）。

```
environment:
  RACK_ENV: development
  SHOW: 'true'
```

在映射（数组）中的任何布尔值，如 true、false、yes、no 等都需要包括在引号中，以确保它们不被 YAML 解析器转换为 True 或 False。

上面示例也可以改写成以下形式（字典格式）。

```
environment:
  - RACK_ENV=development
  - SHOW=true
```

2. Compose 文件结构

Compose 文件使用缩进结构表示层次关系。这里给出一个示例进行说明。

```
version: "3.7"                    # Compose 文件格式版本
# 此文件相对复杂，配置了 6 个服务、2 个网络和 1 个卷
services:                         # 定义服务的节
  redis:                          # 服务名称
    image: redis:alpine           # 基于镜像启动服务
    ports:                        # 映射端口
      - "6379"
    networks:                     # 服务所连接的网络
      - frontend
  db:
    image: postgres:9.4
    volumes:                      # 定义要挂载的外部卷
```

```
      – db-data:/var/lib/postgresql/data                    # 卷
    networks:
      – backend
  vote:
    image: dockersamples/examplevotingapp_vote:before
    ports:
      – "5000:80"
    networks:
      – frontend
    depends_on:
      – redis
  result:
    image: dockersamples/examplevotingapp_result:before
    ports:
      – "5001:80"
    networks:
      – backend
    depends_on:
      – db
  worker:
    image: dockersamples/examplevotingapp_worker
    networks:
      – frontend
      – backend
  visualizer:
    image: dockersamples/visualizer:stable
    ports:
      – "8080:8080"
    stop_grace_period: 1m30s
    volumes:                                         # 定义要挂载的外部卷
      – "/var/run/docker.sock:/var/run/docker.sock"  # 绑定挂载

networks:                                            # 定义网络的节
  frontend:
  backend:

volumes:                                             # 定义卷（存储）的节
  db-data:
```

Compose 文件可以包含 4 节：version、services、networks 和 volumes。

version 节是必须指定的，而且总是位于文件的第一行，没有任何下级节点，它定义了 Compose 文件格式的版本。目前有 3 种版本的 Compose 文件格式：版本 1 是传统格式，通过省略 YAML 文件的 version 节指定，除了个别字段或选项，版本 2.x 和 3.x 的 Compose 文件的结构基本相同。建议使用最新版本的格式。

services、networks 和 volumes 节分别定义服务、网络和卷（存储）资源配置，都由下级节点具体定义。首先要在节下定义资源名称,在 services、networks 和 volumes 节下分别可以指定若干服务、网络和卷的名称,然后在这些资源名称下采用缩进结构"<键>: <选项>: <值>"定义其具体配置,键也被称为字段。服务定义包含为该服务启动的每个容器的配置,这与将命令行参数传递给 docker container create 命令类似。同样,网络和卷定义类似于 docker network create 和 docker volume create 命令。

这里分析一下上面的示例。services 节用于定义不同的应用服务,示例中定义了 6 个服务,各服务定义了镜像、端口、网络和卷等,Docker Compose 会将每个服务部署在各自的容器中。networks 节用于定义要创建的容器网络,示例中定义了两个名为 frontend 和 backend 的网络,分别表示前端网络和后端网络,本例没有进一步定义网络具体选项,表示使用默认配置,Docker Compose 会创建默认的桥接网络。volumes 节用于定义要创建的卷,示例中定义了一个名为 db-data 的卷,本例没有进一步定义卷的具体参数,表示使用默认配置,并将使用 Docker 配置的默认驱动 local(本地驱动)。

3. 服务定义

在 services 节中定义若干服务,每个服务实际上是一个容器,需要基于镜像运行。每个 Compose 文件必须指定 image 或 build 键提供镜像,其他键是可选的。就像使用 docker container create 命令一样,Dockerfile 中的指令,如 CMD、EXPOSE、VOLUME、ENV 等,默认已被接受,不必再在 Compose 文件中定义它们。

在 services 节下指定服务的名称,在服务名称下面使用键进行具体定义,下面介绍部分常用的键及其选项。

(1)image

image 键用于指定启动容器的镜像,可以是镜像名称或镜像 ID,例如:

```
image: redis
image: ubuntu:14.04
image: tutum/influxdb
image: example-registry.com:4000/postgresql
image: a4bc65fd
```

如果镜像在本地不存在,则 Docker Compose 将会尝试从镜像注册中心拉取镜像。如果定义有 build 键,则将基于 Dockerfile 构建一个镜像。

(2)build

build 键用于定义构建镜像时的配置,可以定义包括构建上下文路径的字符串,例如:

```
build: ./dir
```

也可以定义一个对象,例如:

```
build:
    context: ./dir
    dockerfile: Dockerfile-alternate
    args:
        buildno: 1
```

如果同时指定了 image 和 build 两个键,那么 Docker Compose 会构建镜像并且将镜像命名为 image 键所定义的那个名称。如以下示例,镜像将从 ./dir 中构建,被命名为 webapp,并被设置 tagtest 标签。

```
build: ./dir
image: webapp:tagtest
```

build 键下面可使用以下选项。

● context: 定义构建上下文路径,可以是包含 Dockerfile 的目录,或是访问 Git 仓库的 URL。

- dockerfile：指定 Dockerfile。
- args：指定构建参数，即仅在构建阶段访问的环境变量，允许是空值。

（3）depends_on

该键定义服务之间的依赖，解决容器依赖、启动先后的问题。下面是一个示例。

```
version: "3.7"
services:
  web:
    build: .
    depends_on:
      - db
      - redis
  redis:
    image: redis
  db:
    image: postgres
```

服务依赖可以产生以下行为。

- 按依赖顺序启动服务。上面示例中 db 和 redis 先于 web 启动。
- 执行 docker-compose up <服务名> 命令将自动包括该服务的依赖。上面示例中如果执行 docker-compose up web 命令，也会创建并启动 db 和 redis。
- 按依赖顺序停止服务。上面示例中 web 先于 db 和 redis 停止。

（4）networks

默认情况下，Docker Compose 会为应用程序自动创建名为"[项目名]_default"的默认网络。服务的每个容器都会加入默认网络，该网络上的其他容器都可以访问它们，并且可以通过与容器名称相同的主机名来发现它们。每项服务都可以使用 networks 键指定要连接的网络（此处的网络名称引用 networks 节中所定义的名称），格式如下。

```
services:
  some-service:
    networks:
      - some-network
      - other-network
```

networks 有一个特别的 aliases 选项，用来设置服务在该网络上的别名。同一网络的其他容器可以使用服务名称或该别名来连接到该服务的一个容器，同一服务可以在不同的网络上有不同的别名。在下面的示例中，提供了 3 个名为 web、worker 和 db 的服务，以及两个名为 new 和 legacy 的网络。db 服务可以通过 new 网络中的主机名 db 或别名 database 访问，也可以通过 legacy 网络中的主机名 db 或别名 mysql 访问。

```
version: "3.7"
services:
  web:
    image: "nginx:alpine"
    networks:
      - new
  worker:
    image: "my-worker-image:latest"
```

```
          networks:
            - legacy
      db:
        image: mysql
        networks:
          new:
            aliases:
              - database
          legacy:
            aliases:
              - mysql
    networks:
      new:
      legacy:
```

要让服务加入一个现有的网络,可以使用 external 选项。例如:

```
    networks:
      default:
        external:
          name: my-pre-existing-network
```

不用创建名为"[项目名]_default"的默认网络,Docker Compose 会查找名为 my-pre-existing-network 的网络,并将应用程序的容器连接到它。

（5）volumes

与 volumes 节专门定义卷存储不同,此处的 volumes 作为服务的下级键,用于定义要挂载的主机路径或命名卷。

可以挂载一个主机上的路径作为单个服务定义的一部分,此时不用在 volumes 节中定义卷。如果要在多个服务之间重用一个卷,应使用 volumes 节定义一个命名卷,然后由 volumes 键引用。

下面的示例展示了一个由 Web 服务使用的命名卷和一个为单个服务定义的绑定挂载(db 服务中 volumes 字段所定义的第 1 个路径)。db 服务也使用一个名为 dbdata 的命名卷(db 服务中 volumes 字段所定义的第 2 个路径),只是命名卷采用的是字符串格式。命名卷必须在 volumes 节中定义。

```
    version: "3.7"
    services:
      web:
        image: nginx:alpine
        volumes:
          - type: volume
            source: mydata
            target: /data
            volume:
              nocopy: true
          - type: bind
            source: ./static
            target: /opt/app/static
      db:
```

```
            image: postgres:latest
            volumes:
              - "/var/run/postgres/postgres.sock:/var/run/postgres/postgres.sock"
              - "dbdata:/var/lib/postgresql/data"


    volumes:
      mydata:
      dbdata:
```

volumes 键的定义有两种格式：一种是长格式，使用多个选项定义，上述示例中使用的就是这种格式；另一种是短格式，直接使用"主机:容器"格式指定主机上的路径，或使用"主机:容器:ro"格式定义访问模式，例如：

```
    volumes:
      # 仅定义一个路径，让 Docker 引擎自动创建一个匿名卷
      - /var/lib/mysql
      # 定义一个绝对路径映射（绑定挂载）
      - /opt/data:/var/lib/mysql
      # 定义主机上相对于 Compose 文件的路径（绑定挂载）
      - ./cache:/tmp/cache
      # 定义相对于用户的路径（绑定挂载）
      - ~/configs:/etc/configs/:ro
      # 命名卷
      - datavolume:/var/lib/mysql
```

（6）其他常用键
* command：用于覆盖容器启动后默认执行的命令。
* entrypoint：用于覆盖容器的默认入口设置，将覆盖使用 Dockerfile 的 ENTRYPOINT 指令在服务镜像上设置的任何默认入口，并清除镜像上的任何默认命令。这意味着如果 Dockerfile 中有 CMD 指令，也将被忽略。
* env_file：设置从外部文件中添加的环境变量。
* environment：用于添加环境变量。
* expose：用于暴露没有发布到主机的端口，只允许被连接的服务访问。仅可以指定内部端口。
* external_links：用于连接未在 Compose 文件中定义，甚至是非 Docker Compose 管理的容器，尤其是那些提供共享或通用服务的容器。
* ports：指定要暴露的端口。
* restart：定义容器重启策略。

4. 网络定义

除了使用默认的网络外，还可以自定义网络，这样可以创建更复杂的拓扑，并设置自定义网络驱动和选项，以及将服务连接到不受 Docker Compose 管理的外部网络中。在 networks 节中自定义要创建的容器网络，供服务定义中的 networks 键引用。网络定义常用的两个键说明如下。

（1）driver

该键定义用于此网络的网络驱动，默认驱动取决于 Docker 引擎的配置方式，但在大多数情况下，在单主机上使用 bridge 驱动，而在 Swarm 集群中使用 overlay 驱动，例如：

```
    driver: overlay
```

（2）external

此键设置网络是否在 Docker Compose 外部创建。如果设置为 true，则 docker-compose up 命令不会尝试创建它，如果该网络不存在，则会引发错误。之前 external 键不能与其他网络定义键（driver、driver_opts、ipam、internal）一起使用，不过从 Docker Compose 格式版本 3.4 开始，这个问题就不存在了。

在下面的示例中，proxy 是到外部网络的网关。这里没有创建一个名为"[项目名]_outside"的网络，而是让 Docker Compose 查找一个名为 outside 的现有网络，并将 proxy 服务的容器连接到该网络。

```
version: "3.7"
services:
  proxy:
    build: ./proxy
    networks:
      - outside
      - default
  app:
    build: ./app
    networks:
      - default
networks:
  outside:
    external: true
```

5. 卷定义

不同于上述服务定义中的 volumes 键，这里的卷定义是要单独创建命名卷，这些卷能在多个服务之间重用，可以通过 Docker 命令行或 API 查找和查看。

下面是一个设置两个服务的示例，其中一个数据库的数据目录作为一个卷与其他服务共享，可以被周期性地备份。

```
version: "3.7"
services:
  db:
    image: db
    volumes:
      - data-volume:/var/lib/db
  backup:
    image: backup-service
    volumes:
      - data-volume:/var/lib/backup/data
volumes:
  data-volume:
```

volumes 节中定义的卷可以只需一个名称，不做其他具体配置，这种情形会使用 Docker 配置的默认驱动，也可以使用以下键进行具体配置。

（1）driver

此键定义用于卷驱动，默认就是 Docker 所配置的驱动，多数情况下是 local（本地驱动）。如果驱动不可用，则执行 docker-compose up 命令创建卷时，Docker 会返回错误。下面是一个简单的示例。

```
driver: foobar
```

（2）external

该键用于设置卷是否在 Docker Compose 外部创建。如果设置为 true，则 docker-compose up 命令不会尝试创建它，如果该卷不存在，则会引发错误。external 不能与其他卷配置键（driver、driver_opts、labels）一起使用，不过从 Docker Compose 格式版本 3.4 开始，这个问题就不存在了。

在下面的示例中，Docker Compose 不会尝试创建一个名为"[项目名]_data"的卷，而是查找一个名称为 data 的现有卷，并将其挂载到 db 服务的容器中。

```
version: "3.7"
services:
  db:
    image: postgres
    volumes:
      - data:/var/lib/postgresql/data
volumes:
  data:
    external: true
```

任务实现

1. 编写单个服务的 Compose 文件

对于单个服务（容器）的部署，可以使用 docker 命令轻松实现，但是如果涉及的选项和参数比较多，则采用 Compose 文件定义更为方便。下面通过编写一个 docker-compose.yml 文件，使用 Docker Compose 部署 MySQL 8.0 服务器，该文件的内容如下。

```
version: '3.7'
services:
  mysql:
    image: mysql:8
    container_name: mysql8
    ports:
      - 3306:3306
    command:
      --default-authentication-plugin=mysql_native_password
      --character-set-server=utf8mb4
      --collation-server=utf8mb4_general_ci
      --explicit_defaults_for_timestamp=true
      --lower_case_table_names=1
    environment:
      - MYSQL_ROOT_PASSWORD=root
    volumes:
      - /etc/localtime:/etc/localtime:ro
      - volumes.mysql8-data:/var/lib/mysql
volumes:
  volumes.mysql8-data: null
```

在此 Compose 文件中，仅基于已有镜像定义了一个 MySQL 服务，其中通过 command 键定义了 MySQL 的一些设置，另外将 mysql 数据文件保存在卷中，使用主机的/etc/localtime 文件设置 MySQL

容器的时间。

编写好 Compose 文件之后，可以执行 docker-compose config 命令验证和查看，本示例中执行以下命令。

```
[root@host1 mysql8]# docker-compose config
services:
  mysql:
    command: --default-authentication-plugin=mysql_native_password --character-set-server=utf8mb4
      --collation-server=utf8mb4_general_ci --explicit_defaults_for_timestamp=true
      --lower_case_table_names=1
    container_name: mysql8
    environment:
      MYSQL_ROOT_PASSWORD: root
    image: mysql:8
    ports:
    - published: 3306
      target: 3306
    volumes:
    - /etc/localtime:/etc/localtime:ro
    - mysql8-data:/var/lib/mysql:rw
version: '3.7'
volumes:
  mysql8-data: {}
```

验证结果正常，并以更规范的形式显示整个 Compose 文件。

执行以下命令启动该服务。

```
[root@host1 mysql8]# docker-compose up -d
Creating network "mysql8_default" with the default driver      #创建网络
Creating volume "mysql8_mysql8-data" with default driver       #创建卷
Creating mysql8 … done
```

执行以下命令查看正在运行的服务，可以发现该服务正常运行。

```
[root@host1 mysql8]# docker-compose ps
 Name              Command                            State        Ports
--------------------------------------------------------------------------------------------
mysql8           docker-entrypoint.sh --def …       Up           0.0.0.0:3306->3306/tcp, 33060/tcp
```

实验完毕，执行以下操作关闭并清理服务。

```
[root@host1 mysql8]# docker-compose down --volumes
Stopping mysql8 … done
Removing mysql8 … done
Removing network mysql8_default
Removing volume mysql8_mysql8-data
```

2. 编写多个服务的 Compose 文件

Docker Compose 主要用于编排多个服务，这种情形要重点考虑各服务的依赖关系和相互通信。任务一示范的 WordPress 博客定义了两个服务，这里再给出一个部署 Django 框架的示例，示范如何使用 Docker Compose 建立和运行一个简单的 Django/PostgreSQL 应用程序。Django 是一个开放源

编写多个服务的
Compose 文件

代码的 Web 应用框架，由 Python 编写而成。

（1）定义项目组件

在这个项目中，需要创建一个 Dockerfile 文件、一个 Python 依赖文件和一个名为 docker- compose.yml 的 Compose 文件。

① 创建一个空的项目目录。

这个目录是应用程序镜像的上下文，应当包括构建该镜像的资源。执行以下命令创建一个名为 django-pg 的项目目录，并将当前工作目录切换到该项目目录。

```
[root@host1 ch05]# mkdir django-pg   && cd django-pg
```

② 在该项目目录下创建并编辑 Dockerfile 文件，输入以下内容并保存。

```
# 从 Python 3 父镜像开始
FROM python:3
ENV PYTHONUNBUFFERED 1
# 在镜像中添加 code 目录
RUN mkdir /code
WORKDIR /code
COPY requirements.txt /code/
# 在镜像中安装由 requirements.txt 文件指定要安装的 Python 依赖
RUN pip install -r requirements.txt
COPY . /code/
```

Dockerfile 通过若干配置镜像的构建指令定义一个镜像的内容，一旦完成构建，就可以在容器中运行该镜像。

③ 继续在该项目目录下创建并编辑 requirements.txt 文件，输入以下内容并保存。

```
Django>=2.0,<3.0
psycopg2>=2.7,<3.0
```

Python 项目中包含一个 requirements.txt 文件，用于记录所有依赖包及其精确的版本号，以便于部署。

④ 继续在该项目目录下创建并编辑 docker-compose.yml 文件，输入以下内容并保存。

```
version: '3'
services:
  db:
    image: postgres
    volumes:
      - db_data:/var/lib/postgresql
  web:
    build: .
    command: python manage.py runserver 0.0.0.0:8000
    volumes:
      - .:/code
    ports:
      - "8000:8000"
    depends_on:
      - db
volumes:
```

```
    db_data: {}
```

这个文件描述了组成应用程序的服务，其中定义了两个服务：一个是名为 db 的 Postgres 数据库，另一个是名为 web 的 Django 应用程序。它还描述了服务所用的 Docker 镜像、服务如何连接、服务要暴露的端口，以及需要挂载到容器中的卷。

（2）创建 Django 项目

接下来，通过上一步定义的构建上下文、构建镜像来创建一个 Django 初始项目。

① 切换到项目目录的根目录。

② 通过执行 docker-compose run 命令创建 Django 项目，如下所示。

```
[root@host1 django-pg]# docker-compose run web django-admin startproject myexample .
Creating network "django-pg_default" with the default driver
......
Creating django-pg_db_1 … done
Building web
Step 1/7 : FROM python:3
......
Successfully tagged django-pg_web:latest
```

这个命令让 Docker Compose 使用 Web 服务的镜像和配置在一个容器中执行 django-admin startproject myexample 命令。因为 Web 镜像不存在，所以 Docker Compose 按照 docker-compose.yml 文件中的 "build: ." 行的定义，从当前目录构建该镜像。Web 镜像构建完毕后，Docker Compose 在容器中执行 django-admin startproject 命令，该命令引导 Django 创建一个 Django 项目，即一组特定的文件和目录。

③ 执行完以上 docker-compose 命令之后，可以查看所创建的项目目录的内容，如下所示。

```
[root@host1 django-pg]# ls -l
total 16
-rw-r--r--. 1 root root 210 Nov 28 14:11 docker-compose.yml
-rw-r--r--. 1 root root 146 Nov 28 14:07 Dockerfile
-rwxr-xr-x. 1 root root 629 Nov 28 14:17 manage.py
drwxr-xr-x. 2 root root  74 Nov 28 14:17 myexample
-rw-r--r--. 1 root root  36 Nov 28 14:09 requirements.txt
```

本示例是在 Linux 平台上运行 Docker，由 django-admin 所创建的文件的所有者为 root，这是因为容器以 root 身份运行。可以执行以下命令修改这些文件的所有者。

```
chown -R $USER:$USER .
```

（3）连接数据库

现在可以为 Django 设置数据库连接了。

① 编辑项目目录中的 myexample/settings.py 文件，将其中的 "DATABASES" 定义修改如下。

```
DATABASES = {
    'default': {
        'ENGINE': 'django.db.backends.postgresql',
        'NAME': 'postgres',
        'USER': 'postgres',
        'HOST': 'db',
        'PORT': 5432,
    }
```

```
}
```

这些设置由 docker-compose.yml 文件所指定的 postgres 镜像所决定。保存并关闭该文件。

② 在项目目录的根目录下执行 docker-compose up 命令，如下所示。

```
[root@host1 django-pg]# docker-compose up
django-pg_db_1 is up-to-date
Creating django-pg_web_1 … done
Attaching to django-pg_db_1, django-pg_web_1
……
web_1    | Run 'python manage.py migrate' to apply them.
web_1    | November 28, 2019 – 14:28:37
web_1    | Django version 2.2.7, using settings 'myexample.settings'
web_1    | Starting development server at http://0.0.0.0:8000/
web_1    | Quit the server with CONTROL-C.
```

至此，Django 应用程序开始在 Docker 主机的 8000 端口上运行。打开浏览器访问 http://localhost:8000 网址，出现图 5-5 所示的 Django 欢迎界面，说明 Django 已经部署成功。

图 5-5　Django 欢迎界面

③ 关闭并清理上述服务。

由于示例中以前台方式启动应用程序，因此可以在当前终端窗口按 Ctrl+C 组合键结束应用程序的运行。要更优雅地结束应用程序，应打开另一个终端，切换到项目目录下，执行 docker-compose down 命令。最后可以删除整个项目目录。

任务三　使用 Docker Compose 部署和管理应用程序

任务说明

除了部署应用程序外，Docker Compose 还可以管理应用程序，如启动、停止和删除应用程序，以及获取应用程序的状态等，这需要用到 Compose 命令行。本任务的具体要求如下。

- 了解 Docker Compose 的常用命令。

- 了解 Docker Compose 的环境变量。
- 掌握 Docker Compose 构建、部署和管理应用程序的全套流程。
- 了解多个 Compose 文件的组合使用。

知识引入

1. Compose 命令行格式

Compose 命令行的语法格式如下。

```
docker-compose [-f <arg>…] [选项] [命令] [参数…]
```

大部分命令操作的对象可以是项目中指定的服务或容器，具体由参数指定。如果没有特别说明，命令的默认对象是整个项目，即应用于项目所有的服务。

Compose 命令行支持多个选项。-f（--file）是一个特殊的选项，用于指定一个或多个 Compose 文件的名称和路径。如果不定义该选项，则将使用默认的 docker-compose.yml 文件。使用多个-f 选项提供多个 Compose 文件时，Docker Compose 将它们按提供的顺序组合到一个单一的配置中，后面的 Compose 文件中的定义将覆盖和添加到前面的 Compose 文件中，例如：

```
docker-compose -f docker-compose.yml -f docker-co
```

```
docker-compose -f docker-compose.yml -f docker-compose.admin.yml run backup_db
```

默认情况下，Compose 文件位于当前目录下。对于不在当前目录下的 Compose 文件而言，可以使用-f 选项明确指定其路径。例如，假设要运行 Compose Rails 实例，在 sandbox/rails 目录中有一个 docker-compose.yml 文件，可使用以下命令行为 db 服务获取 postgres 镜像。

```
docker-compose -f ~/sandbox/rails/docker-compose.yml pull db
```

其他常用的选项列举如下。

-p（--project-name）：指定项目名称，默认使用当前目录名作为项目名称。

--project-directory：指定项目路径，默认为 Compose 文件所在路径。

--verbose：输出更多调试信息。

--log-level：设置日志级别（DEBUG、INFO、WARNING、ERROR、CRITICAL）。

-v（-version）：显示 Docker Compose 命令的版本信息。

-h（--help）：获取 Compose 命令行的帮助信息。

docker-compose 命令与 docker 命令的使用方法非常相似，但是需要注意的是，大部分的 docker-compose 命令都需要在 docker-compose.yml 文件所在的项目目录下才能正常执行。

docker-compose 命令的子命令比较多，接下来介绍常用的命令。可以执行以下命令查看某个具体命令的使用说明。

```
docker-compose [命令] --help
```

2. docker-compose build

该命令用来构建或重新构建服务并设置标签，基本语法如下。

```
docker-compose build [选项] [--build-arg 键=值…] [服务…]
```

"服务"参数指定的是服务的名称，默认为项目名后跟服务名（格式为"项目名_服务名"）。如项目名为 composetest，一个服务名为 web，则它构建的服务的名称为 composetest_web。

该命令支持以下选项。

--compress：使用 gzip 压缩构建上下文。

--force-rm：删除构建过程中的临时容器。

--no-cache：构建镜像的过程中不使用缓存，这会延长构建过程。

--pull：总是尝试拉取最新版本的镜像。

--build-arg key=val：为服务设置构建时变量。

如果 Compose 文件定义了一个镜像名称，则该镜像将以该名称作为标签，替换之前的任何变量。如果改变了服务的 Dockerfile 或者其构建目录的内容，则需要执行 docker-compose build 命令重新构建它。可以随时在项目目录下运行该命令重新构建服务。

3. docker-compose up

该命令最常用且功能强大，用于构建镜像，创建、启动和连接指定的服务容器。使用该命令，所有连接的服务都会启动，除非它们已经运行。其语法如下。

```
docker-compose up [选项] [--scale 服务=数值…] [服务…]
```

其主要选项列举如下。

-d（--detach）：与使用 docker run 命令创建容器一样，该选项表示分离模式，即在后台运行服务容器，会输出新容器的名称。该选项与--abort-on-container-exit 选项不兼容。

--quiet-pull：拉取镜像时不会输出进程信息。

--no-deps：不启动所连接的服务。

--force-recreate：强制重新创建容器，即使其配置和镜像没有改变。

--no-recreate：如果容器已经存在，则不重新创建，它与--force-recreate 和-V 选项不兼容。

--always-recreate-deps：总是重新创建所依赖的容器，与--no-recreate 选项不兼容。

--no-build：不构建缺失的镜像。

--no-start：在创建服务后不启动它们。

--build：在启动容器之前构建镜像。

--abort-on-container-exit：只要有容器停止就停止所有的容器。它与-d 选项不兼容。

-t（--timeout）：设置停止连接的容器或已经运行的容器所等待的超时时间，单位是秒。默认值为10，也就是说，对已启动的容器发出关闭命令，需要等待 10s 后才能执行。

--remove-orphans：移除 Compose 文件中未定义的服务容器。

--exit-code-from 服务：为指定服务的容器返回退出码。

--scale 服务=数值：设置服务的实例（副本）数。该选项的设置会覆盖 Compose 文件中的 scale 键值。

docker-compose up 命令会聚合其中每个容器的输出，实质上是执行 docker-compose logs -f 命令。该命令默认将所有输出重定向到控制台，相当于 docker run 命令的前台模式，这对排查问题很有用。该命令退出后，所有的容器都会停止。当然，加上-d 选项执行 docker-compose up 命令时会采用分离模式在后台启动容器并让它们保持运行。

如果服务的容器已经存在，服务的配置或镜像在创建后被改变，则 docker-compose up 命令会停止并重新创建容器（保留挂载的卷）。要阻止 Docker Compose 的这种行为，可使用--no-recreate 选项。如果要强制 Docker Compose 停止并重新创建所有的容器，可使用--force-recreate 选项。

如果遇到错误，该命令的退出码是 1。如果使用 SIGINT（按 Ctrl+C 组合键）或 SIGTERM 信号中断进程，则容器会被停止，退出码是 0。在关闭阶段发送 SIGINT 或 SIGTERM 信号，正在运行的容器会被强制停止，且退出码是 2。

4. docker-compose down

该命令用于停止容器并删除由 docker-compose up 命令启动的容器、网络、卷和镜像。默认情况下，只有以下对象会被同时删除。

*   Compose 文件中定义的服务的容器。
*   Compose 文件中 networks 节所定义的网络。
*   所使用的默认网络。

外部定义的网络和卷不会被删除。

使用--volumes 选项可以删除由容器使用的数据卷，例如：

```
docker-compose down --volumes
```

使用--remove-orphans 选项可删除未在 Compose 文件中定义的服务容器。

5. 其他常用的 docker-compose 命令

docker-compose start 命令用于启动运行指定服务的已存在的容器。

docker-compose stop 命令用于停止运行指定服务的所有容器。容器停止运行之后，可以使用 docker-compose start 命令再次启动这些容器。

docker-compose pause 与 docker-compose unpause 命令分别用于暂停指定服务的容器和恢复指定服务已处于暂停状态的容器。

docker-compose kill 命令通过发送 SIGKILL 信号强制终止正在运行的容器。也可以发送其他信号，例如：

```
docker-compose kill -s SIGINT
```

docker-compose run 命令用来为服务执行一次性的命令。其语法如下。

```
docker-compose run [选项] [-v 卷…] [-p 端口…] [-e 键=值…] [-l 键=值…]  服务 [命令] [参数…]
```

例如，要查看哪些环境变量可用于 Web 服务，可执行以下命令行操作。

```
docker-compose run web env
```

docker-compose ps 命令用来查看服务中当前运行的容器。

docker-compose exec 与 docker exec 命令相同，在运行中的服务的容器中执行指定的命令。命令默认分配一个伪终端，所以可以使用像 docker-compose exec web sh 这样的命令获得交互提示信息。

docker-compose rm 命令用于删除所有处于停止状态的服务容器。建议先执行 docker-compose stop 命令停止服务的所有容器。可以使用-f（--force）选项强制删除服务的容器，包括未停止运行的容器。-v 选项用于删除容器所挂载的匿名卷。

6. docker-compose 的 3 个命令 up、run 和 start

通常使用 docker-compose up 命令启动或重新启动在 docker-compose.yml 中定义的所有服务。在默认的前台模式下，将看到所有容器中的所有日志。在分离模式（由-d 选项指定）中，Docker Compose 在启动容器后退出，但容器继续在后台运行。

docker-compose run 命令用于运行"一次性"或"临时"任务。它需要指定运行的服务名称，并且仅启动正在运行的服务所依赖的服务容器。该命令适合运行测试或执行管理任务，如删除或添加数据的数据量的容器。run 命令的作用与用 docker run -ti 打开容器的交互式终端一样，并返回与容器中进程的退出状态匹配的退出状态。

docker-compose start 命令仅用于重新启动之前已创建但已停止的容器，并不创建新的容器。

7. Docker Compose 的环境变量

Docker Compose 可以在不同位置以多种方式处理环境变量，以满足不同的需求。对于不同位置定义的环境变量，Docker Compose 按照以下优先级加以引用。

- Compose 文件。在 docker-compose.yml 文件中直接设置的值的优先级是最高的。
- shell 环境变量。这是在当前 shell 中的环境变量值（可使用 export 命令定义）。
- 环境文件。
- Dockerfile。
- 未定义的变量。找不到相关的环境变量就认为该环境变量没有被定义。

来看一个示例，环境文件和 Compose 文件设置同一环境变量。环境文件./Docker/api/api.env 中的定义如下。

```
NODE_ENV=test
```

Compose 文件 docker-compose.yml 中的定义如下。

```
version: '3'
services:
  api:
    image: 'node:6-alpine'
    env_file:
      - ./Docker/api/api.env
    environment:
      - NODE_ENV=production
```

运行容器时，会优先使用 Compose 文件中的环境变量，如下所示。

```
docker-compose exec api node
> process.env.NODE_ENV
'production'
```

只有 Compose 文件没有使用 environment 或 env_file 键时，Dockerfile 文件中的 ARG 或 ENV 指令设置才会生效。

8. 组合使用多个 Compose 文件

使用多个 Compose 文件可以为不同的环境或不同的工作流定制应用程序。在实际应用中往往不会只定义一个 Compose 文件（通常是 docker-compose.yml），而是先定义一个基础的 Compose 文件，然后再根据不同的环境（如开发、生产）进行不同的配置，最后针对不同的环境启动不同配置的服务。

例如，对于开发环境，由于需要不断地进行重新发布，因此在 Compose 文件（如 devlop.yml）中直接将源代码文件挂载到容器内部，以方便开发。对于生产环境，需要删除开发环境中挂载的文件并将其打包到镜像中，并设置不同版本的标签，放到私有仓库上，以便有重大 Bug 时能够及时回滚。在 Compose 文件（如 production.yml）中使用 Dockerfile 进行镜像构建，而这些 Dockerfile 都是将开发环境中挂载的文件打包到了镜像中。

Docker Compose 默认读取两个文件，即 docker-compose.yml 文件和可选的 docker-compose. override.yml 文件。按照惯例，前者包含基本配置，后者顾名思义包括可以覆盖已有服务或全新服务的配置。要使用多个 override 文件，可以使用-f 选项指定文件列表。Docker Compose 按照在命令行上指定的顺序合并这些配置文件。

在使用多个 Compose 文件配置时，必须确保这些文件中的所有路径都相对于基础 Compose 文件（使用-f 选项指定的第 1 个 Compose 文件）进行定义。这是因为 override 文件是不要求完整格式的 Compose 文件，可以仅包含配置片段。因为跟踪哪个服务片段相对于哪个路径比较困难，所以为使路径更容易理解，所有路径必须相对于基础文件进行定义。

一个服务如果同时在两个文件中定义了，那么 Docker Compose 将使用添加和覆盖配置规则合并配置。具体来讲，遵循以下原则。

- 对于像 image、command 或 mem_limit 这样的单值键，新的值将替换旧值。
- 对于多值键 ports、expose、external_links、dns、dns_search 和 tmpfs，Docker Compose 将两组值连接起来。
- 对于 environment、labels、volumes 和 devices 键，Docker Compose 优先使用本地定义的值"合并"条目。对于 environment、labels 键，由环境变量和标签名决定使用哪个值。
- volumes 和 devices 键通过容器中的挂载路径进行合并。

任务实现

1. 从源代码开始构建、部署和管理应用程序

下面示范使用 Docker Compose 从源代码开始构建、部署和管理一个应用程序，其实现机制如图 5-6 所示。该应用程序使用 Python 编写并采用了 Flask 框架，还通过 Redis 服务维护一个计数器。Python 开发环境和 Redis 可以由 Docker 镜像提供，不必安装。本示例程序很简单，并不要求读者熟悉 Python 编程。

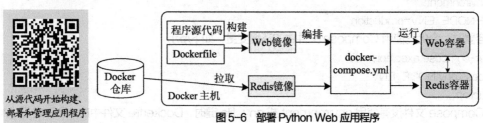

从源代码开始构建、部署和管理应用程序

图 5-6 部署 Python Web 应用程序

（1）创建项目目录并准备应用程序的代码及其依赖

① 依次执行以下命令创建项目目录，并将当前目录切换到该目录。

```
[root@host-1 ~]mkdir flask-web  && cd flask-web
```

② 在该项目目录中创建 app.py 文件并添加以下代码。

```python
import time

import redis
from flask import Flask

app = Flask(__name__)
cache = redis.Redis(host='redis', port=6379)

def get_hit_count():
    retries = 5
    while True:
        try:
            return cache.incr('hits')
        except redis.exceptions.ConnectionError as exc:
            if retries == 0:
                raise exc
            retries -= 1
            time.sleep(0.5)

@app.route('/')
def hello():
    count = get_hit_count()
    return 'Hello World! I have been seen {} times.\n'.format(count)
```

在这个示例中，redis 是应用程序网络上的 Redis 容器的主机名，这里使用 Redis 服务的默认端口 6379。

③ 在项目目录中创建另一个文本文件 requirements.txt，并加入以下内容。

```
flask
redis
```

（2）创建 Dockerfile

编写用于构建 Docker 镜像的 Dockerfile，该镜像包含 Python 应用程序的所有依赖（包括 Python 自身在内）。在项目目录中创建一个名为 Dockerfile 的文件并添加以下内容。

```
# 基于 python:3.4-alpine 镜像构建此镜像
FROM python:3.4-alpine
# 将当前目录添加到镜像中的/code 目录
ADD . /code
# 将工作目录设置为/code
WORKDIR /code
# 安装 Python 依赖
RUN pip install -r requirements.txt
# 将容器启动的默认命令设置为 python app.py
CMD ["python", "app.py"]
```

（3）在 Compose 文件中定义服务

在项目目录中创建一个名为 docker-compose.yml 的文件，添加以下内容。

```
version: '3'
services:
  web:
    build: .
    ports:
     – "5000:5000"
  redis:
    image: "redis:alpine"
```

这个 Compose 文件定义了 Web 和 Redis 这两个服务。Web 服务使用基于当前目录的 Dockerfile 构建的镜像，将容器上的 5000 端口映射到主机上的 5000 端口，这里使用 Flask Web 服务器的默认端口 5000。Redis 服务拉取 Redis 镜像。

（4）通过 Docker Compose 构建并运行应用程序

① 在项目目录中执行 docker-compose up 命令启动应用程序，如下所示。

```
[root@host-1 flask-web]# docker-compose up
Creating network "flask-web_default" with the default driver
Building web
Step 1/5 : FROM python:3.4-alpine
……
Creating flask-web_redis_1 … done
Creating flask-web_web_1    … done
Attaching to flask-web_redis_1, flask-web_web_1
redis_1  | 1:C 26 Apr 2019 14:24:21.405 # oO0OoO00oO00o Redis is starting oO0OoO00oO00o
……
redis_1  | 1:M 26 Apr 2019 14:24:21.406 * Ready to accept connections
web_1    |  * Serving Flask app "app" (lazy loading)
```

```
web_1     |  * Environment: production
web_1     |    WARNING: Do not use the development server in a production environment.
web_1     |    Use a production WSGI server instead.
web_1     |  * Debug mode: on
web_1     |  * Running on http://0.0.0.0:5000/ (Press CTRL+C to quit)
web_1     |  * Restarting with stat
web_1     |  * Debugger is active!
web_1     |  * Debugger PIN: 318-718-755
web_1     |  172.18.0.1 - - [26/Apr/2019 14:24:51] "GET / HTTP/1.1" 200 -
```

Docker Compose 会下载 Redis 镜像,基于 Dockerfile 从准备的程序代码中构建镜像,并启动定义的服务。这个示例中,代码在构建时直接被复制到镜像中。

② 切换到另一个终端窗口,使用 curl 工具访问 http://0.0.0.0:5000 查看返回的消息,如下所示。

```
[root@host-1 ~]# curl http://0.0.0.0:5000
Hello World! I have been seen 1 times.
```

③ 再次执行上述命令(或者在浏览器上刷新页面),会发现次数增加。

```
[root@host-1 ~]# curl http://0.0.0.0:5000
Hello World! I have been seen 2 times.
```

④ 执行 docker images 命令列出本地镜像,下面列出几个相关的镜像。

REPOSITORY	TAG	IMAGE ID	CREATED	SIZE
flask-web_web	latest	457f88b4e9bd	6 minutes ago	84.5MB
redis	alpine	c8eda26fcdab	2 weeks ago	50.9MB
python	3.4-alpine	c06adcf62f6e	5 weeks ago	72.9MB

其中所构建的服务的名称默认为项目名后跟服务名,本例中为 flask-web_web。

可以通过 docker inspect 命令来进一步查看相关镜像的详细信息。

⑤ 将工作目录切换到上述项目目录,执行 docker-compose down 命令停止应用程序。也可以切回启动该应用的原终端窗口,按 Ctrl+C 组合键停止应用程序。

(5)编辑 Compose 文件添加绑定挂载

编辑项目目录中的 docker-compose.yml 文件,为 Web 服务添加绑定挂载,如下所示。

```
version: '3'
services:
  web:
    build: .
    ports:
     - "5000:5000"
    volumes:
     - .:/code
  redis:
    image: "redis:alpine"
```

新增的 volumes 键将主机上的项目目录(当前目录)挂载到容器中的/code 目录中,让用户在运行应用程序时可直接修改代码,而无须重新构建镜像。

(6)使用 Docker Compose 重新构建并运行应用程序

在项目目录中再次执行 docker-compose up 命令,基于更新后的 Compose 文件构建应用程序并运行,如下所示。

```
[root@host-1 flask-web]# docker-compose up
Starting flask-web_redis_1 … done
Recreating flask-web_web_1 … done
Attaching to flask-web_redis_1, flask-web_web_1
redis_1    | 1:C 26 Apr 2019 14:38:57.345 # oO0OoO00OoO00o Redis is starting oO0OoO00OoO00o
……
```

切换到另一个终端窗口，使用 curl 工具访问 http://0.0.0.0:5000 查看返回的消息，发现计数还会增加，如下所示。

```
[root@host-1 ~]# curl http://0.0.0.0:5000
Hello World! I have been seen 3 times.
```

（7）升级应用程序

因为应用程序代码现在使用卷挂载到容器中，所以可以更改代码并立即查看效果，而无须重新构建镜像。

① 更改 app.py 文件中的问候语并保存。例如，将其中的"Hello World!"消息改为"Hello from Docker!"，如下所示。

```
return 'Hello from Docker! I have been seen {} times.\n'.format(count)
```

② 再次使用 curl 工具访问该应用（或者在浏览器中刷新应用），会发现问候语会更改，计数也会增加，如下所示。

```
[root@host-1 ~]# curl http://0.0.0.0:5000/
Hello from Docker! I have been seen 4 times.
```

③ 切换到执行 docker-compose up 命令的终端窗口，按 Ctrl+C 组合键停止应用程序。

（8）试用其他 Docker Compose 命令

如果要在后台运行服务，则可以在执行 docker-compose up 命令时加上-d 选项，如下所示。

```
docker-compose up -d
Starting composetest_redis_1…
Starting composetest_web_1…
```

然后执行 docker-compose ps 命令来查看当前正在运行的服务，如下所示。

```
docker-compose ps
Name                    Command                      State       Ports
----------------------------------------------------------------------------
composetest_redis_1     /usr/local/bin/run           Up
composetest_web_1       /bin/sh -c python app.py     Up          5000->5000/tcp
```

还可以执行 docker-compose run web env 命令查看 Web 服务的环境变量，结果如下。

```
PATH=/usr/local/bin:/usr/local/sbin:/usr/local/bin:/usr/sbin:/usr/bin:/sbin:/bin
HOSTNAME=505d24e427b1
TERM=xterm
LANG=C.UTF-8
GPG_KEY=97FC712E4C024BBEA48A61ED3A5CA953F73C700D
PYTHON_VERSION=3.4.9
PYTHON_PIP_VERSION=18.1
HOME=/root
```

最后执行以下命令停止应用程序，完全删除容器以及卷。

```
docker-compose down --volumes
```

至此，完成了整个应用程序构建、部署和管理的全过程示范。

2. 更改 Compose 文件应用程序以适应不同环境

多个配置文件的常见用例是针对生产类环境（可能是生产、预发布或持续集成）更改开发环境中的 Docker Compose 应用程序。为了区分不同环境的差别，可以将 Compose 配置文件分成几个不同的文件。

从定义服务的规范配置的基础文件开始。下面给出相应的 docker-compose.yml 文件的示例代码。

```
web:
    image: example/my_web_app:latest
    links:
        - db
        - cache
db:
    image: postgres:latest
cache:
    image: redis:latest
```

针对开发环境的配置，可向主机公开一些端口，将代码进行绑定挂载，并构建 Web 镜像。下面给出相应的 docker-compose.override.yml 文件的示例代码。

```
web:
    build: .
    volumes:
        - '.:/code'
    ports:
        - 8883:80
    environment:
        DEBUG: 'true'
db:
    command: '-d'
    ports:
        - 5432:5432
cache:
    ports:
        - 6379:6379
```

执行 docker-compose up 命令时会自动读取 override 文件。

在生产环境中使用专门的 Compose 文件定义应用程序会更好。因此，创建另一个 override 文件（可能存储在不同的 Git 仓库中，或由不同的团队管理）。下面给出相应的 docker-compose.prod.yml 文件的示例代码。

```
web:
    ports:
        - 80:80
    environment:
        PRODUCTION: 'true'
cache:
    environment:
```

```
    TTL: '500'
```

要使用这个针对生产环境的 Compose 文件进行应用部署，可以执行以下命令。

```
docker-compose -f docker-compose.yml -f docker-compose.prod.yml up -d
```

这将使用 docker-compose.yml 和 docker-compose.prod.yml 中的配置（但不是 docker-compose.override.yml 中的开发配置）部署所有 3 个服务（web、db 和 cache）。

3. 针对 Docker Compose 应用程序运行管理任务

多 Compose 文件另一个常见的用例是针对 Docker Compose 应用程序中的一个或多个服务运行管理任务。下面的示例演示了运行数据库备份应用程序。

仍然从基础的 docker-compose.yml 开始，其内容设置如下。

```
web:
  image: example/my_web_app:latest
  links:
    - db
db:
  image: postgres:latest
```

在 docker-compose.admin.yml 文件中添加一个新的服务，运行数据库导出或备份任务。

```
dbadmin:
  build: database_admin/
  links:
    - db
```

通过 docker-compose up -d 命令启动一个常规环境。要启动数据库备份，需要在参数中添加 docker-compose.admin.yml，如下所示。

```
docker-compose -f docker-compose.yml -f docker-compose.admin.yml run dbadmin db-backup
```

项目实训

项目实训一　安装 Docker Compose 并使用它部署 WordPress

实训目的

- 掌握 Docker Compose 的安装。
- 掌握 Docker Compose 的基本使用方法。

实训内容

- 在 CentOS 7 操作系统上安装 Docker Compose。
- 验证 Docker Compose 是否正确安装。
- 定义项目并编写 Compose 文件。
- 构建项目运行应用程序。
- 访问 WordPress 进行测试。

项目实训二　从源代码开始构建、部署和管理应用程序

实训目的

- 掌握 Docker Compose 从源代码开始构建的方法。
- 掌握 Docker Compose 构建、重建和升级应用程序的全套流程。

实训内容

- 参考任务三中的任务实现实例进行实验。
- 创建一个项目目录并准备 Python Web 应用程序代码。
- 编写用于构建镜像的 Dockerfile。
- 编写 Compose 文件以定义服务。
- 构建并运行应用程序。
- 重新构建并运行应用程序。
- 升级应用程序。

项目总结

通过本项目的实施，读者应当掌握 Docker Compose 的安装和使用方法，能够在单主机上部署具有多个容器的应用程序。Docker Compose 非常适合基于 Docker 的应用程序的开发和测试，如容器化的开发环境会将应用程序所需的所有依赖项封装在 Docker 镜像中。除了 Docker 之外，不需要在开发计算机上安装其他软件，因为开发环境的部署仅依赖于 Docker 镜像，这样就可以轻松地为不同的技术栈开发应用程序，而无须更改开发计算机上的任何环境。下一个项目就专门讲解容器化应用程序的实施方法。

项目六

应用程序容器化

06

学习目标

- 进一步熟悉 Docker 镜像，掌握开发镜像的方法；
- 熟悉应用程序容器化的基本方法和步骤；
- 掌握 Java 应用程序容器化的方法；
- 掌握 PHP 应用程序容器化的方法；
- 掌握 Python 应用程序容器化的方法。

项目描述

Docker 是开发人员和运维人员使用容器开发、部署和运行应用程序的平台。Docker 将常规的应用程序整合到容器并使其在其中运行的过程称为容器化（Containerization）或 Docker 化（Dockerization）。容器能够简化应用程序的构建、部署和运行过程，它并不是新概念，但是通过容器部署应用程序则是近些年才推出的解决方案。这种方案有助于我们提升软件开发和部署效率，加快建设数字中国。对应用程序进行容器化最主要的工作有两项：一是构建应用程序的镜像，这通常由开发人员实施；二是基于应用程序镜像以容器方式部署和运行应用程序，这主要由运维人员实施。一旦应用程序被打包为一个 Docker 镜像，就能以镜像的形式交付并以容器的方式运行。单一容器应用程序的部署使用 docker 命令即可，而复杂的多容器应用程序的部署则需要进行编排。本项目实现应用程序的镜像构建和容器方式部署，示范 Java、PHP、Python 等应用程序的容器化实施完整过程。在本项目中，复杂应用程序的容器化都是采用 Docker Compose 进行编排部署的，这只适合在单主机的开发或测试环境中部署容器化应用程序，待读者学习项目八的 Docker Swarm 集群之后，即可快速迁移到 Swarm 集群的生产环境中部署。

任务一　构建应用程序镜像

任务说明

对于自己开发的应用程序，要以容器方式部署运行，一般需要构建自己的镜像，这是应用程序容器化的关键步骤之一。与常规的应用程序打包不一样，镜像是一个包含应用程序运行所需的所有文件的软件包，除了程序和配置文件之外，还要包括运行环境。项目二中的任务四已经讲解了如何构建镜像，这里再结合应用程序容器化进行进一步讲解。本任务的具体要求如下。

- 了解编写 Dockerfile 的准则。
- 确定应用程序镜像包含的内容。
- 进一步熟悉构建镜像并进行测试的操作步骤。
- 掌握多阶段构建镜像的方法。

知识引入

1. 编写 Dockerfile 的准则和建议

Dockerfile 可以定义容器内部的环境如何运行。使用 Dockerfile 定义应用程序的镜像，能做到无论在什么样的环境下，应用程序的部署和运行都能够保持一致性。编写 Dockerfile 应遵守以下准则和建议。

（1）创建短生命周期的容器

由 Dockerfile 定义的镜像应当创建生命周期尽可能短的容器。也就是说，容器以无状态方式运行，可以被停止和销毁，可以使用最少的配置进行重建和替换。

（2）正确理解构建上下文

执行 docker build 命令时，当前工作目录被称为构建上下文。默认情况下，Dockerfile 位于构建上下文中，也可以使用-f 选项为它指定一个不同的位置。但是，不管 Dockerfile 位于什么位置，当前目录下的所有文件和目录都会作为构建上下文发送给 Docker 守护进程。

（3）使用.dockerignore 文件排除与构建无关的文件

可以使用.dockerignore 文件排除与构建无关的文件，以提高构建镜像的性能。该文件支持类似.gitignore 文件的排除模式。

（4）使用多阶段构建

构建镜像最具挑战性的一项工作是要缩减镜像的大小。Dockerfile 中的每条指令都会为镜像添加一个层，并且要在执行到下一层之前清理所有不需要的文件。为了编写高效的 Dockerfile，传统的解决方案通常需要使用 shell 技巧和其他逻辑来尽可能地减小层的大小，并确保每一层仅包括来自其上一层且为本层所必需的文件。而使用多阶段构建方案，可以在 Dockerfile 中使用多个 FROM 语句。每个 FROM 语句都可以使用不同的基础镜像，并且各自开始一个新的构建阶段。可以有选择性地将构建从一个阶段复制到另一个阶段，并在最终镜像中排除所有不需要的内容。

多阶段构建可以在无须减少中间层和文件数量的情况下大幅缩减最终镜像的大小。因为镜像在构建过程的最终阶段进行构建，所以可以充分利用缓存最小化镜像的层。例如，如果构建的镜像包含多个层，则各层可以按照其内容从变化不太频繁到比较频繁进行排序。下面给出建议的层顺序。

① 安装构建应用程序所需的工具。

② 安装或更新库依赖。

③ 生成应用程序。

（5）不要安装不必要的包

要降低复杂性、减少依赖、缩减文件大小和构建时间，就要避免安装额外的包或不需要的包。例如，在数据库镜像中不要包含文本编辑器。

（6）解耦应用程序

每个容器应当只解决一个问题。将应用程序解耦为多个容器会使得水平扩展和重用容器变得更加容易。例如，一个 Web 应用程序栈可能由 3 个独立的容器组成，每个容器都有其唯一的镜像，它们以解耦的方式管理 Web 应用程序、数据库和内存中的缓存。

将每个容器限定到一个进程是一个很好的经验规则，但并不是一个必须遵守的规则。例如，容器不只是使用 init 进程创建，一些程序可能会自行产生其他进程。例如，Celery 可以派生出多个工作进程，Apache 可能会为每个请求创建一个进程。

尽量使容器保持干净和模块化。如果容器互相依赖，则可以使用容器网络来确保容器之间的通信。

（7）使镜像层数最少

在 Docker 早期版本中，最小化镜像的层数很重要，这可以确保镜像的性能。现在的 Docker 版本增加以下特性来避免层数限制。

- 只有 RUN、COPY 和 ADD 指令会创建层,其他指令创建临时的中间层镜像,不会直接增大构建镜像的大小。

- 尽可能使用多阶段构建功能,仅将所需的文件复制到最终的镜像中。这就便于在中间层构建过程中包括工具和调试信息,而不会增大最终镜像的大小。

(8)对多行参数排序

尽可能按字母、数字顺序排列多行参数,以便于以后的更改。这有助于避免软件包的重复,并使列表更新更容易。在反斜杠(\)之前添加空格也很有用。下面给出一个来自 buildpack-deps 镜像的示例。

```
RUN apt-get update && apt-get install -y \
    bzr \
    cvs \
    git \
    mercurial \
    subversion
```

(9)利用构建缓存

在构建镜像时,Docker 逐句读取 Dockerfile 文件中的指令,按照指定顺序执行每条指令。检查完所有指令后,Docker 从缓存中寻找可重用的现成镜像,而不是创建一个新的重复的镜像。

如果不想使用缓存,则可以在执行 docker build 命令时使用--no-cache 选项。如果允许 Docker 使用缓存,那么理解它何时能够及何时不能够找到匹配的镜像就非常重要。关于构建缓存,Docker 需要遵守如下基本规则。

- 从缓存中已存在的父镜像开始,将下一条指令与从该基础镜像派生的所有子镜像进行比较,确认是否使用完全相同的指令构建了其中的一个子镜像,如果没有则缓存失效。

- 大多数情况下,简单地将 Dockerfile 中的指令与子镜像中的一个指令进行比较就够了,然而,某些指令需要更多的检查和解释。

- 对于 ADD 和 COPY 指令,镜像中的文件内容都需要被检查,并为每个文件计算校验和,在这些校验和中不考虑文件的最后编辑时间和最后访问时间。在缓存查找过程中,将校验和与已有镜像中的校验和进行比较。如果文件中的内容有任何更改,如内容和元数据被更改,则缓存将失效。

- 除了 ADD 和 COPY 指令,执行缓存检查时不会通过查找容器中的文件来决定缓存是否匹配。例如,在处理 RUN apt-get -y update 命令时,不会通过检查容器中更新的文件来决定缓存是否命中。在这种情形下,只使用命令字符串查找匹配的缓存。

一旦缓存失效,所有后续的 Dockerfile 命令都会产生新的镜像,不再使用缓存。

2. 创建自己的基础镜像

要完全控制镜像内容,可能需要创建基础镜像。如果多个镜像有很多共同点,则可以将公共部分抽出来创建自己的基础镜像,然后再基于它创建每个镜像。基础镜像在其 Dockerfile 中没有定义 FROM 指令,或者 FROM 指令的参数为 scratch。

创建镜像通常要从 Linux 发行版(打包为父镜像)开始,而像 Debian 的 Debootstrap 这样的工具就不必这样,该工具也可以用来构建 Ubuntu 镜像。使用 Debootstrap 创建一个 Ubuntu 父镜像很简单,下面给出一个 Dockerfile 示例。

```
debootstrap xenial xenial > /dev/null
tar -C xenial -c . | docker import - xenial
docker run xenial cat /etc/lsb-release
DISTRIB_ID=Ubuntu
DISTRIB_RELEASE=16.04
DISTRIB_CODENAME=xenial
DISTRIB_DESCRIPTION="Ubuntu 16.04 LTS"
```

在 GitHub 上有很多创建父镜像的示例脚本，如 BusyBox、Scientific Linux CERN（SLC）、Debian/Ubuntu 等。

要保持生产镜像精简但又要允许调试，可以将生产镜像作为调试镜像的基础镜像，将额外的测试和调试工具添加到生产镜像的顶层。

3. 确定应用程序镜像包含的内容

对自己开发的应用程序进行容器化，需要确定将哪些内容打包到镜像中，具体可以参考以下要点。

（1）选择基础镜像。每种程序开发技术几乎都有自己的基础镜像，如 Java、Python、Node.js 等。应用程序部署平台，如 Nginx、Apache 服务器等也有相应的基础镜像。如果不能直接使用这些镜像，就需要从基础操作系统镜像开始安装所有的依赖。最常见的就是将 Ubuntu 操作系统作为基础镜像。

（2）安装必要的软件包。如果有必要，则应针对构建、调试和开发环境创建不同的 Dockerfile。这不仅仅关系到镜像大小，还涉及安全性、可维护性等。现在使用多阶段构建非常方便。

（3）添加自定义文件。

（4）定义容器运行时的用户权限，尽可能避免容器以 root 权限运行。

（5）定义要对外暴露的端口。不要为了暴露特权端口（端口号小于 1024 的端口，如 80）而将容器以 root 权限运行，可以让容器暴露一个非特权端口（如 8000），然后在启动时进行端口映射。

（6）定义应用程序的入口点（Entry Point）。比较简单的方式是直接运行可执行文件；专业的方式是创建一个专门的 shell 脚本（如 entrypoint.sh），通过环境变量配置容器的入口点。

（7）定义配置方式。应用程序如果需要参数，可以使用应用程序特定的配置文件，也可以使用操作系统的环境变量。

（8）持久化应用程序数据。要将由应用程序生成的数据文件和处理结果存储到卷或绑定挂载上，不要将它们打包到镜像中，也就是不要保存到容器自身的文件系统中。

4. 构建镜像

执行镜像构建时要注意不要依赖自动创建的 latest 标签。构建镜像时应始终添加有意义的标签，便于标识版本信息、预定的目的（如生产或测试）、稳定性，以及其他在不同环境中发布应用程序时有用的信息。

5. 管理镜像

镜像是打包好的 Docker 应用程序，生成的镜像需要后续管理。要使镜像可以被其他用户使用，也就是发布镜像，最简单的办法是使用 Docker 注册中心，如 Docker Hub、Docker Trusted Registry，或者运行自己的私有注册中心。

任务实现

1. 使用 scratch 创建简单的镜像

可以使用 Docker 保留的最小镜像 scratch 作为构建容器的起点。FROM scratch 指令会通知构建进程，让 Dockerfile 中的下一条命令成为镜像中的第一个文件系统层。scratch 会出现在 Docker Hub 仓库中，但是无法拉取、运行它，也不能将任何镜像的标签设置为 scratch，只可以在 Dockerfile 中引用它。下面示范使用 scratch 创建一个最小的容器。

（1）建立一个目录（命名为 baseimg-scratch）用作构建上下文，并切换到该目录。

（2）在该目录中准备所需的文件，添加一个可执行文件 hello 用于实验。该文件来自官方镜像 hello-world。

（3）创建 Dockerfile 文件并加入以下内容。

```
FROM scratch
ADD hello /
CMD ["/hello"]
```

（4）使用 docker build 命令构建镜像，整个构建过程如下。

```
[root@host1 baseimg-scratch]# docker build --tag hello .
Sending build context to Docker daemon    16.38kB
Step 1/3 : FROM scratch
 --->
Step 2/3 : ADD hello /
 ---> 7598bfa1b083
Step 3/3 : CMD ["/hello"]
 ---> Running in 42d3f4289479
Removing intermediate container 42d3f4289479
 ---> 3e83ddd4e216
Successfully built 3e83ddd4e216
Successfully tagged hello:latest
```

在 docker build 命令中不要忘记最后的句点符号（.），它用来将当前目录作为构建上下文。

（5）使用 docker run 命令运行这个新镜像，启动一个容器，显示的结果与官方镜像 hello-world相同，如下所示。

```
[root@host1 baseimg-scratch]# docker run --rm hello
Hello from Docker!
......
```

2. 制作一个基于 VNC 的 Firefox 镜像

Docker 本身的工作模式是命令行，因为其主要的应用场景是运行服务器端应用程序。如果要在容器中运行一些图形界面的软件，则需解决可视化界面的问题。这里以 Linux 系统图形界面为例进行讲解。VNC（Virtual Network Computing）是图形界面的远程登录和管理软件，可让用户通过网络远程访问 Linux 系统的图形界面。下面示范制作基于 VNC 的 Firefox 镜像，运行该镜像启动容器，让用户访问该容器并登录到其图形界面。

制作一个基于 VNC
的 Firefox 镜像

（1）建立一个目录（命名为 fx-vnc）用作构建上下文，并切换到该目录。

（2）在该目录中创建 Dockerfile 文件并加入以下内容。

```
FROM ubuntu
# 安装用于创建图形化界面的 VNC 和 xvfb，以及浏览器 Firefox
RUN apt-get update && apt-get install -y x11vnc xvfb firefox
RUN mkdir ~/.vnc
# 设置 VNC 登录密码
RUN x11vnc -storepasswd 1234 ~/.vnc/passwd
# 自动启动 Firefox
RUN bash -c 'echo "firefox" >> /.bashrc'
EXPOSE 5900
CMD   ["x11vnc", "-forever", "-usepw", "-create"]
```

（3）使用 docker build 命令构建镜像，如下所示。

```
[root@host1 fx-vnc]# docker build --tag fx-vnc .
Sending build context to Docker daemon    2.048kB
......
```

（4）运行这个新镜像启动容器，如下所示。

```
[root@host1 fx-vnc]# docker run --rm -p 5900:5900 fx-vnc
02/01/2020 18:33:28 -usepw: found /root/.vnc/passwd
......

The VNC desktop is:        68223d43b94d:0
PORT=5900
```

接下来进行实际测试。

（5）由于安装有图形界面，因此从"Application"主菜单中选择"Unitiltes>Remote Desktop Viewer"选项打开远程桌面查看器，单击"Connect"按钮出现图6-1所示的对话框，设置VNC连接参数，重点是协议和主机地址及端口。

（6）单击右下角的"Connect"按钮，弹出图6-2所示的对话框，输入VNC认证密码，本示例中为1234（已在Dockerfile中设置）。

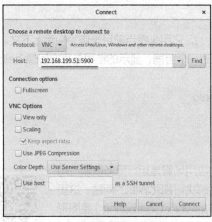

图6-1　设置要连接的远程桌面

图6-2　VNC认证

（7）单击"Authenticate"按钮完成认证之后，登录远程桌面。

（8）如图6-3所示，在命令行中执行firefox命令打开Firefox浏览器，结果如图6-4所示。由此可见，Docker镜像也支持图形界面的应用程序。

（9）实验完毕，在运行该镜像的终端窗口中按Ctrl+C组合键停止容器。

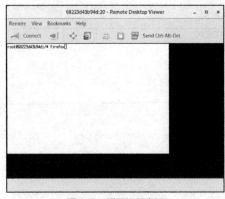

图6-3　登录远程桌面

图6-4　远程桌面上出现浏览器界面

3. 进行多阶段构建镜像

下面以一个简单的示例示范多阶段构建镜像。这个示例对一个Go程序分两个阶段进行构建，第1

阶段完成程序的编译，生成二进制可执行文件，第 2 阶段构建运行时镜像。

（1）建立一个目录（命名为 multi-build）用作构建上下文，并切换到该目录。

（2）在该目录中添加一个名为 app.go 的简单程序，其代码如下。

```
package main
import "fmt"
func main() {
    fmt.Println("Hello World!")
}
```

（3）在该目录中创建 Dockerfile 文件并加入以下内容。

```
# 第 1 个构建阶段，将此阶段命名为 builder
FROM golang:alpine3.8 as builder
ENV GOPATH=/go
COPY app.go $GOPATH/src/app/
RUN go build src/app/app.go


# 第 2 个构建阶段
FROM alpine:3.8
# COPY 指令引用以上构建阶段名称 builder
COPY --from=builder /go/app .
ENTRYPOINT ["./app"]
```

（4）构建镜像，如下所示。

```
[root@host1 multi-build]# docker build -t go-hello-world .
Sending build context to Docker daemon    3.072kB
Step 1/7 : FROM golang:alpine3.8 as builder
alpine3.8: Pulling from library/golang
……
Status: Downloaded newer image for golang:alpine3.8
 ---> be1230a1b343
Step 2/7 : ENV GOPATH=/go
 ---> Running in ad11f14f320c
Removing intermediate container ad11f14f320c
 ---> 1a4a92e43bf8
Step 3/7 : COPY app.go $GOPATH/src/app/
 ---> b138d8a32ae8
Step 4/7 : RUN go build src/app/app.go
 ---> Running in 271c36c5faf4
Removing intermediate container 271c36c5faf4
 ---> c3a07d0da345
# 开始第 2 阶段构建
Step 5/7 : FROM alpine:3.8
 ---> dac705114996
Step 6/7 : COPY --from=builder /go/app .
 ---> 7f2fb8604dc0
Step 7/7 : ENTRYPOINT ["./app"]
 ---> Running in 5b0e5374cf7d
```

```
Removing intermediate container 5b0e5374cf7d
 ---> 2308155dc925
Successfully built 2308155dc925
Successfully tagged go-hello-world:latest
```

（5）运行这个新镜像启动一个容器，如下所示。

```
[root@host1 multi-build]# docker run go-hello-world
Hello World!
```

这里解释一下多阶段构建机制。第 2 个 FROM 指令以 alpine:3.8 镜像为基础开始一个新的构建阶段。示例中以"COPY --from"开头的行将构建的文件从前一阶段复制到这一新的阶段。Go 的 SDK 和任何中间文件都被留下来，并未保存到最终生成的镜像中。

默认情况下构建阶段没有命名，可以使用整数引用它们，第 1 个 FROM 指令以 0 开始。示例中通过为 FROM 指令添加"as <name>"参数为每个阶段命名，命名之后就可以在 COPY 指令中使用名称（示例中使用--from=builder）选项。这就意味着即使后面更改了 Dockerfile 指令的顺序，执行 COPY --from 指令也不会出问题。

任务二 对应用程序进行容器化

任务说明

容器化就是将应用程序改变成能以容器方式部署的过程。进行容器化时，应该了解应用程序自身的特性如何影响它在容器中运行的方式，然后通过构建的镜像进行部署。本任务侧重于应用程序容器化的基本步骤和一般方法，具体要求如下。

- 了解应用程序容器化的基本步骤。
- 了解应用程序容器化的一般方法。
- 熟悉应用程序容器化的完整过程。

知识引入

1. 应用程序容器化的基本步骤

应用程序容器化大致分为以下几个步骤。

（1）准备应用程序源代码。对于开发人员来说，可以直接使用自己的源代码。对于运维人员来说，要获取应用程序的源代码。

（2）创建 Docker 镜像，为应用程序的每个组件创建和测试单个容器。编写 Dockerfile，然后基于 Dockerfile 构建应用程序镜像，生成 Docker 镜像之后，就能将应用程序以镜像的形式交付并以容器的方式运行了。Dockerfile 包括当前应用程序的描述。

（3）将容器及其所需的支持基础设施组装成一个完整的应用程序，这可以使用 Docker 栈文件或 Kubernetes 的 POD 定义文件来编排。

这种方式主要是针对生产环境而言的，适合集群环境部署。对于测试环境，可以编写 Compose 文件来编排复杂的多容器应用程序，这只适合在单机环境中部署。

（4）测试、分发和部署完整的容器化应用程序。分发容器化应用程序最简单的方法就是将镜像推送到 Docker 注册中心，便于其他人员访问使用。复杂的应用程序分发需将 Compose 文件或 Docker 栈文件与代码一起提交。测试和部署容器化应用程序还可以使用持续集成和持续部署流程，以实现应用程序的快速迭代和自动化部署。

2. 部署容器化应用程序的方式

不同应用程序的容器化步骤略有差异，但最基本的还是构建镜像和基于镜像运行容器。部署容器化应用程序就是以容器方式运行应用程序，需要考虑容器网络、存储、资源控制等容器配置细节。目前，部署容器化应用程序有多种方式，最简单的就是使用 docker 命令，这适合单一容器的部署。对于复杂的多容器应用程序，在开发环境或测试环境中可以通过 Docker Compose 进行编排并部署到单个 Docker 主机中；而生产环境一般是多主机的集群，可以将应用程序通过 Docker 栈部署到 Docker Swarm 集群中，或者通过 POD 定义文件部署到 Kubernetes 集群中。应尽可能使用集群服务让应用程序具有伸缩能力。即使只需运行应用程序的单个实例，集群服务也比独立容器具有更多的优点。

Docker Compose 和 Docker 原生的 Swarm 集群旨在实现完全集成，这意味着可以将一个 Compose 应用程序部署到一个 Swarm 集群中，所需完成的工作与使用单个 Docker 主机一样。Docker Compose 所使用的 Compose 文件稍加改动即可用作 Docker 栈文件，将应用程序轻松部署到 Swarm 集群中，并能够管理应用程序的整个生命周期。

3. 容器化过程中的应用程序代码处理

适合容器化的应用程序主要是在后台运行的服务器端应用程序。像使用 Java、Go 这样的编译型语言开发的程序需要编译成二进制代码再进行发布；使用解释型语言，如 PHP、Python、Node.js 开发的应用程序无需编译成二进制文件，直接发布代码即可。

无论是源代码，还是二进制代码，在对应用程序构建镜像时，都需要考虑是否将它们包括在镜像中。在开发环境中，通常不将程序复制到镜像中，而是存放在主机的目录中，以绑定挂载方式挂载到容器中，这样便于程序的测试和修改。例如，对于 Java 应用程序，可将项目程序目录挂载到容器中，每次在 Docker 主机上构建 Maven 项目时，让容器访问重新构建的工件。与传统的开发环境相比，容器化的开发环境更易于建立，这是因为容器化的开发环境在 Docker 镜像中隔离应用程序所需的所有依赖，在开发计算机上除了 Docker 之外，不需要安装其他环境。采用容器化的开发环境，可以非常容易地为不同的栈开发应用程序，不必在开发计算机上做任何改变。

在生产环境中，通常直接将程序复制到镜像中进行发布，因为应用程序已经确定版本了。

4. 容器化应用程序的数据持久化

对应用程序进行容器化时，要考虑数据的持久化问题，应注意以下几点。

● 应避免将应用程序数据存储在容器的可写层中，因为这种方式不仅会增大容器的大小，而且 I/O 效率比使用卷或绑定挂载要低。

● 应尽可能使用卷存储应用程序的数据。

● 对于应用程序的配置文件，在开发环境中通常将其绑定挂载到容器中以便从容器外部修改和测试；在生产环境中则将配置文件保存到卷中，便于保存运行期间所做的修改。

● 适合使用绑定挂载的一种情形是在开发期间，可能需要挂载源代码目录或刚刚构建到容器中的二进制文件。在生产环境中，应改用卷代替绑定挂载，将卷挂载到容器中与开发期间绑定挂载相同的位置。

● 在生产环境中，使用机密数据（Secrets）存储服务中所有的敏感应用程序数据，使用配置数据（Configs）存储像配置文件这样的非敏感数据。如果当前正使用独立容器，则考虑迁移使用单一副本服务，以便可以利用仅限于服务的功能。

5. 开发环境和生产环境的区别

容器化应用程序开发环境和生产环境之间的区别如表 6-1 所示。

表 6-1 开发环境和生产环境的区别

开发环境	生产环境
使用绑定挂载让容器访问源代码	使用卷存储容器数据
可使用 MacOS 或 Windows 版本的 Docker	尽量使用 Docker EE，通过用户映射将 Docker 进程与主进程更好地隔离

开发环境	生产环境
不用担心时间不同步	总是在 Docker 主机上和每个容器进程中运行 NTP 客户端，让它们都同步到同一个 NTP 服务器。如果使用 Swarm 服务，还要确保每个 Docker 节点的时钟与容器同步到同一时间源

任务实现

对 Node.js Web 应用
程序进行容器化

下面逐步演示将应用程序进行容器化的完整过程。为简化实验，从 GitHub 网站上复制一个简单的单节点 Node.js Web 应用程序示例项目直接使用。如果没有安装 Git 工具，应先执行以下命令进行安装。

```
[root@host1 ~]# yum install -y git
```

1. 准备应用程序和 Dockerfile

（1）执行以下命令，从 GitHub 网站获取一个示例项目。

```
[root@host1 ch06]# git clone -b v1 https://github.com/docker-training/node-bulletin-board
Cloning into 'node-bulletin-board'…
……
```

这是一个使用 Node.js 编写的简单公告板程序，接下来将对此程序进行容器化。使用 Node.js 编写的是脚本程序，无须编译，可直接发布，关键是在容器中提供运行环境（主要是 Node 解释器）。

（2）执行以下命令，进入该示例项目目录。

```
[root@host1 ch06]# cd node-bulletin-board
[root@host1 node-bulletin-board]# cd bulletin-board-app
[root@host1 bulletin-board-app]#
```

（3）项目中已经准备好了 Dockerfile，具体内容如下（编者加了中文注释）。

```
# 从现有的 node:6.11.5 镜像（这是高质量的官方镜像，包括解释器和基本依赖）开始构建
FROM node:6.11.5
# 定义工作目录，后续步骤的操作基于此目录
WORKDIR /usr/src/app
# 将 package.json 复制到镜像中的当前目录，本示例中是复制到镜像中的/usr/src/app/package.json
COPY package.json .
# 在镜像文件系统中执行 npm install 命令，基于 package.json 安装应用程序的 Node 依赖
RUN npm install
# 将应用程序的源代码复制到镜像文件系统中
COPY . .
# 执行 npm start 命令启动应用程序
CMD [ "npm", "start" ]
```

2. 构建镜像

准备好源代码和 Dockerfile 之后，就可以构建镜像了。确认当前目录为 node-bulletin-board/bulletin-board-app，执行以下命令构建镜像。

```
[root@host1 bulletin-board-app]# docker image build -t bulletinboard:1.0 .
Sending build context to Docker daemon   45.57kB
Step 1/6 : FROM node:6.11.5
```

......
Successfully built 7644381b58fc
Successfully tagged bulletinboard:1.0

3. 基于镜像启动容器

创建好自己的镜像之后，即可基于它启动一个容器进行测试，如下所示。

```
[root@host1 bulletin-board-app]# docker run --publish 8000:8080 --detach --name bb bulletinboard:1.0
e60db7c86ddc6e7f4316b20c2d1eb13a6e9a21fdbb17a9f5c59919b58c793d6b
```

因为 Dockerfile 中的 CMD 指令会自动执行，所以容器启动后自动运行 npm start 进程启动整个应用程序。

在浏览器中访问 http://localhost:8000 进行实际测试，可以发现公告板正常运行，如图 6-5 所示。

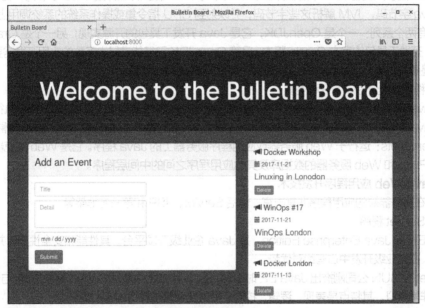

图 6-5　公告板程序

测试完毕，执行以下命令删除容器以恢复实验环境。

```
[root@host1 bulletin-board-app]# docker rm --force bb
bb
```

如果要到其他计算机上部署该应用程序，可以将开发的镜像推送到 Docker 注册中心，然后在其他计算机上拉取该镜像来启动相应的容器。

任务三　Java 应用程序容器化

任务说明

Java 是一种可以开发跨平台应用软件的面向对象的程序设计语言，目前已从编程语言发展成为全球通用开发平台。Java 应用程序依赖 Java 运行时环境运行，在构建的 Docker 镜像中应当提供该环境。需要容器化的 Java 程序主要是服务器端的 Web 应用程序，大多涉及数据库，采用 Docker Compose 部署更为便捷。本任务的具体要求如下。

- 了解 Java Web 开发技术及发布环境。

- 学会使用 Docker Maven 插件打包 Java 程序。
- 掌握基于 Tomcat 的应用程序的容器化方法。
- 掌握 Spring Boot 应用程序的 Docker 部署方法。

知识引入

1. Java 的特点

Java 凭借其通用性、高效性、平台移植性和安全性，广泛应用于 PC、数据中心、游戏控制台、科学超级计算机、互联网和移动终端，同时拥有庞大的开发者专业社群。

Java 是一套完整的体系，主要包括 JVM、JRE 和 JDK。开发人员利用 JDK 调用 Java API 开发自己的 Java 程序，通过 JDK 中的编译程序 Javac 将 Java 源文件编译成 Java 字节码，在 JRE 上运行这些 Java 字节码，JVM 解析这些字节码，并映射到 CPU 指令集或操作系统的系统调用上。

JDK 有两个系列：一个是 OpenJDK，它是 Java 开发工具包的开源实现；另一个是 Oracle JDK，它是 Java 开发工具包的官方 Oracle 版本。尽管 OpenJDK 已经能满足大多数的应用开发需要，但是有些程序还是建议使用 Oracle JDK，以避免产生用户界面的性能问题。

Java 程序大致分为以下 3 种类型。

- Java 应用程序（Application）：可以独立运行的 Java 程序，由 Java 解释器控制执行。
- Java 小程序（Applet）：不能独立运行（嵌入 Web 网页中），由兼容 Java 的浏览器控制执行。
- Serverlets：运行于 Web 服务器或应用程序服务器上的 Java 程序。它是 Web 浏览器（或其他 HTTP 客户端）和 Web 服务器的数据库及其他应用程序之间的中间层程序。

2. Java Web 应用程序开发技术

Java 在服务器端的应用程序非常丰富，包括 Servlet、JSP 和第三方框架等。

（1）Servlet 程序

Java EE 即 Java Enterprise Edition，是 Java 企业级开发平台，其性能和安全性高，并具有良好的开放性，在企业级开发中占有绝对优势。

Servlet 在 SUN 公司刚推出 Java EE 时出现，是 Java 技术中最早的 Web 解决方案，与普通 Java 类的编写非常类似。其特点是表现、逻辑、控制、业务全部集成在 Servlet 类中。

（2）JSP 程序

JSP 全称 Java Server Page，是 Servlet 的扩展，目的是简化创建和管理动态网页的工作。JSP 采用 HTML 直接生成界面，还可以在界面中使用<% %>脚本标识嵌入 Java 代码，最终生成一个 Servlet 类进行编译解析。

（3）JSP 与 JavaBean 的组合

JavaBean 是一种用 Java 写成的可重用组件，主要作为与数据库交互的类。在 JSP 页面中，部分 Java 代码用于转发等操作以及 HTML 页面的生成，而获取数据的方式以及部分业务逻辑则通过 JavaBean 实现。

（4）Servlet、JSP 和 JavaBean 的组合

在这种开发模式下，JSP 页面中不用任何<% %>语句（包括<%= %>），而是全部采用 EL（表达式语言）表达式代替，列表的遍历和条件判断（Java 中的 for 循环和 if 语句）等也可以用 JSTL（JSP 标准标签库）代替。JSP 页面不涉及任何业务逻辑，可以看作是 MVC 设计模式中的视图。

控制层通过 Servlet 实现，用于获取前台传入的参数、控制页面跳转、封装对象、向前台传输对象或者参数。Servlet 可看作是 MVC 设计模式中的控制器。

JavaBean 负责业务逻辑和数据持久化。

（5）EJB

EJB 即企业级 JavaBean，是一个用来构筑企业级应用的服务器端组件。EJB 部署于应用服务器端的 EJB 容器中，它是重量级框架，可用于进行分布式应用开发，只是其任务非常繁重。

（6）Spring 框架

Spring 框架是为解决软件开发的复杂性问题而创建的。Spring 使用基本的 JavaBean 完成以前只能由 EJB 完成的任务。然而，Spring 的用途不仅限于服务器端的开发，从简单性、可测试性和松耦合性角度来看，绝大部分 Java 应用程序都可以从 Spring 中受益。Spring 是一个分层的 Java SE/EE 全栈式轻量级开源框架，相对于 EJB 来说，Spring 提供了轻量级的简单编程模型，但是使用它仍然需要很多烦琐的配置。

（7）Spring Boot 框架

Spring Boot 是由 Pivotal 团队提供的全新的开源轻量级框架，旨在继承 Spring 框架原有的优秀特性，简化 Spring 应用程序的初始搭建以及开发过程。该框架使用了特定的方式进行配置，从而使开发人员不再需要定义样板化的配置。Spring Boot 通过集成大量的框架解决了依赖包的版本冲突和引用的不稳定性等问题。Spring Boot 框架中具有两个非常重要的策略：开箱即用和约定优于配置。

3. Java 应用程序服务器

Java Web 应用程序主要通过应用程序服务器部署，可以将应用程序服务器视为运行 Java 代码的容器。此外，应用程序服务器还提供了一些可在代码中使用的通用基础结构和功能。目前主流的开源 Java 应用程序服务器列举如下。

- Tomcat：由 Apache Software Foundation 开发，其非常流行，市场份额占到了所有 Java 应用服务器的 60%。它只能算作 Web 服务器或 Servlet 容器，并没有实现 Java EE 应用程序服务器所需的所有功能，但是可以通过添加其他第三方依赖项来使用大多数功能。
- Jetty：由 Eclipse Foundation 开发，它缺乏对许多 Java EE 功能的支持，与 Tomcat 一样，仍然可以通过第三方依赖项实现大多数功能。
- GlassFish：由 Oracle 开发，是一个功能齐全且经过认证的 Java EE 应用服务器，其缺点是缺乏商业支持。
- WildFly：由 Red Hat 开发，前身为 JBoss Application Server，是另一个功能齐全且经过认证的应用服务器。其最大优势是 Red Hat 提供了从 WildFly 到 JBoss 企业应用程序平台的简单迁移路径，而 JBoss 正是 Red Hat 提供商业支持的应用服务器。

建议优先选择 Tomcat，但如果需要考虑软件包大小，可以选择 Jetty。如果需要在项目中使用大量 Java EE 支持，则应使用 WildFly。

4. Maven 工具

Maven 是 Apache 提供的一个开源项目管理工具，主要用于 Java 的项目构建、依赖管理和项目信息管理。它包含了一个项目对象模型（Project Object Model，POM）、一组标准集合、一个项目生命周期、一个依赖管理系统，以及用来运行定义在生命周期阶段（Phase）中的插件目标（Goal）的逻辑。

项目对象模型由 pom.xml 文件描述，Maven 依据该文件实现项目管理。在 pom.xml 文件中可以设置多种项目管理功能，例如，只要添加相应配置，Maven 就会自动下载相应.jar 包；Web 项目已运行，修改的代码能直接被 Web 服务器所接收，无须重启服务器或者重新部署代码；可以直接通过 Maven 将源程序打包成 War 或者 Jar 项目。

5. Spring Boot 应用程序

Spring Boot 框架致力于快速的应用开发，它具有以下优点。

- 实现约定大于配置，是一个低配置的应用系统框架。
- 提供内置的 Tomcat 或 Jetty 容器，不需要部署 War。
- 通过依赖的 Jar 包管理、自动装配技术，容易实现与其他技术体系和工具的集成。

- 提供自动配置的"starter"项目对象模型（POM）以简化 Maven 配置。
- 提供一些生产环境的特性，如支持热部署，开发便捷，也支持指标、健康检查和外部化配置。

Spring Boot 应用程序可以采用以下几种启动方式。

- 通过 Java 主类启动。
- 通过 Spring Boot 的 Maven 插件或 Gradle 插件启动。
- 生成为可执行的.jar 或.war 包启动。
- 通过 Servlet 容器启动，如外部的 Tomcat、Jetty 等。

Spring Boot 的 Maven 插件在 Maven 中提供 Spring Boot 支持，允许用户生成可执行软件包和运行应用程序，其基本语法如下。

- spring-boot:run——运行 Spring Boot 应用程序。
- spring-boot:repackage——重新生成可执行的.jar 或.war 包。
- spring-boot:start 和 spring-boot:stop——管理 Spring Boot 应用程序的生命周期。
- spring-boot:build-info——生成可由 Actuator（用于监控与管理应用程序）使用的构建信息。

Spring Boot 为开发轻巧的微服务应用程序提供了捷径，而 Docker 极大地方便了微服务的部署。使用 Docker 部署 Spring Boot 项目也是要先生成镜像，再通过镜像启动容器。

任务实现

容器化一个简单的
Java 应用程序

1. 容器化一个简单的 Java 应用程序

下面示范创建一个简单的 Java 应用程序并将其打包为一个 Docker 镜像，然后基于该镜像启动容器来运行该应用程序。本例的实验平台为 CentOS 7.6（安装有 Docker CE）。

（1）安装和配置 JDK

CentOS 7.6 系统默认已安装 jre 1.8，可以作为 Java 运行环境。本例中检查结果如下。

```
[root@host1 ~]# java -version
openjdk version "1.8.0_181"
OpenJDK Runtime Environment (build 1.8.0_181-b13)
OpenJDK 64-Bit Server VM (build 25.181-b13, mixed mode)
```

查看/usr/lib/jvm 目录，发现只安装了 JRE。如果要编译 Java 程序，则需要安装 JDK，执行以下命令安装 JDK。

```
yum -y java-1.8.0-openjdk-devel
```

继续配置环境变量。编辑/etc/profile 文件，在其末尾加上以下语句并保存该文件。

```
export Java_HOME=/usr/lib/jvm/java-1.8.0-openjdk
export JRE_HOME=$Java_HOME/jre
export CLASSPATH=$Java_HOME/lib:$JRE_HOME/lib:$CLASSPATH
export PATH=$Java_HOME/bin:$JRE_HOME/bin:$PATH
```

执行以下命令，使环境变量生效。

```
source /etc/profile
```

（2）安装 Maven 软件

从 Maven 官网下载其二进制安装包，本示例中下载的是 apache-maven-3.6.3-bin.tar.gz。

将该软件复制到/usr/local 目录，切换到该目录，执行以下命令。

```
[root@host1 local]# tar zxvf apache-maven-3.6.3-bin.tar.gz
```

确认 Java_HOME 环境变量已经指向 JDK 文件。编辑/etc/profile 文件，在其末尾加上以下语句并保存该文件。

```
export PATH=/usr/local/apache-maven-3.6.3/bin:$PATH
```

执行 source /etc/profile 命令使环境变量生效。然后执行以下命令测试 Maven 是否已正确安装。

```
[root@host1 ~]# mvn -v
Apache Maven 3.6.3 (cecedd343002696d0abb50b32b541b8a6ba2883f)
Maven home: /usr/local/apache-maven-3.6.3
Java version: 1.8.0_232, vendor: Oracle Corporation, runtime: /usr/lib/jvm/java-1.8.0-openjdk-1.8.0.232.b09-0.el7_7.x86_64/jre
Default locale: en_US, platform encoding: UTF-8
OS name: "linux", version: "3.10.0-957.el7.x86_64", arch: "amd64", family: "unix"
```

（3）创建一个简单的 Java 应用程序

① 执行以下命令创建一个 Java 项目。

```
[root@host1 ch06]# mvn archetype:generate -DgroupId=org.examples.java -DartifactId=helloworld -DinteractiveMode=false
```

② 执行以下操作构建项目。

```
[root@host1 ch06]# cd hello-Java/helloworld
[root@host1 helloworld]# mvn package
[INFO] Scanning for projects…
……
[INFO] Building jar: /root/ch06/hello-java/helloworld/target/helloworld-1.0-SNAPSHOT.jar
[INFO] ------------------------------------------------------------------------
[INFO] BUILD SUCCESS
```

③ 运行所生成的 Java 类，如下所示。

```
[root@host1 helloworld]# Java -cp target/helloworld-1.0-SNAPSHOT.jar org.examples.java.App
Hello World!
```

（4）下载和运行 Java 镜像

执行以下命令以交互方式运行 OpenJDK 容器，这将在容器中打开一个终端，在其中执行 Java -version 命令查看 Java 版本。

```
[root@host1 helloworld]# docker container run -it openjdk:8
……
Status: Downloaded newer image for openjdk:8
root@9771f026be62:/# java -version
openjdk version "1.8.0_232"
OpenJDK Runtime Environment (build 1.8.0_232-b09)
OpenJDK 64-Bit Server VM (build 25.232-b09, mixed mode)
```

输入 exit 命令退出该容器。

（5）将 Java 应用程序打包为镜像并启动容器运行该程序

① 在项目目录中创建一个 Dockerfile 文件，添加以下内容并保存该文件。

```
FROM openjdk:8
COPY target/helloworld-1.0-SNAPSHOT.jar /usr/src/helloworld-1.0-SNAPSHOT.jar
CMD Java -cp /usr/src/helloworld-1.0-SNAPSHOT.jar org.examples.java.App
```

② 基于该 Dockerfile 文件构建镜像，如下所示。

```
[root@host1 helloworld]# docker image build -t hello-java:latest .
```

```
Sending build context to Docker daemon    38.4kB
......
Successfully tagged hello-java:latest
```

③ 运行此镜像并启动容器，如下所示。

```
[root@host1 helloworld]# docker run --rm hello-Java:latest
Hello World!
```

至此，已成功完成上述 Java 应用程序的容器化。

使用 Docker Maven
插件打包并运行
Java 应用程序

2. 使用 Docker Maven 插件打包并运行 Java 应用程序

Maven 工具不但可以编译 Java 应用程序，而且可以用来创建 Docker 镜像。
Docker Maven 插件可以用来管理使用 Maven 工具的 Docker 镜像和容器，它具有
以下预定义的目标。

- docker:build——构建镜像。
- docker:start——创建和启动容器。
- docker:stop——停止和销毁容器。
- docker:push——将镜像推送到注册中心。
- docker:remove——从本地 Docker 主机上删除镜像。
- docker:logs——显示容器日志。

利用 Docker Maven 插件可以在编译 Java 应用程序的同时自动创建镜像，这样省去了创建
Dockerfile 并执行 docker 命令的步骤，显得更为方便。这里示范一个简单的例子，为便于实验，从
GitHub 上复制一个现成的 Java 项目，如下所示。

```
[root@host1 ch06]# git clone https://github.com/arun-gupta/docker-java-sample
```

直接运行 mvn 命令创建一个 Docker 镜像，如下所示。

```
[root@host1 ch06]# mvn -f docker-java-sample/pom.xml install -Pdocker
......
[INFO] Copying files to /root/ch06/docker-java-sample/target/docker/hellojava/build/maven
[INFO] Building tar: /root/ch06/docker-java-sample/target/docker/hellojava/tmp/docker-build.tar
[INFO] DOCKER> [hellojava:latest]: Created docker-build.tar in 140 milliseconds
[INFO] DOCKER> [hellojava:latest]: Built image sha256:c361e
[INFO] ---------------------------------------------------------------------------
[INFO] BUILD SUCCESS
```

使用以下命令检查 hello-Java 镜像。

```
[root@host1 ch06]# docker image ls | grep hello-java
hello-java              latest              14503931296a        12 minutes ago        488MB
```

通过 mvn 命令基于该镜像运行容器，如下所示。

```
[root@host1 ch06]# mvn -f docker-java-sample/pom.xml install -Pdocker
......
[INFO] --- docker-maven-plugin:0.20.1:run (docker:start) @ helloworld ---
[INFO] DOCKER> [hellojava:latest]: Start container 0ab1aaf763c1
0ab1aa> Hello World!
[INFO] DOCKER> [hellojava:latest]: Waited on log out 'Hello World!' 506 ms
```

输出结果类似于使用 Java 命令行运行 Java 应用程序的输出结果。

也可以使用 docker run 命令运行该容器。

由于容器在前端运行，因此按 Ctrl+C 组合键中断容器运行并返回终端窗口。

与上一个示例的 Java 项目相比，此项目中唯一需要改变的是启动 Docker 打包和运行，本例中，可

以通过将一个 Maven 配置添加到 pom.xml 文件中来实现，相应的 Maven 配置如下。

```xml
<profile>
    <id>docker</id>
    <build>
        <plugins>
            <plugin>
                <groupId>io.fabric8</groupId>
                <artifactId>docker-maven-plugin</artifactId>
                <version>0.20.1</version>
                <configuration>
                    <images>
                        <image>
                            <name>hellojava</name>
                            <build>
                                <from>openjdk:latest</from>
                                <assembly>
                                    <descriptorRef>artifact</descriptorRef>
                                </assembly>
                                <cmd>java -jar maven/${project.name}-${project.version}.
jar</cmd>
                            </build>
                            <run>
                                <wait>
                                    <log>Hello World!</log>
                                </wait>
                            </run>
                        </image>
                    </images>
                </configuration>
                <executions>
                    <execution>
                        <id>docker:build</id>
                        <phase>package</phase>
                        <goals>
                            <goal>build</goal>
                        </goals>
                    </execution>
                    <execution>
                        <id>docker:start</id>
                        <phase>install</phase>
                        <goals>
                            <goal>run</goal>
                            <goal>logs</goal>
                        </goals>
                    </execution>
                </executions>
            </plugin>
```

```
            </plugins>
        </build>
    </profile>
```

上面代码中定义的正是生命周期阶段中的插件目标。

3. 使用 Tomcat 的官方镜像部署 War 应用程序

使用 Tomcat 官方
镜像的管理工具
发布.war 包

Tomcat 是中小型系统的首选 Java 应用服务器。.war 包通常是一个网站项目下的所有源代码的集合，里面包含前台 HTML/CSS/JS 的代码，也包含 Java 的代码。当开发人员在自己的开发计算机上调试所有代码并通过后，为了交给测试人员测试和运维人员进行产品发布，一般都需要将代码打包成.war 包并进行发布。.war 包可以放在 Tomcat 下的 webapps 或者 word 目录下，随着 Tomcat 服务器的启动，它可以被自动解压。对于简单的 War 项目而言，可以直接利用 Tomcat 的官方镜像来发布。在实验之前，先准备一个示例包 hello-world.war。

（1）使用 Tomcat 官方镜像的管理工具发布.war 包

Docker Hub 提供多个版本的 Tomcat 官方镜像，本例示范 8.0 版本的使用方法。

执行以下命令将启动一个 Tomcat 容器。

```
[root@host1 tomcat-basic]# docker run -d --rm -p 8888:8080 --name mytomcat tomcat:8.0
3f87eff22f68f89ee2a4e31a644508b22c8f973275df830cf9ca281ff013cfd0
```

Tomcat 的默认端口是 8080，这里映射为 8888。在浏览器中访问 http://127.0.0.1:8888，即可看到熟悉的 Tomcat 初始界面，如图 6-6 所示。

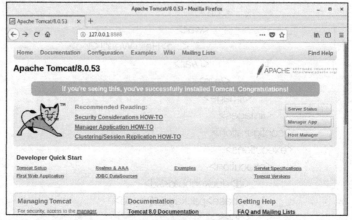

图 6-6　Tomcat 初始界面

执行以下命令进入该容器，查看相关内容。

```
[root@host1 tomcat-basic]# docker exec -it mytomcat bash
root@3f87eff22f68:/usr/local/tomcat# ls
LICENSE NOTICE RELEASE-NOTES RUNNING.txt bin conf include lib logs native-jni- lib temp webapps work
```

可以看到一个标准的 Tomcat 的目录，主要包括 bin（运行脚本）、conf（配置文件）、lib（核心库文件）、logs（日志目录）、temp（临时目录）、webapps（自动装载的应用程序目录）、work（JVM 临时文件目录）等子目录。其中只有 bin 和 lib 目录被多个 Tomcat 实例公用，其他目录如 conf、logs、temp、webapps 和 work 等，每个 Tomcat 实例必须拥有自己独立的备份。

执行 env 命令时，从输出结果中可以发现默认的 Tomcat 环境如下。

```
CATALINA_BASE: /usr/local/tomcat
CATALINA_HOME: /usr/local/tomcat
```

```
CATALINA_TMPDIR: /usr/local/tomcat/temp
JRE_HOME: /usr
CLASSPATH: /usr/local/tomcat/bin/bootstrap.jar:/usr/local/tomcat/bin/tomcat-juli.jar
```

其中 CATALINA_HOME 相当于安装目录，指向公用信息的位置，是 bin 和 lib 的父目录。CATALINA_BASE 相当于工作目录，指向每个 Tomcat 实例私有信息的位置，是 conf、logs、temp、webapps 和 work 的父目录。仅运行一个 Tomcat 实例时，这两个属性指向的位置是相同的。

Tomcat 配置文件位于/usr/local/tomcat/conf 目录下。默认情况下，不支持 admin-gui 和 manager-gui 角色的用户访问 Tomcat 管理界面。如果要访问，可以在 tomcat-users.xml 文件中进行定义。这里在 conf 目录下创建一个 tomcat-users.xml 文件，加入以下内容。

```
<?xml version='1.0' encoding='utf-8'?>
<tomcat-users xmlns="http://tomcat.apache.org/xml"
              xmlns:xsi="http://www.w3.org/2001/XMLSchema-instance"
              xsi:schemaLocation="http://tomcat.apache.org/xml tomcat-users.xsd"
              version="1.0">
<role rolename="admin-gui"/>
<role rolename="manager-gui"/>
<user username="admin" password="tomcat" roles="admin-gui,manager-gui"/>
</tomcat-users>
```

执行 docker stop mytomcat 命令停止上述容器，再执行以下命令启动新的 mytomcat 容器。

```
[root@host1 tomcat-basic]# docker run -d --rm -p 8888:8080 -v
"$(pwd)"/conf/tomcat-users.xml:/usr/local/tomcat/conf/tomcat-users.xml --name mytomcat tomcat:8.0
bd7f5a6c1955c228f2bee08adff755f9b6ce9ca437c61d31979fea4cd4b5dcb8
```

在浏览器中再次访问 http://127.0.0.1:8888，进入 Tomcat 初始界面后，单击 "Manage App" 按钮，打开 "Tomcat Web Application Manager" 界面，向下滚动到 "Deploy" 区域，在 "WAR file to deploy" 子区域单击 "Browse" 按钮，从弹出的文件对话框中选择要发布的 hello-world.war 文件，如图 6-7 所示，单击 "Deploy" 按钮发布该文件。向上滚动到 "Applications" 区域，应用程序列表中显示 hello-world 已经发布，如图 6-8 所示。

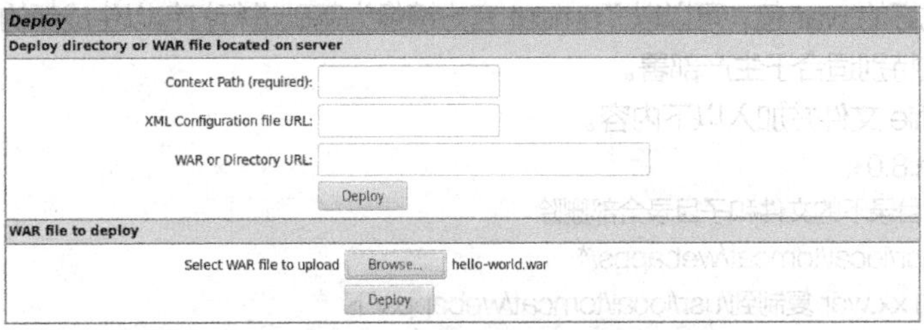

图 6-7　选择要发布的文件

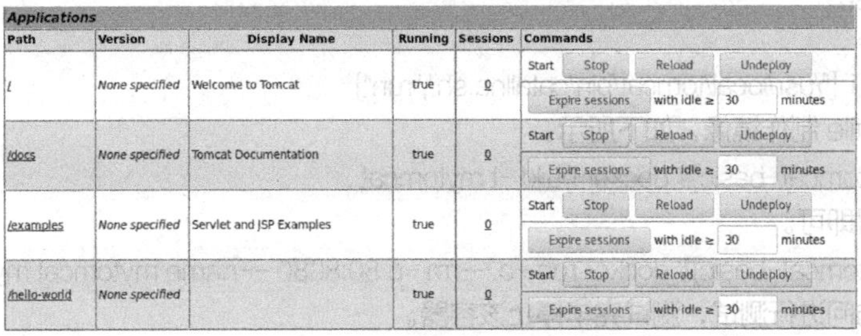

图 6-8　已发布的文件列表

在浏览器中访问 http://127.0.0.1:8888/hello-world/，发现 hello-world 项目已经正常运行，如图 6-9 所示。

图 6-9　访问发布的应用程序

实验完毕，通过 docker stop mytomcat 命令停止该容器。

（2）将.war 包复制到容器中进行发布

复制到/usr/local/tomcat/webapps 目录中的.war 包会自动解压。这里示范通过 docker cp 命令将.war 包复制到容器中进行发布。执行以下操作。

```
[root@host1 tomcat-basic]# docker run -d --rm -p 8888:8080 --name mytomcat tomcat:8.0
775236abb4fd0c439ee950666077fae9e855e9bcb461d14faaf0b778e627fdfa
[root@host1 tomcat-basic]# docker cp war/hello-world.war mytomcat:/usr/local/tomcat/webapps
[root@host1 tomcat-basic]# docker restart mytomcat
mytomcat
```

在浏览器中访问 http://127.0.0.1:8888/hello-world/，实际测试访问项目。实验完毕，停止该容器。

（3）将.war 包所在目录绑定挂载到容器中进行发布

采用绑定挂载的方式更为灵活，特别适合开发阶段的部署测试。执行以下操作。

```
[root@host1 tomcat-basic]# docker run -d --rm -p 8888:8080 -v "$(pwd)"/war:/usr/local/tomcat/
webapps --name mytomcat tomcat:8.0
a1048d727cb6a40472ab042d9f17ebd3a85da568c6c3a77519997fd41bf6fdec
```

使用浏览器访问进行测试，然后停止该容器。

（4）基于 Tomcat 官方镜像加入.war 包生成新的镜像

对于已经测试好的.war 包，可以以 Tomcat 官方镜像为基础进行打包以生成新的镜像，再基于新的镜像进行部署，这特别适合于生产部署。

创建 Dockerfile 文件并加入以下内容。

```
FROM tomcat:8.0
#将 webapps 目录下的文件和子目录全部删除
RUN rm -rf /usr/local/tomcat/webapps/*
#将 target 下的 xx.war 复制到/usr/local/tomcat/webapps/下
ADD ./war/hello-world.war /usr/local/tomcat/webapps
EXPOSE 8080
#设置启动命令
ENTRYPOINT ["/usr/local/tomcat/bin/catalina.sh","run"]
```

基于 Dockerfile 制作镜像，如下所示。

```
[root@host1 tomcat-basic]# docker build -t mytomcat .
```

最后进行部署即可。

```
[root@host1 tomcat-basic]# docker run -d --rm -p 80:8080 --name mytomcat mytomcat
```

使用浏览器访问进行测试，测试完毕停止该容器。

4. 制作自己的 Tomcat 镜像部署 Web 应用程序

遇到有些情形需要特定的操作系统环境时，需要制作自己的镜像。下面示范基于
CentOS 7 操作系统的 Tomcat 镜像制作，JDK 选择 OpenJDK。Dockerfile 文件
内容如下。

制作自己的 Tomcat
镜像部署 Web
应用程序

```
FROM centos:7
ENV container docker
# 安装基本工具
RUN yum -y update && yum -y install \
 sudo \
 tar \
 gzip \
 wget \
 openssh-clients \
 java-1.8.0-openjdk \
 vi \
 find \
        && rm -rf /var/cache/yum*
# 添加 Tomcat 账户
RUN groupadd tomcat
RUN useradd -M -s /bin/nologin -g tomcat -d /opt/tomcat tomcat
# 安装 Tomcat 8
RUN wget https://mirror.bit.edu.cn/apache/tomcat/tomcat-8/v8.5.56/bin/apache-tomcat-8.5.56.tar.gz && \
    tar -xvzf apache-tomcat-8.5.56.tar.gz && \
    mv apache-tomcat-8.5.56 /opt/tomcat && \
    rm -f apache-tomcat-8.5.56.tar.gz
# 定制 Tomcat 配置
ADD tomcat-users.xml /opt/tomcat/conf
ADD context.xml /opt/tomcat/webapps/manager/META-INF/context.xml
ADD context.xml /opt/tomcat/webapps/host-manager/META-INF/context.xml
# 为 Tomcat 账户授权
RUN cd /opt/tomcat; \
    chgrp -R tomcat /opt/tomcat; \
    chmod -R g+r conf; \
    chmod g+x conf; \
    chown -R tomcat /opt/tomcat/webapps/; \
    chown -R tomcat /opt/tomcat/work/; \
    chown -R tomcat /opt/tomcat/temp/; \
    chown -R tomcat /opt/tomcat/logs/
# 设置环境变量
ENV Java_HOME /usr/lib/jvm/jre
ENV CATALINA_PID /opt/tomcat/temp/tomcat.pid
ENV CATALINA_HOME /opt/tomcat
ENV CATALINA_BASE /opt/tomcat
```

```
ENV PATH $PATH:$Java_HOME/bin:$CATALINA_HOME/bin:$CATALINA_HOME/scripts

EXPOSE 8080
WORKDIR /opt/tomcat
# 启动 Tomcat
CMD ["/opt/tomcat/bin/catalina.sh", "run"]
```

执行以下命令基于此 Dockerfile 生成新的镜像。

```
docker build -t centos-tomcat .
```

之后可以基于镜像启动一个容器，例如：

```
docker run -d -p 8080:8080  --name centos-tomcat centos-tomcat
```

通常将要发布的应用程序绑定挂载到容器的/opt/tomcat/webapps 目录下进行发布，还可以选择一个主机目录，绑定挂载到容器的/opt/tomcat/logs 目录下来查看程序运行的日志信息。例如：

```
docker run -d -v /opt/tomcat/webapps:/opt/tomcat/webapps -v /opt/tomcat/logs:/opt/tomcat/logs -p
8080:8080 -i -t --name centos-tomcat centos-tomcat
```

如果需要使用 Oracle JDK，则可以修改 Dockerfile 的相应内容来生成镜像。

5. 容器化 Tomcat/MySQL 应用程序

容器化 Tomcat/MySQL
应用程序

Java 的 Web 应用程序大多要与数据库打交道，基于 Tomcat 部署应用程序往往要连接数据库服务器，接下来以 MySQL 数据库为例进行讲解。此类应用程序的容器化涉及 Tomcat 和 MySQL 环境的搭建。可以自定义一个镜像来包括所有的环境，但这种镜像体积较大，也不便于运维。比较好的办法是启用两个容器分别运行 Tomcat 和 MySQL，可以使用 Docker Compose 编排这两个容器。下面示范操作过程。

（1）创建一个项目目录，本例为 tomcat-mysql。准备配套的文件，这里给出一套示例代码，使用 JNDI（Java 命名和目录接口）配置数据源和 JDBC。

JNDI 配置应将 MySQL 驱动中的.jar 文件复制到 Tomcat 安装目录下的 lib 文件夹下，这一步很重要，但一般容易被忘记。

（2）编写名为 docker-compose.yml 的 Compose 文件，内容如下。

```
version: "3"
services:
  db:
    image: mysql:5.7
    environment:
      LANG: C.UTF-8
      MYSQL_ROOT_PASSWORD: tomcat
      MYSQL_DATABASE: example_db
      MYSQL_USER: tester
      MYSQL_PASSWORD: tomcat
    volumes:
      - ./dbinit:/docker-entrypoint-initdb.d
      - db_data:/var/lib/mysql
  web:
    image: tomcat:8.0
    environment:
```

```
        JDBC_URL: jdbc:mysql://db:3306/example_db?socketTimeout=0&amp;autoReconnect=true
        JDBC_USER: tester
        JDBC_PASS: tomcat
      ports:
        - "8888:8080"
      volumes:
        - ./tomcat/webapps:/usr/local/tomcat/webapps
      depends_on:
        - db
  volumes:
    db_data: {}
```

此文件中直接使用 Tomcat 和 MySQL 的官方镜像。注意，MySQL 官方镜像启动的容器中，字符集默认是不支持中文的，可以通过设置环境变量 LANG 的值为 C.UTF-8，使得默认字符集支持中文。

MySQL 容器启动时会执行一个简单的数据库初始化脚本./dbinit/mysql-init.sql，以创建一个包含一些记录的示例表的数据库。

Tomcat 容器依赖于 MySQL 容器，将./tomcat/webapps 目录中的示例程序绑定挂载到该容器中进行发布。该示例程序包括几个简单的 JSP 页面，用于测试 Tomcat 与 MySQL 的连接。

（3）执行以下命令启动整个应用程序。

```
[root@host1 tomcat-mysql]# docker-compose up -d
Creating network &quot;tomcat-mysql_default&quot; with the default driver
Creating volume &quot;tomcat-mysql_db_data&quot; with default driver
Creating tomcat-mysql_db_1 …
Creating tomcat-mysql_web_1 …
```

在浏览器中访问 http://127.0.0.1:8888 进行实测，出现图 6-10 所示的界面，其中提供多个测试项目，可以逐一进行测试。例如，单击"测试数据源"选项会打开一个数据表，如图 6-11 所示。

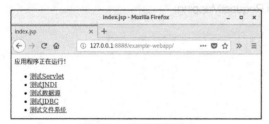

图 6-10　应用程序主界面

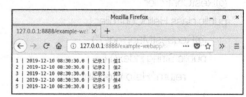

图 6-11　打开一个数据表

实验完毕，停止执行应用程序并清理上述项目。

6. 容器化 Spring Boot 应用程序

Spring Boot 应用程序往往结合 MySQL 服务器和 Nginx 服务器进行部署，由 MySQL 负责数据存储，Nginx 作为前端服务器将请求转发到后端 Spring Boot 内嵌的 Tomcat 服务器中。这需要安装 Nginx 并进行相关配置，同时应安装 MySQL 并配置字符集、时区等信息，最后运行 Spring Boot 项目。由于涉及多个服务组件，并且在对 Spring Boot 应用程序进行容器化时需要提供运行环境，因此通过 Docker Compose 进行部署是比较好的方案。Spring Boot 应用程序是使用 Java 语言编写的，需要进行编译构建，通常使用 Maven 作为构建工具。Spring Boot 提供 Maven 插件，用来生成可执行.jar 包或 .war

容器化 Spring Boot
应用程序

189

包并运行应用程序。下面示范部署一个简单的 Spring Boot 程序的步骤。该程序没有用到数据库，但是为了示范，运行环境中仍然包括 MySQL。

（1）建立项目目录。

将项目目录命名为 spring-boot。在其中创建 app 子目录，用于存放程序项目，包括源代码、编译结果；创建 nginx 子目录，存放有关 Nginx 的配置文件。

（2）准备 Spring Boot 应用程序代码。

准备一个显示"Hello World"的单 Spring Boot 应用程序，源代码位于 app 子目录下的 src/main/java/com/abc/hello 目录中。本例非常简单，只有两个 Java 文件，其中 Application.java 文件的代码如下。

```java
package com.abc.hello;
import org.springframework.boot.SpringApplication;
import org.springframework.boot.autoconfigure.EnableAutoConfiguration;
import org.springframework.context.ApplicationContext;
import org.springframework.context.annotation.ComponentScan;
import org.springframework.context.annotation.Configuration;
@Configuration
@EnableAutoConfiguration
@ComponentScan
public class Application {
    public static void main(String[] args) {
        ApplicationContext ctx = SpringApplication.run(Application.class, args);
    }
}
```

另一个文件 HelloController.java 的代码如下。

```java
package com.abc.hello;
import org.springframework.web.bind.annotation.RestController;
import org.springframework.web.bind.annotation.RequestMapping;
@RestController
public class HelloController {
    @RequestMapping("/")
    public String index() {
        return "Hello World\n";
    }
}
```

使用 Maven 构建需要编写 pom.xml 文件。这里在 app 子目录下创建 pom.xml 文件，其内容如下。

```xml
<project xmlns="http://maven.apache.org/POM/4.0.0" xmlns:xsi="http://www.w3.org/2001/XMLSchema-instance"
    xsi:schemaLocation="http://maven.apache.org/POM/4.0.0  http://maven.apache.org/xsd/maven-4.0.0.xsd">
    <modelVersion>4.0.0</modelVersion>
    <groupId>com.abc </groupId>
    <artifactId>helloworld</artifactId>
    <version>0.0.1-SNAPSHOT</version>
```

```
    <!-- 指定为 Spring Boot 项目 -->
<parent>
        <groupId>org.springframework.boot</groupId>
        <artifactId>spring-boot-starter-parent</artifactId>
        <version>2.0.0.RELEASE</version>
</parent>
<dependencies>
        <!-- 搭建的是 Web 应用，必须添加 spring-boot-starter-web 依赖 -->
         <dependency>
            <groupId>org.springframework.boot</groupId>
            <artifactId>spring-boot-starter-web</artifactId>
        </dependency>
        <!-- spring-boot-devtools 依赖支持在修改类或者配置文件时自动重新加载 Spring Boot 应用 -->
        <dependency>
            <groupId>org.springframework.boot</groupId>
            <artifactId>spring-boot-devtools</artifactId>
            <optional>true</optional>
        </dependency>
        <!-- 使用 MySQL 连接器 -->
        <dependency>
            <groupId>mysql</groupId>
            <artifactId>mysql-connector-java</artifactId>
        </dependency>
</dependencies>
<!-- 使用 Maven 插件打包 -->
<build>
    <plugins>
        <plugin>
            <groupId>org.springframework.boot</groupId>
            <artifactId>spring-boot-maven-plugin</artifactId>
        </plugin>
    </plugins>
</build>
</project>
```

Spring Boot 默认会使用内置的 Tomcat 服务器提供 Web 服务。

在 app 子目录下创建 Dockerfile 文件，其内容如下。

```
FROM maven:3.6-jdk-8
```

这表示构建应用程序镜像时依赖于基础镜像 maven 3.6 和 JDK 1.8 环境。由于后面的 docker-compose.yaml 文件设置了项目启动命令，因此这里不需要再添加相应的启动命令。

（3）提供 Nginx 配置文件。

Nginx 在整个项目中用于代理转发，本示例中在 nginx 子目录下提供配置文件 app.conf，其内容如下。

```
server {
    # 监听 80 端口
    listen 80;
    charset utf-8;
    access_log off;
```

```
location / {
    # 转发到 8080 端口
    proxy_pass http://app:8080;
    proxy_set_header Host $host:$server_port;
    proxy_set_header X-Forwarded-Host $server_name;
    proxy_set_header X-Real-IP $remote_addr;
    proxy_set_header X-Forwarded-For $proxy_add_x_forwarded_for;
}
# 处理静态内容
location /static {
    access_log    off;
    expires       30d;
    alias /app/static;
}
}
```

这里主要配置请求转发，将 80 端口的请求转发到 app 服务的 8080 端口。注意，proxy_pass 指令配置代理转发，目的主机使用的是 app，这个 app 是服务名称，使用 Docker Compose 编排的服务可通过服务名称进行相互通信。

（4）在项目根目录下创建名为 docker-compose.yml 的 Compose 文件，其内容如下。

```
version: '3'
services:
  nginx:
    container_name: spbt-nginx
    image: nginx:1.16
    restart: always
    ports:
      - 80:80
      - 443:443
    volumes:
      - ./nginx/conf.d:/etc/nginx/conf.d

  mysql:
    container_name: spbt-mysql
    image: mysql/mysql-server:5.7
    environment:
      MYSQL_DATABASE: test
      MYSQL_ROOT_PASSWORD: root
      MYSQL_ROOT_HOST: '%'
      LANG: C.UTF-8
    ports:
      - 3306:3306
    volumes:
      - db_data:/var/lib/mysql
```

```
        restart: always

    app:
        container_name: spbt-app
        build: ./app
        restart: always
        working_dir: /app
        volumes:
            - ./app:/app
            - ~/.m2:/root/.m2
        expose:
            - 8080
        depends_on:
            - nginx
            - mysql
        command: mvn clean spring-boot:run
volumes:
    db_data: {}
```

此项目的关键是在 app 服务中构建应用程序的镜像，并执行 mvn clean spring-boot:run 命令启动应用程序。执行 mvn clean 命令可将根目录下生成的目标（Target）文件清除。执行 mvn spring-boot:run 命令启动项目。

（5）执行以下命令启动整个应用程序。

```
[root@manager1 spring-boot]# docker-compose up -d
Starting spbt-nginx … done
Starting spbt-mysql … done
Starting spbt-app   … done
```

（6）在浏览器中访问 http://127.0.0.1 进行实测，出现图 6-12 所示的界面，说明部署成功。

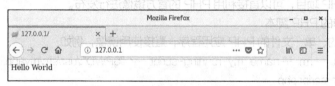

图 6-12　访问 Spring Boot 应用程序

（7）实验完毕，执行以下命令停止应用程序并进行清理。

```
docker-compose down --volumes
```

读者可以根据需要将示例中的 Spring Boot 代码替换成自己的代码，但需要修改相应的 pom.xml 文件。

//// 任务四　PHP 应用程序容器化

任务说明

PHP 全称 PHP：Hypertext Preprocessor，是一种跨平台的服务器端嵌入式脚本语言，适合快速开发 Web 应用程序。PHP 应用程序适合中小型网站和轻量级的 Web 应用。本任务的具体要求如下。

- 了解 PHP 应用程序与 LAMP 平台。
- 熟悉 PHP 官方镜像的使用。
- 使用 Docker Compose 部署 LAMP 平台。

知识引入

1. PHP 与 LAMP

PHP 借用了 C、Java 和 Perl 的语法，同时创建了一套自己的语法。PHP 应用程序执行效率非常高，支持大多数数据库，并且是完全免费的。

LAMP 是一个缩写，最早用来指代 Linux 操作系统、Apache 网络服务器、MySQL 数据库和 PHP（Perl 或 Python）脚本语言的组合，名称由这 4 种技术的首字母组成。后来 M 也指代数据库 MariaDB。这些产品共同组成了一个强大的 Web 应用程序平台。

LAMP 的所有组成产品均为开源软件，它是国际上比较成熟的架构。与 Java / J2EE 架构相比，LAMP 具有资源丰富、轻量、开发快速等特点；与.NET 架构相比，LAMP 具有通用、跨平台、高性能、低价格的优势。因此 LAMP 无论是在性能、质量，还是成本方面考虑都是企业搭建网站的首选平台，很多流行的商业应用都采用这个架构。

Perl 和 Python 在 Web 应用开发中不如 PHP 普及，所以 LAMP 平台中，大多选用 PHP 作为开发语言。

2. PHP 应用程序容器化的特点

PHP 应用程序以脚本的形式提供，无需编译，因而对其进行容器化的主要工作是通过容器部署 PHP 应用程序的运行环境，并将 PHP 程序脚本集成到相应的镜像中，或者绑定挂载到容器上的相应目录下。

PHP 应用程序大多要用到数据库，最常用的是 MySQL 数据库。因此，在实际应用中，通常通过实现 LAMP 平台的容器化来部署和运行 PHP 应用程序。

任务实现

1. 熟悉 PHP 官方镜像的使用方法

对于简单的 PHP 项目，可以直接利用 PHP 的官方镜像进行发布。

（1）运行简单的 PHP 脚本

对于一些简单的、单一文件的 PHP 应用程序，直接使用镜像，例如：

```
docker run -it --rm --name my-running-script -v "$PWD":/usr/src/myapp -w /usr/src/myapp
php:7.4-cli php your-script.php
```

此命令将启动容器，通过 PHP 命令行执行脚本程序。

（2）基于官方镜像为 PHP 项目定制新的镜像

```
FROM php:7.4-cli
COPY . /usr/src/myapp
WORKDIR /usr/src/myapp
CMD [ "php", "./your-script.php" ]
```

（3）为 PHP 镜像安装 PHP 扩展以定制新的镜像

官方镜像中已经包括许多扩展，可以在基于该镜像启动容器后，进入容器执行 php -m 或 php -i 命令来检查已安装的扩展。例如，执行以下操作查看已安装的模块。

```
[root@host1 ~]# docker exec -it 30f2 bash
root@30f204faf591:/# php -m
[PHP Modules]
```

```
Core
ctype
curl
......
```

可以使用 docker-php-ext-configure、docker-php-ext-install 和 docker-php-ext-enable 等助手脚本简化 PHP 扩展的安装。

为减小镜像的体积，PHP 源代码可以由压缩的 .tar 文件提供。为方便连接任何扩展的 PHP 源代码，可以使用 docker-php-source 脚本提取 .tar 文件或删除已提取的源代码。注意，如果使用 docker-php-source 脚本提取源代码，一定要在镜像的同一层中删除它，例如：

```
FROM php:7.4-cli
RUN docker-php-source extract \
    # 执行其他操作 \
    && docker-php-source delete
```

可以安装 PHP 核心扩展。例如，如果要使用一个带 gd 扩展的 PHP-FPM 镜像，可以编写包括以下内容的 Dockerfile。

```
FROM php:7.4-fpm
RUN apt-get update && apt-get install -y \
        libfreetype6-dev \
        libjpeg62-turbo-dev \
        libpng-dev \
    && docker-php-ext-configure gd --with-freetype --with-jpeg \
    && docker-php-ext-install -j$(nproc) gd
```

必须为扩展手动安装依赖。如果扩展需要自定义配置参数，则可以像此例示范的那样使用 docker-php-ext-configure 脚本。在这种情形下，不必手动执行 docker-php-source 脚本，因为提取源代码会由配置和安装脚本自动处理。

（4）PHP 官方镜像的变种

为满足特定使用场景的需要，PHP 镜像提供了多种风格的变种，具体列举如下。

● php:<版本号>-cli。包括 PHP 命令行工具，适合一次性容器或作为构建其他镜像的基础。实际上其他 PHP 镜像都会包括 PHP 命令行（/usr/local/bin/php）。

● php:<版本号>-apache。包括 Debian 的 Apache 服务器和 PHP（作为 mod_php 模块），默认使用 mpm_prefork 工作模式。它默认的网站根目录为 /var/www/html/，可通过环境变量 APACHE_DOCUMENT_ROOT 进行更改。

● php:<版本号>-fpm。包括 PHP-FPM，这是 PHP 的 FastCGI 管理器，提供了更好的 PHP 进程管理方式，可以有效控制内存和进程。使用这种镜像，应当提供反向代理服务，如 Nginx、Apache，或者其他支持 FastCGI 协议的软件。

● php:<版本号>-alpine。基于流行的 Alpine Linux 项目构建的镜像，Alpine 比多数发行版的基础镜像都小，仅有 5MB 左右，适合对容器大小敏感的场景。

2. 使用 Docker Compose 部署 LAMP 平台

在开发和测试 PHP 应用程序的过程中，部署 LAMP 平台之后一般还要安装 phpMyAdmin 以便进行数据库的在线管理。可以编写 Dockerfile 将 Apache、MySQL、PHP 和 phpMyAdmin 整合到一个镜像中，但产生的镜像文件会比较大，当环境较复杂时 Dockerfile 也会很复杂，且不便于整体管理。将它们分别部署到不

使用 Docker Compose
部署 LAMP 平台

同的容器中，通过 Docker Compose 进行一体化管理，是一种更合理的解决方案，下面示范这种方案的实现。

（1）创建一个项目目录并准备配套的项目文件

因为本例支持 PHP 7，所以将项目目录命名为 lamp-php7。

创建 conf 子目录，在其中再创建 apache 和 php 目录，分别存放部分 Apache 和 PHP 配置文件。

创建 htdocs 子目录，在其中创建一个简单的 index.php 文件用于测试。

创建 build 子目录，在其中创建 Dockerfile 文件，其内容如下。

```
FROM php:7.3-apache
RUN apt-get update
RUN a2enmod rewrite
RUN docker-php-ext-install pdo pdo_mysql mysqli
```

这个镜像从 php:7.3-apache 开始构建。

第 3 行命令表示开启 mod_rewrite 模块，该模块可以实现伪静态页面。Apache 2 开启与禁用模块的方法很特别，a2enmod 用于开启某个模块，a2dismod 用于禁用某个模块。

最后一行通过 docker-php-ext-install 命令安装有关 MySQL 数据库驱动的扩展。其中 mysqli 是 PHP 用来访问 MySQL 服务的扩展，pdo 是数据库抽象层，需要不同类型数据库的实现，如 pdo_mysql 就实现了 pdo 抽象的 MySQL 驱动。

（2）在 Compose 文件中定义服务

在项目目录中创建一个名为 docker-compose.yml 的文件，添加以下内容。

```
version: '3.1'
services:
  web:
    build: ./build
    container_name: lamp-web
    restart: always
    ports:
      - ${APACHE_PORT}
    volumes:
      - ./htdocs:/var/www/html
      - ./conf/apache/apache2.conf:/etc/apache2/apache2.conf:ro
      - ./conf/apache/ports.conf:/etc/apache2/ports.conf:ro
      - ./conf/apache/sites-available:/etc/apache2/sites-available:rw
      - ./conf/apache/sites-enabled:/etc/apache2/sites-enabled:rw
      - ./conf/php/php.ini:/usr/local/etc/php/php.ini:ro

    depends_on:
      - phpmyadmin
      - db
  db:
    image: mysql:latest
    container_name: lamp-mysql
    ports:
      - ${MYSQL_PORT}
```

```
        command:  mysqld  --default-authentication-plugin=mysql_native_password  --character-set-
server=utf8
      restart: always
      environment:
        TZ: "Asia/Shanghai"
      volumes:
        - db_data:/var/lib/mysql
      environment:
        MYSQL_USER: ${MYSQL_USER}
        MYSQL_PASSWORD: ${MYSQL_PASSWORD}
        MYSQL_ROOT_PASSWORD: ${MYSQL_ROOT_PASSWORD}
    phpmyadmin:
      image: phpmyadmin/phpmyadmin:latest
      container_name: lamp-admin
      environment:
        MYSQL_USER: ${MYSQL_USER}
        MYSQL_PASSWORD: ${MYSQL_PASSWORD}
        MYSQL_ROOT_PASSWORD: ${MYSQL_ROOT_PASSWORD}
      depends_on:
        - db
      ports:
        - ${PHPMYADMIN_PORT}
  volumes:
    db_data: {}
```

该 Compose 文件定义了 3 个服务：web、db 和 phpmyadmin。Web 服务使用基于当前目录下 build 子目录中的 Dockerfile 构建的镜像，这是一个支持 PHP 7 的 Apache 服务器。db 服务使用公开 的 MySQL 镜像，并进行了定制。phpmyadmin 服务也是基于公开镜像进行定制的，它依赖于 db 服务，Web 服务又依赖于 phpmyadmin 服务。

该 Compose 文件中使用了多个环境变量，这些环境变量由默认的环境变量文件.env 提供。这里还 要创建.env 文件，其内容如下。

```
MYSQL_ROOT_PASSWORD=Abc_123
MYSQL_USER=tester
MYSQL_PASSWORD=abc123
MYSQL_PORT=3306:3306
APACHE_PORT=8080:80
PHPMYADMIN_PORT=8088:80
```

上面内容定义的是 MySQL 的账户和密码，以及各服务的映射端口。注意，.env 文件由于以点号开头，因此它会被 Linux 系统当作隐藏文件。

（3）通过 Docker Compose 构建并运行应用程序

在项目目录中执行 docker-compose up -d 命令启动应用程序。

在浏览器中通过网址 http://127.0.0.1:8080 访问 PHP 应用程序，出现图 6-13 所示的界面，说明 PHP 服务器正常运行。通过网址 http://127.0.0.1:8088 访问 phpMyAdmin，出现图 6-14 所示的界面，登录之后，即可在线管理 MySQL 数据库。

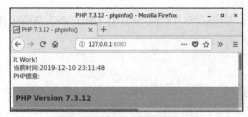

图6-13 访问 PHP 应用程序

图6-14 phpMyAdmin 登录界面

管理员只需将要发布的 PHP 项目复制到/htdocs 目录下即可。

完成实验后，执行 docker-compose down --volumes 命令清理项目。

任务五　Python 应用程序容器化

任务说明

Python 是一种可与 Perl、Ruby、Scheme 或 Java 相媲美的面向对象的、解释型的程序设计语言，其语法简洁清晰，具有丰富和强大的库。它最初被设计用于编写自动化脚本，随着版本的不断更新和语言新功能的增加，其越来越多地用于独立的、大型项目的开发。通过 Docker 部署 Python 应用程序非常方便。本任务的具体要求如下。

- 了解 Python 程序的特点。
- 了解 Python Web 框架。
- 熟悉 Python 官方镜像的使用。
- 使用 Docker Compose 部署 Django 应用程序。

知识引入

1. Python 程序的特点

作为一种易于使用的语言，Python 使程序编写和程序运行变得简单。Python 程序与容器化有关的特点如下。

- Python 是一种解释型语言，易于移植。
- Python 程序代码以模块和包的形式进行组织。包定义了一个由模块和子包组成的 Python 应用程序执行环境，本质就是一个具有特定层次的文件目录结构。Python 可以使用 pip 工具安装、升级和删除包。

- Python 项目中可以包含 requirements.txt 文件，用于记录所有的依赖包及其精确的版本，以便在新的环境下进行部署。下面给出 requirements.txt 的简单示例。

```
matplotlib==2.2.0
numpy==1.14.1
```

这个文件可以手动编写，也可以自动生成。使用 pip freeze 命令将当前开发环境中的包信息记录到 requirements.txt 文件中，如下所示。

```
pip freeze > requirements.txt
```

到其他环境中部署 Python 项目时，可以使用 pip install 命令依据 requirements.txt 文件批量安装所依赖的包，如下所示。

```
pip install -r requirements.txt
```

构建 Python 程序镜像时一般要考虑使用 pip install 命令部署运行环境。

- Python 支持虚拟环境，以便为不同的项目创建彼此独立的运行环境。在虚拟环境下，每一个项目都有自己的依赖包，而与其他项目无关。不同的虚拟环境中同一个包可以有不同的版本，并且虚拟环境的数量没有限制。容器本身就是隔离的运行环境，因此容器化 Python 程序时不用再创建虚拟环境。

2. Python Web 框架及其部署技术

Python Web 应用程序的部署比较复杂，要进行容器化，首先需要了解相关的部署技术。WSGI 全称 Web Server Gateway Interface，它规定了 Python Web 应用程序和 Python Web 服务器之间的通信方式。目前主流的 Python Web 框架，如 Django、Flask、Tornado 等都是基于 WSGI 规范实现的，在部署时需要考虑对 WSGI 的支持。Django 是由 Python 编写的开放源代码的 Web 应用框架，是重量级框架中最有代表性的，许多网站和 Web 应用程序都基于 Django 框架实现。下面以 Django 为例介绍 Python Web 框架及其部署技术。

运行 Django 应用程序最简单的方法是执行 python manage.py runserver 命令，也就是建立一个简单的 HTTP 服务器，但这只适用于测试环境。正式发布的服务需要一个稳定而持续的 Web 服务器，比如 Apache、Nginx 等，在 Linux 平台上一般选择使用 Nginx 部署 Django。Nginx 是一个 Web 服务器，也是一个反向代理工具，通常用来部署静态文件。Django 框架遵循 WSGI 规范，还需要部署 Python WSGI 服务器以完成 Python 动态内容的发布。Python WSGI 服务器目前主要有两种解决方案：一种是 uWSGI，另一种是 Gunicorn。

这里重点讲解 uWSGI。uWSGI 是实现了 uwsgi 协议、WSGI 规范和 HTTP 的一个软件工具。uWSGI 通过 WSGI 规范与 Python Web 服务进程通信，然后通过 uwsgi 协议与 Nginx 进行通信，最终 Nginx 通过 HTTP 将服务对外发布。uwsgi 协议是 uWSGI 工具独有的协议，选择 uWSGI 作为部署工具的一个重要原因就是 uwsgi 协议具有简洁高效的优点。

uWSGI 作为 Web 服务器，支持 HTTP，当然也支持静态文件部署。但对静态资源处理得不是很理想，目前主流的做法是选择 Nginx 处理静态文件。Django 应用程序通常选择 Nginx 和 uWSGI 相结合的部署方案，Nginx 负责静态内容发布，uWSGI 负责动态内容发布，二者配合共同提供 Web 服务，以达成提高效率和实现负载均衡等目的。采用这种部署方案，请求和响应的流程如图 6-15 所示。

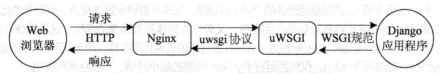

图 6-15　Nginx 和 uWSGI 部署的请求和响应流程

用户的访问请求首先到达 Nginx，如果请求是静态内容，则 Nginx 会直接处理；如果请求是动态内容，就将其转交给 uWSGI，由 uWSGI 处理整个 Django 项目的 Python 代码。Nginx 会将请求（HTTP）进行转换并通过 uwsgi 协议传递给 uWSGI，uWSGI 通过 WSGI 规范与 Django 应用程序进行通信，获取响应结果，再通过 uwsgi 协议返回给 Nginx，最终 Nginx 以 HTTP 返回给发起请求的用户。

Nginx、uWSGI 和 Django 可以先独立部署，然后整合在一起，部署过程中涉及 Nginx 和 uWSGI 的配置。

另外，传统的部署方案中还会使用 Supervisor 看守服务进程，一旦进程异常退出，它会立即让进程重新启动。Supervisor 是用 Python 开发的一套通用的进程管理程序，能将一个普通的命令行进程变为后台守护进程，并监控进程状态，异常退出时能自动重启。使用容器方式部署则不需要 Supervisor，直接利用容器的自动重启功能即可，除非一个容器中运行多个服务，而 Docker 官方建议一个容器中只运行一个服务。

任务实现

1. 熟悉 Python 官方镜像的使用

对于简单的 Python 项目，可以直接利用 Python 官方镜像发布。

（1）基于官方镜像为 Python 项目定制新的镜像

下面给出一个 Dockerfile 的示例代码。

```
FROM python:3
# 设置工作目录
WORKDIR /usr/src/app
# 复制 requirements.txt 文件到工作目录
COPY requirements.txt ./
#依据 requirements.txt 文件使用 pip 安装包
RUN pip install --no-cache-dir -r requirements.txt
# 将当前目录复制到容器的工作目录
COPY . .
CMD [ "python", "./your-daem-onor-script.py" ]
```

基于 Dockerfile 构建 Docker 镜像，例如：

```
docker build -t my-python-app .
```

然后基于新构建的镜像启动容器，如下所示。

```
docker run -it --rm --name my-running-app my-python-app
```

（2）运行单个 Python 脚本

对于一些简单的、单一文件的 Python 应用程序，不必编写 Dockerfile，直接使用镜像运行 Python 脚本即可。例如：

```
docker run -it --rm --name my-running-script -v "$PWD":/usr/src/myapp -w /usr/src/myapp
python:3 python your-daemon-or-script.py
```

（3）Python 镜像的变种

为满足特定使用场景的需要，Python 官方镜像提供了多种风格的变种，具体列举如下。

● python:<版本号>。这是使用最多的 Python 镜像，如果不能确定具体需求，可以考虑此镜像。它既可用来加载源代码并启动容器以启动应用程序，又可作为构建其他镜像的基础。这种镜像可能会使用 buster 或 stretch 之类的标签，这些标签是 Debian 发行版的套件代码名称，用于指示基础镜像的版本。

● python:<版本号>-slim。仅包括运行 Python 所需的最小环境，不包括常用的包。

● python:<版本号>-alpine。基于流行的 Alpine Linux 项目构建的镜像，适合对容器大小敏感的场景。

● python:<版本号>-windowsservercore。这是基于 Windows Server Core （microsoft/ windowsservercore）的镜像，仅适用于 Windows 10 或 Windows Server 2016 操作系统。

2. 使用 Docker Compose 部署 Django 应用程序

项目五的任务二已经示范了一个简单的 Django/PostgreSQL 应用程序的编排和部署，下面再示范一个复杂的适合生产环境的 Django 应用程序容器化过程，使用 Nginx 和 uWSGI 部署 Django/MySQL 应用程序，这也是目前比较主流的 Django 项目部署方式。

（1）创建一个项目目录。

将项目目录命名为 django-nginx-uwsgi-mysql。

（2）配置 Nginx 服务器。

运行 Nginx 服务器的 Nginx 容器基于官方镜像构建。

创建 nginx 目录，用于存放 Nginx 配置文件。

在该目录下创建 conf 子目录，其中创建两个配置文件 nginx.conf 和
django-nginx.conf。

使用 Docker
Compose 部署
Django 应用程序

nginx.conf 文件存放 Nginx 全局配置，这些配置来源于 Nginx 官方镜像中的默认配置文件，这里主要是将 user 的值从 nginx 改为 root。user 是一个主模块指令，指定运行 Nginx Worker 进程的用户以及用户组。

django-nginx.conf 文件用于 Nginx 的扩展配置，主要定义 Nginx 与 uWSGI 交互的配置，绑定挂载到容器中的/etc/nginx/conf.d/default.conf 文件中。其主要内容如下。

```
upstream uwsgi {
    server unix:/code/app.sock;
}
server {
    # 站点端口
    listen    80;
    # 服务器名称
    server_name nginx_srv;
    # 网页的默认编码格式
    charset    utf-8;
    # 允许客户端上传数据的大小
    client_max_body_size 75M;
    location /static {
        # Django 项目的静态文件
        alias /code/static;
        index index.html   index.htm;
    }
    location / {
        uwsgi_pass   uwsgi;
        include    /etc/nginx/uwsgi_params;
    }
}
```

其中 upstream 块主要用于配置负载均衡，设置一系列的后端服务器。Nginx 的 HTTP upstream 块用于实现客户端到后端服务器的负载均衡，这里用来设置 Nginx 请求转发的目的地。Nginx 将浏览器等发过来的请求通过 proxy_pass（代理转发）或 uwsgi_pass（uwsgi 转发）指令转发给 Web 应用程序进行处理，然后把处理的结果返回给浏览器。Web 应用程序与 Nginx 进行交互需要使用 TCP，WSGI 规范和 uwsgi 协议都在 TCP 之上工作。upstream 块为后端服务器指定一个名称，其中的 server 指令

指定后端服务器的 IP 地址和端口，示例中后端服务器是 uWSGI。如果 Nginx 和 uWSGI 在同一个服务器上，则可以使用 socket 文件的形式，即使用 UNIX Sockets 定义 uWSGI，这种方式开销更小。对于负载均衡，往往要使用多个 server 指令指定多个后端服务器，而且还可以设置调度算法。

　　server 块主要用于虚拟主机配置，如指定主机和端口。其中的 location 块设置 URL 匹配特定位置。location 块支持正则表达式匹配，也支持条件判断匹配，可以实现 Nginx 对动态内容和静态内容的过滤处理。使用 location 块的 URL 匹配配置还可以实现反向代理或负载均衡。在此例中，设置匹配路径 /static 的为静态内容，匹配路径/的为动态内容，并将请求转交给 uWSGI 处理。其中 uwsgi_pass 指令设置 uWSGI 服务器，示例中是由 upstream 块定义的 uwsgi，表示动态内容请求都通过由 uwsgi 指定的 uWSGI。注意，这里的定义要与 uWSGI 服务器的 uwsgi.ini 配置文件（后面会详细介绍）中的 socket 参数保持一致。另外，使用 include 指令嵌入的 uwsgi_params 文件包含 uwsgi 的请求参数，Nginx 官方镜像中已经提供该文件（/etc/nginx/uwsgi_params）。

　　（3）配置 Django 与 uWSGI。

　　本例要基于官方的 Python 镜像安装 Django、mysqlclient、uWSGI 等软件来定制新的镜像，基于新镜像的容器同时运行 Django 应用程序与 uWSGI 服务器。

　　在项目目录下创建 django-uwsgi 目录，在其中创建 Dockerfile 文件，其内容如下。

```
FROM python:3.6.2
ENV PYTHONUNBUFFERED 1
RUN mkdir /code
WORKDIR /code
copy ./requirements.txt /code
RUN pip install --upgrade pip \
    && pip install -r requirements.txt
```

创建/code 目录用于存放应用程序代码，并将该目录作为工作目录。

基于官方的 Python 镜像安装的软件具体由 requirements.txt 文件定义，该文件的代码如下。

```
django>=2.2
django-tinymce4-lite
django-bootstrap4
mysqlclient
django-jet
uwsgi
```

在 django-uwsgi 目录下创建 uwsgi.ini 文件来配置 uWSGI 服务器，其内容如下。

```
[uwsgi]
# 设置监听的 socket
socket=/code/app.sock
# 启动主进程来管理其他进程，其他 uwsgi 进程都是这个 master 进程的子进程
master=true
processes=4
threads=2
# 项目目录（在 app 加载前切换到当前目录，指定运行目录）
chdir = /code
# 项目启动模块（加载一个 WSGI 模块，即 Django 项目的 wsgi 文件）
module=myexample.wsgi:application
# 允许到 socket 的连接
```

```
chmod-socket=666
# 防止部分文件名出现特殊字符乱码
env LANGUAGE="en_US.UTF-8"
#当服务器退出时自动清理环境，删除 unix socket 文件和 pid 文件
vacuum= true
```

uWSGI 服务器的配置一般采用配置文件的形式，在执行 uwsgi 命令时加载即可。

首先要指定 socket 路径以确定 uWSGI 服务器如何接收数据。Nginx 支持 uwsgi 协议，可以直接使用 socket。此处 socket 参数与 Nginx 配置文件中的设置一致，因此可以指定 socket 文件，也可以指定为 IP 地址和端口。本例采用 socket 文件，UNIX Socket 的性能高，可以直接进行内存交换，但必须保证应用和 Nginx 在同一台服务器上。

module 语句定义项目的入口文件，项目从此处所定义的模块启动。

（4）配置 MySQL。

本例基于官方镜像运行 MySQL 容器。在项目目录下创建 db 目录来存放相关配置，其下级子目录 conf 用于存放 MySQL 配置文件，本例提供了一个简单的配置文件。sqls 子目录存放数据库创建的脚本，本例没有提供。

（5）在 Compose 文件中定义所有的服务。

在项目目录中创建一个名为 docker-compose.yml 的文件，添加以下内容。

```
version: '3'
services:
  db:
    image: mysql/mysql-server:5.7
    restart: always
    environment:
      - LANG=C.UTF-8
      - TZ=Asia/Shanghai
      - MYSQL_DATABASE=django
      - MYSQL_ROOT_PASSWORD=django
      - MYSQL_ROOT_HOST=%
    ports:
      - '3306:3306'
    volumes:
      - ./db/conf:/etc/my.cnf.d
      - ./db/sqls:/docker-entrypoint-initdb.d
      - db_data:/var/lib/mysql
  nginx:
    image: nginx
    restart: always
    volumes:
      - ./nginx/nginx.conf:/etc/nginx/nginx.conf
      - ./nginx/conf/django-nginx.conf:/etc/nginx/conf.d/default.conf
      - ./app:/code
      - ./log:/var/log/nginx
    ports:
```

```
        - '8000:80'
     depends_on:
        - django-uwsgi
  django-uwsgi:
     build: ./django-uwsgi
     restart: always
     command: uwsgi --ini /etc/uwsgi/uwsgi.ini
     volumes:
        - ./django-uwsgi/:/etc/uwsgi/uwsgi.ini
        - ./app:/code
        - ./log/uwsgi:/var/log/uwsgi
     depends_on:
        - db
  volumes:
     db_data:
```

（6）在项目目录下执行以下命令完成服务的构建。

```
[root@host1 django-nginx-uwsgi-mysql]# docker-compose build
db uses an image, skipping
nginx uses an image, skipping
Building django-uwsgi
Step 1/6 : FROM python:3.6.2
……
Successfully built 70aad8e72182
Successfully tagged django-nginx-uwsgi-mysql_django-uwsgi:latest
```

（7）在项目目录下执行以下命令创建一个 Django 初始项目。

```
[root@host1 django-nginx-uwsgi-mysql]# docker-compose run django-uwsgi django-admin.py
startproject myexample .
Creating network "django-nginx-uwsgi-mysql_default" with the default driver
Creating volume "django-nginx-uwsgi-mysql_db_data" with default driver
Creating django-nginx-uwsgi-mysql_db_1 … done
```

（8）在项目目录下执行以下命令启动整个应用程序。

```
[root@host1 django-nginx-uwsgi-mysql]# docker-compose up -d
django-nginx-uwsgi-mysql_db_1 is up-to-date
Starting django-nginx-uwsgi-mysql_django-uwsgi_1 … done
Recreating django-nginx-uwsgi-mysql_nginx_1       … done
```

（9）修改 Django 项目的设置文件。

编辑项目目录下的 myexample/settings.py 文件，将其中 "ALLOWED_HOSTS" 的值修改如下。

```
ALLOWED_HOSTS = ['*']
```

再将 "DATABASES" 的定义修改如下。

```
DATABASES = {
    'default': {
        'ENGINE': 'django.db.backends.mysql',
        'NAME': 'django',
        'USER': 'root',
```

```
        'PASSWORD': 'django',
        'HOST': 'db',
        'PORT': 3306,
    }
}
```

（10）打开浏览器访问 http://127.0.0.1:8000，出现图 6-16 所示的 Django 欢迎界面，说明
Django 应用程序已经成功部署。

图 6-16　测试 Django 应用程序

（11）在 app 子目录下添加名为 static 的目录，用于存放静态内容，这里在 static 目录下添加一
个简单的网页文件 index.html（显示 Hello World）。在浏览器中访问 http://127.0.0.1:8000/static/，
出现图 6-17 所示的界面，说明 Django 项目的静态内容发布成功。

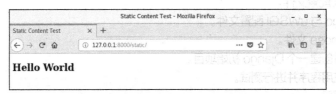

图 6-17　访问 Django 应用程序的静态内容

本例部署的 Django 项目是新创建的，如果要将其他 Django 项目转到这个平台上部署，可以考虑
使用 Django 项目的迁移功能，如执行 manage.py migrate 命令。

（12）完成实验，在项目目录下执行以下命令关闭并清理上述应用程序。

```
docker-compose down --volume
```

项目实训

项目实训一　容器化 Spring Boot 应用程序

实训目的
- 熟悉 Spring Boot 应用程序的特点。
- 掌握 Spring Boot 应用程序的容器化方法。

实训内容
- 建立项目目录并准备应用程序代码。
- 编写 pom.xml 文件和 Dockerfile 文件。

- 编写 Nginx 配置文件。
- 编写 Compose 文件。
- 启动整个应用程序并进行测试。
- 清理实验项目。

项目实训二　使用 Docker Compose 部署 LAMP 平台

实训目的
掌握使用 Docker Compose 部署 LAMP 平台的方法。
实训内容
- 创建一个项目目录并准备 PHP 代码。
- 编写 Compose 文件。
- 启动整个应用程序并进行测试。
- 清理实验项目。

项目实训三　使用 Docker Compose 部署 Django 应用程序

实训目的
- 了解 Django 应用程序的主流部署方式。
- 掌握使用 Docker Compose 基于 Nginx 和 uWSGI 部署 Django/MySQL 应用程序的方法。
实训内容
- 创建一个项目目录。
- 编写 Nginx 配置文件。
- 编写 Django 与 uWSGI 配置文件。
- 编写 Compose 文件。
- 构建服务并创建一个 Django 初始项目。
- 启动整个应用程序并进行测试。
- 清理实验项目。

项目总结

通过本项目的实施，读者应当掌握将应用程序部署到容器中的方法，涉及 Java、PHP 和 Python，以及 Node.js 等应用程序的 Docker 部署。值得一提的是，还可以容器化基于 ASP.NET 与 SQL Server 的应用程序，具体请参阅 Docker 官方提供的示例。随着 DevOps 的发展，应用程序的测试和部署将要使用持续集成和持续部署的方式。例如，检查源代码控制的更改或创建拉取请求时，使用 Docker Hub 或其他持续集成和持续部署工作流来自动构建 Docker 镜像并为其设置标签，然后对其进行测试。下一个项目就讲解这方面的任务实施方法。

项目七
自动化构建与持续集成

07

学习目标

- 了解镜像的自动化构建，掌握自动化构建的操作方法；
- 理解持续集成的概念，了解 Docker 在持续集成中的应用；
- 掌握 Drone 工具的使用方法，实现持续集成和自动化部署。

项目描述

DevOps 是一个完整的、面向 IT 运维的工作流，以 IT 自动化、持续集成和持续部署为基础，用于优化应用程序开发、测试和系统运维等全部环节。上一个项目实现的是应用程序容器化，涉及镜像开发和容器部署。本项目转向 DevOps，侧重 Docker 在软件持续集成和持续部署方面的应用，实现自动化构建、测试和部署循环，以快速交付高质量的软件产品。Docker Hub、阿里云容器镜像服务支持从代码仓库（包含 Dockerflie）自动化构建（Automated Builds）镜像，代码仓库的变更可以触发镜像重新构建，这可以看作持续集成的组成部分。本项目从镜像的自动化构建开始进行讲解。本项目的实施有助于读者学习流程管理的思想和方法，增强系统观念，培养统筹协调和解决复杂问题的能力。

任务一　镜像的自动化构建

任务说明

在开发环境和生产环境中使用 Docker 时，如果采用手动构建方式，那么在部署应用时需要执行的任务就比较烦琐，涉及本地的软件编写测试、测试环境中的镜像构建与更改、生产环境中的镜像构建与更改等。如果改用自动化构建方式，则可以使这些任务自动化。在检查代码更改或创建拉取请求时，可以通过 Docker Hub 或阿里云容器镜像服务自动进行构建并为 Docker 镜像设置标签，然后对其进行测试。本任务的具体要求如下。

- 了解镜像自动化构建的基础知识。
- 熟悉 Git 工具的使用。
- 掌握阿里云提供的自动化构建方法。

知识引入

1. 代码分支管理

现代软件开发过程中要实现高效的团队协作，就需要使用代码管理系统实现代码的共享、追溯、回滚及维护等功能。代码管理系统又称版本控制系统，它提供代码开发的运行历史，有助于在合并来自多个源的代码时解决冲突。其服务器端可称为代码托管平台或代码服务器，客户端可称为代码管理工具或版本控制工具。

Git 是目前主流的代码管理工具。其去中心化的代码管理方式减少了开发人员对中心服务器的依赖，每个开发人员在本地都有一个完整的代码仓库，在不连网的情况下也能提交代码。

代码管理工具使用代码分支标记特定代码的提交。传统代码管理工具 SVN 中的每个分支都具有独立的代码，而 Git 中的每一个分支只是指向当前版本的一个指针，Git 的这种分支策略有助于更加快捷灵活地创建和合并分支。每次提交代码时，Git 都将它们串成一条时间线，这条时间线就是一个分支。

代码分支在实际开发中非常重要。例如，某开发人员负责开发项目中某个重要模块，该模块需要连续开发一个月，等完成代码后一次性提交，这就可能导致代码误删、丢失等风险的出现。这个问题可以通过创建自己的分支来解决。开发人员在自己的分支上开发该模块，可以随时提交过程中的代码，待开发完毕后，再一次性合并到原来的分支上，这样既安全，又不影响其他开发人员的工作。又如，开发团队的项目有许多开发人员在维护，每天会有多次的提交，如果不加以控制，就会出现代码冲突，而使用代码分支就不会出现这样的问题。

项目创建时的默认分支是 master，它是代码主干，一般不用于开发，而是保留当前线上发布的版本。开发分支、预发布分支、需求分支、测试分支等都由开发团队根据项目和需求进行约定。例如，采用简单的分支管理流程，在开发完成后，将开发分支合并到预发布分支上，代码发布上线后，再把预发布分支合并到 master 主干上。

2. Docker Hub 的自动化构建

自动化构建镜像是 Docker Hub 的一项很重要的功能。Docker Hub 可以从外部仓库的源代码中自动化构建镜像，并将构建的镜像自动推送到 Docker 镜像仓库，整个过程如图 7-1 所示。

图7-1 Docker Hub 自动化构建镜像过程

自动构建镜像需要代码仓库和 Docker 镜像仓库的支持，基本步骤如下。

（1）在本地准备构建镜像的 Dockerfile 及相关的上下文。

（2）将 Dockerfile 等代码文件提交到本地 Git 仓库。

（3）将 Dockerfile 等代码文件推送到 GitHub 的远程仓库。

（4）由 Docker Hub 基于 GitHub 代码仓库自动构建镜像。

设置自动化构建时，可以创建一个要构建到 Docker 镜像的分支和标签的列表。将代码文件推送到代码仓库中所列镜像标签对应的特定分支时，代码仓库使用 Webhook 触发新的构建以产生 Docker 镜像，已构建的镜像随后被推送到 Docker Hub。注意，仍然可以使用 docker push 命令将预构建的镜像推送到配置有自动化构建功能的 Docker 仓库。

Webhook 可译为 Web 钩子，是一种 Web 回调或者 HTTP 的推送 API，是向 App 或者其他应用程序提供实时信息的一种方式。Webhook 在数据产生时立即发送数据，让接收者能实时收到数据。使用 Webhook 需要为它准备一个 URL，用于发送请求。

如果代码仓库配置有自动化测试（Automated Tests）功能，则将在构建镜像之后、将镜像推送到镜像仓库之前运行自动化测试。可以使用这种测试功能创建持续集成工作流，测试失败的构建不会推送到已构建的镜像中。自动化测试也不会将镜像推送到自己的仓库。如果要推送到 Docker Hub，则需要启动自动化构建功能。

构建镜像的构建上下文是 Dockerfile 和特定位置的任何文件。对于自动化构建，构建上下文是包含 Dockerfile 的代码仓库。自动化构建需要 Docker Hub 授权用户使用代码托管平台 GitHub 或 Bitbucket 托管的代码来自动创建镜像。

3. 阿里云容器镜像服务的自动化构建

阿里云提供的容器镜像服务（Container Registry）也像 Docker Hub 一样，支持阿里云 Code、GitHub、Bitbucket 或者 GitLab 等代码管理系统的代码仓库。这些仓库可以是公开的，也可以是私有的。

容器镜像服务提供安全的镜像托管能力、稳定的国内外镜像构建服务和便捷的镜像授权功能，方便用户进行镜像全生命周期管理。容器镜像服务简化了镜像注册中心的搭建运维工作，支持多地域的镜像托管，并联合容器服务等云产品，为用户打造云上使用 Docker 的一体化体验。

4. 自动化构建镜像的优点

自动化构建是容器 DevOps 的重要组成部分，总体来说，其具有以下优点。

- 自动化构建的镜像完全符合期望。
- 任何可以访问代码仓库的人都可以使用 Dockerfile。
- 代码修改之后镜像仓库会自动更新。
- 充分利用第三方服务器资源，节省自己的计算资源和时间。

任务实现

1. 熟悉 Git 工具的使用方法

自动化构建镜像需要与代码仓库打交道，一般使用 Git 管理代码。Git 是一个开源的分布式版本控制系统，可以有效、高速地管理项目版本。Git 客户端工具名为 git，大部分版本控制服务器都支持该客户端。对于一般开发人员来说，Git 工具最常见的用途如下。

熟悉 Git 工具的
使用方法

- 从远程仓库复制完整的 Git 仓库（包括代码和版本信息）到本地仓库。
- 在本地根据不同的开发目的创建代码分支、修改代码。
- 从本地仓库向代码托管服务器（远程仓库）提交代码。
- 代码分支合并与主干合并。

开发软件时使用 Git 工具进行版本管理，最好先创建远程仓库，然后将远程仓库复制到本地仓库，所用的复制命令的语法如下。

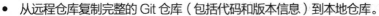

git clone [选项] <仓库地址> <本地目录>

如果省略本地目录，则本地目录与远程仓库同名。-b 选项可以指定一个分支名，这样可以将一个指定分支复制到本地，本地目录名称与分支同名。

如果已经有了本地仓库，则要使用 git remote add 命令将本地仓库与远程仓库关联起来。该命令的语法如下。

git remote add <仓库名> <仓库地址>

仓库名就是在本地仓库中给远程仓库起的别名，一般就是 origin；仓库地址就是访问远程仓库的 URL 地址。git remote add 命令在本地仓库与远程仓库之间建立一个连接。

下面以将代码提交到 GitHub 远程仓库为例进行示范。

（1）注册 GitHub 账户和设置 SSH 密钥。

如果没有 GitHub 账户，则首先需要注册账户。

本地 Git 仓库和 GitHub 仓库之间的数据传输通过 SSH 加密，所以需要设置 SSH 密钥。一个 GitHub 账户允许添加多个 SSH 密钥，以满足用户在不同场合的源代码提交需求。

先在用户主目录下查看是否有一个 .ssh 目录（这是一个隐藏目录）。如果有，再查看这个目录下有没有 id_rsa（存放私钥）和 id_rsa.pub（存放公钥）这两个文件。如果没有以上目录和文件，则可以在命令行中执行以下命令创建 SSH 密钥，创建过程中无需设置密码。

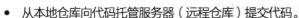

ssh-keygen -t rsa -C <用户的邮件地址>

　　在用户主目录里找到.ssh 目录，其中 id_rsa.pub 文件存放的是公钥，打开该文件并复制其中的内容。
　　登录 GitHub 网站，单击右上角的  图标，从菜单中选择"Settings"选项打开设置页面，单击左侧导航栏中的"SSH and GPG keys"选项，在"Title"文本框中为该密钥命名，在"Key"文本框中粘贴 id_rsa.pub 文件的内容，如图 7-2 所示，单击"Add SSH key"按钮完成 SSH 密钥的添加。

图 7-2　添加 SSH 密钥

　　（2）安装和设置 Git。
　　如果没有安装 Git 工具，则可以执行以下命令进行安装。

```
yum install git
```

安装完成后，还需要进一步设置用户名和邮件账户，如执行下列命令。

```
[root@host1 ~]# git config --global user.name "zhongxp"
[root@host1 ~]# git config --global user.email "zxp169@163.com"
```

　　（3）在 GitHub 网站创建一个名为 git-demo 的仓库。
　　（4）在本地机器上执行以下命令，将该仓库从远程 GitHub 网站复制到本地 Git 仓库。

```
[root@host1 ~]# git clone git@github.com:zhongxpgit/git-demo.git
Cloning into 'git-demo'…
warning: You appear to have cloned an empty repository.   # 这是一个空的仓库
```

　　（5）进入本地仓库目录并创建一个文件，如下所示。

```
[root@host1 ~]# cd git-demo
[root@host1 git-demo]# echo "# git-demo" >> README.md
```

　　（6）将当前目录中的源文件添加到本地仓库，如下所示。

```
[root@host1 git-demo]# git add .
```

　　git add 命令的作用是将要提交的代码从工作区添加到暂存区，就是告诉 Git 要提交哪些文件，其语法如下。

```
git add [选项] <路径>
```

　　路径参数如果使用点号（.），则表示当前目录。
　　默认不加任何选项，表示提交新的文件和被修改的文件，但不包括被删除的文件。
　　-u 选项表示提交被修改的和被删除的文件，不包括新文件。
　　-A 选项表示提交所有被改变的文件，包括被修改的、被删除的和新增的文件。
　　注意，被删除的文件被加入暂存区，在提交并推送到远程仓库之后就会从 Git 中消失了。
　　（7）将源文件提交到本地仓库，如下所示。

```
[root@host1 git-demo]# git commit -m "first commit"
[master (root-commit) ab6f721] first commit
 1 file changed, 1 insertion(+)
```

create mode 100644 README.md

git commit 命令用于将暂存区里的改动提交到本地的版本库中，其语法如下。

git commit [选项] <参数>

-m 选项最常用，其后面的参数表示此次提交的说明信息。每次使用 git commit 命令提交之后都会在本地仓库生成一个 40 位的哈希值，这个哈希值就是 commit-id（提交 ID），这个 ID 在版本回退时非常有用，可以在之后通过 git reset 命令恢复到由该 ID 标识的版本。

（8）将本地仓库的所有内容推送到远程仓库，如下所示。

[root@host1 git-demo]# git push –u origin master

Warning: Permanently added the RSA host key for IP address '52.74.223.119' to the list of known hosts.

Counting objects: 3, done.

Writing objects: 100% (3/3), 217 bytes | 0 bytes/s, done.

Total 3 (delta 0), reused 0 (delta 0)

To git@github.com:zhongxpgit/git-demo.git

 * [new branch]   master -> master

Branch master set up to track remote branch master from origin.

git push 命令用于将本地版本库的分支推送到远程服务器上对应的分支中，其语法如下。

git push [选项] <远程主机名> <本地分支名>:<远程分支名>

如果省略远程分支名，则表示将本地分支推送到与它存在追踪关系的远程分支（通常两者同名）中。如果该远程分支不存在，则会被创建。

如果省略本地分支名，则表示删除指定的远程分支，这等同于推送一个空的本地分支到远程分支中。

使用-u 选项指定一个默认主机，这样后面就可以不加任何参数地使用 git push 命令了。不带任何选项和参数的 git push 命令默认只推送当前分支。

--all 选项表示不管是否存在对应的远程分支，都将本地的所有分支推送到远程主机中。

2. 使用阿里云容器镜像服务实现镜像的自动化构建

考虑到国内环境的可靠性以及操作界面的本地化，这里以阿里云容器镜像服务为例示范镜像自动化构建的实现过程。

使用阿里云容器镜像服务实现镜像的自动化构建

（1）设置代码源

① 如果没有阿里云容器镜像服务账户，则首先需要注册，具体方法参见项目二的任务三。

② 登录阿里云管理控制台，切换到容器镜像服务，单击左侧导航栏中的"代码源"选项，出现图 7-3 所示的界面，这里列出了可绑定账户的代码源。

图 7-3 可绑定账户的代码源

阿里云的容器镜像服务除了支持阿里云 Code 平台，还支持 GitHub、Bitbucket、GitLab 等主流的代码托管平台。

③ 这里绑定阿里云 Code，单击第 1 行的"绑定账号"选项，弹出图 7-4 所示的对话框。

④ 单击"点击前往源代码仓库登录"按钮，进入阿里云代码仓库管理界面，如图 7-5 所示。

图 7-4　阿里云 Code 绑定　　　　　　　　　　　　图 7-5　阿里云代码仓库管理界面

⑤ 单击"+新项目"按钮创建一个新的项目，如图 7-6 所示。这里的关键是为项目命名（本例中为"autobuild-demo"），考虑到仅用于演示，所以没有创建命名空间。

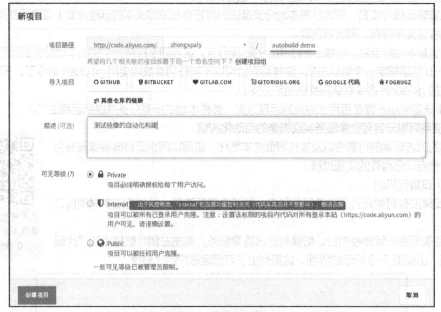

图 7-6　创建新的项目

⑥ 单击"创建项目"按钮完成新项目的创建，出现图 7-7 所示的界面，给出将本地仓库的内容推送到阿里云版本仓库的操作方法，并提示增加 SSH 密钥。

与 GitHub 一样，阿里云 Code 平台也是通过 SSH 密钥来确认推送者的身份的。

⑦ 单击"增加 SSH 密钥"链接，出现图 7-8 所示的界面，将用户主目录中.ssh 子目录下 id_rsa.pub 文件中的内容复制到"公钥"文本框，并在"标题"文本框中为它加上标题，单击"增加密钥"按钮完成 SSH 密钥的增加，结果如图 7-9 所示。

还可以对 SSH 公钥进行进一步管理。一个阿里云账户允许添加多个 SSH 密钥，以满足用户在不同场合的源代码提交需求。

图7-7　完成新项目的创建

图7-8　增加SSH密钥

图7-9　新增加的SSH密钥

⑧ 切换到图7-4所示的阿里云Code绑定对话框，单击"已完成账号绑定"按钮。

至此，完成了代码仓库的创建，实现了阿里云Code与容器镜像服务账号的绑定。

（2）创建镜像仓库

默认情况下，如果容器镜像服务登录账户已经开通了阿里云Code（阿里云自己的代码托管平台），则默认显示阿里云Code上的项目。如果还没有开通阿里云Code，则需要单击"绑定账号"选项去开通。之后，可以基于阿里云Code上的项目创建一个代码仓库。建议在构建设置上选择代码变更时自动化构建镜像，这样当在阿里云 Code 上进行代码修改时，将会触发仓库的自动化构建，并将新的镜像推送至阿里云的 Registry。

① 登录阿里云管理控制台，切换到容器镜像服务，单击左侧导航栏中的"镜像仓库"链接。

② 单击"创建镜像仓库"按钮，打开图 7-10 所示的界面，输入仓库名称和摘要信息。

③ 单击"下一步"按钮，出现图 7-11 所示的界面，设置代码源。从左边下拉菜单中选择要连接的命名空间（代码仓库中如果没有创建命名空间，则会使用账户名称作为默认的命名空间），从右边下拉菜单中选择要连接的代码仓库。

图 7-10　设置镜像仓库信息　　　　　　　　图 7-11　设置镜像仓库的代码源

④ 单击"创建镜像仓库"按钮完成创建。

⑤ 新创建的镜像仓库的基本信息如图 7-12 所示，其中给出了镜像仓库的地址以及操作指南。

图 7-12　镜像仓库的基本信息

（3）设置构建规则

进入上述镜像仓库的详细信息页面，单击左侧导航栏中的"构建"按钮，构建设置如图 7-13 所示。

图 7-13　镜像仓库的构建设置

默认已开启代码变更自动构建镜像功能，且列出一条内置的构建规则。

构建规则用于控制阿里云容器镜像服务从哪个代码分支或代码标签构建，以及生成的镜像在镜像仓库中如何设置标签。其中默认的内置规则是一条基于标签构建的规则，不能修改或删除。可以根据需要添加若干自定义的构建规则。

这里单击"添加规则"按钮，打开图 7-14 所示的对话框，从"类型"下拉列表中选择"Branch"（表示根据分支构建）选项，从"Branch/Tag"下拉列表中选择"master"（主干）选项，在"镜像版本"文本框中设置版本代号，这里设置为 latest（表示最新版本）。这条规则规定构建来自代码仓库中名为 master 的分支，所创建的 Docker 镜像会被打上 latest 标签。

图 7-14　为镜像仓库添加构建规则

单击"确认"按钮，新增加的构建规则出现在列表中，如图 7-15 所示。

图 7-15　新添加的构建规则

如果单击"立即构建"选项，将触发仓库使用该构建规则进行构建。下面主要讲解通过提交代码来触发仓库根据规则进行自动化构建。

（4）开始构建镜像

① 执行以下命令，从阿里云 Code 的远程仓库中复制 autobuild-demo 到本地 Git 仓库。

```
[root@host1 ch07]# git clone git@code.aliyun.com:zhongxpaly/autobuild-demo.git
Cloning into 'autobuild-demo'…
The authenticity of host 'code.aliyun.com (120.55.150.20)' can't be established.
RSA key fingerprint is SHA256:ZrA2ZqYTVyPbw4zytCSAv74ZMaS2LDH74l7sMPtQIG0.
RSA key fingerprint is MD5:69:ab:cb:07:eb:a3:e1:f3:0b:2e:f4:23:b0:c1:c6:9a.
Are you sure you want to continue connecting (yes/no)? yes
Warning: Permanently added 'code.aliyun.com,120.55.150.20' (RSA) to the list of known hosts.
warning: You appear to have cloned an empty repository.
```

复制远程仓库需要通过 SSH 密钥来确认推送者的身份。

② 将当前工作目录切换到本地 Git 仓库目录，如下所示。

```
[root@host-1 ~]# cd autobuild-demo
```

③ 在该目录中创建 Dockerfile，并加入以下内容，然后保存该文件。

```
# 从 Nginx 官方镜像开始构建
FROM nginx
# 修改 Nginx 首页信息
RUN echo "Hello! This is nginx server " > /usr/share/nginx/html/index.html
```

这里主要是示范自动构建镜像，所以准备的 Dockerfile 非常简单。

④ 将当前目录中的代码文件添加到本地 Git 仓库，如下所示。

```
[root@host-1 autobuild-demo]# git add .
```

⑤ 将源文件提交到本地 Git 仓库，如下所示。

```
[root@host-1 autobuild-demo]# git commit -m "1st commit"
```

⑥ 将本地 Git 仓库的所有内容推送到远程仓库的分支 master 中，如下所示。

```
[root@host1 autobuild-demo]# git push -u origin master
```

⑦ 在镜像仓库的"构建"页面上查看构建日志，会发现完成了一次自动构建，如图 7-16 所示。

构建日志					
构建ID	镜像版本	开始时间	耗时（秒）	构建状态	操作
1577236584025609545	latest	2019-12-25 01:16:24	20	成功	日志

图 7-16　镜像仓库的构建日志

单击"日志"按钮可以进一步查看详细的构建过程，这里列出其主要步骤，这些步骤都是在阿里云容器镜像服务器中自动执行的。

```
1 docker image building is started …              # 启动 Docker 镜像构建
2 [ fetch stage begin.]                           # 开始进入代码获取阶段
3 source_origin: CODE
4 fetch dockerfile and context                    # 获取 Dockerfile 和上下文
5 Cloning into '/user_data/1083337878848211/CODE/zhongxpaly-autobuild-demo'…
6 [fetch successfully.]
7 ========================================
8 [docker version.]                               # Docker 环境
9 Client:
10  Version: 17.06.1-ce
```

```
......
17Server:
18 Version: 17.06.1-ce

......
26[docker build stage begin.]                              # 开始进入镜像构建阶段
27Sending build context to Docker daemon 54.78kB
28Step 1/2 : FROM nginx

......
37Successfully built 74a8a816b903
38Successfully tagged registry.cn-hangzhou.aliyuncs.com/docker_abc/autobuild-demo:latest
39[ build successfully.]                                    # 构建成功
40============================================
41[push stage begin.]                                      # 开始进入镜像推送阶段
42docker push registry.cn-hangzhou.aliyuncs.com/docker_abc/autobuild-demo:latest

......
512f741efe27e0: Pushed
52latest: digest: sha256:2c2804f3c646a83c40a15657cba942ac9aab64c2f5ef8305d48ecbf1175e6bac
size: 1155
53[push successfully.]                                     # 推送成功
54{"exitCode":0, "message":"fetch build push successfully"}
```

由于是向 master 分支提交代码，因此这次自动构建依据的是第 2 条构建规则，产生新版本的镜像。继续下面的操作，以测试根据标签自动构建。

⑧ 在本地 Git 仓库目录下使用 git tag 命令创建一个标签（带有版本信息），如下所示。

```
[root@host1 autobuild-demo]# git tag -a release-v1.1.1 -m "autobuild based on tag"
```

⑨ 将本地标签推送到远程仓库，如下所示。

```
[root@host1 autobuild-demo]# git push origin --tag
Counting objects: 1, done.
Writing objects: 100% (1/1), 169 bytes | 0 bytes/s, done.
Total 1 (delta 0), reused 0 (delta 0)
To git@code.aliyun.com:zhongxpaly/autobuild-demo.git
 * [new tag]           release-v1.1.1 -> release-v1.1.1
```

⑩ 在镜像仓库的"构建"页面上查看构建日志，会发现完成了第 2 次自动构建，如图 7-17 所示。

构建日志					
构建ID	镜像版本	开始时间	耗时（秒）	构建状态 ❶	操作
1577236925050609584	1.1.1	2019-12-25 01:22:05	13	成功	日志
1577236584025609545	latest	2019-12-25 01:16:24	20	成功	日志

图 7-17　镜像仓库构建日志显示两次构建

由于提交了标签，因此这次自动构建依据的是第 1 条构建规则（默认规则），生成版本为 1.1.1 的镜像。

⑪ 修改 Dockerfile。这里将 Dockerfile 中的 Nginx 首页信息语句修改如下。

```
RUN echo "Please test nginx server " > /usr/share/nginx/html/index.html
```

⑫ 依次执行以下命令提交并推送到远程仓库。

```
git add .
```

```
git commit -m "2th commit"
git push -u origin master
```

构建日志显示按分支 master 提交的第 3 次构建，如图 7-18 所示。

图 7-18　镜像仓库构建日志显示 3 次构建

⑬ 在镜像仓库的详细信息页面中单击左侧导航栏中的"镜像版本"按钮，列出该仓库当前的镜像版本，如图 7-19 所示。可以发现第 3 次构建的结果覆盖了第 1 次的，因为它们都是按分支 master 提交的，且版本均为 latest。

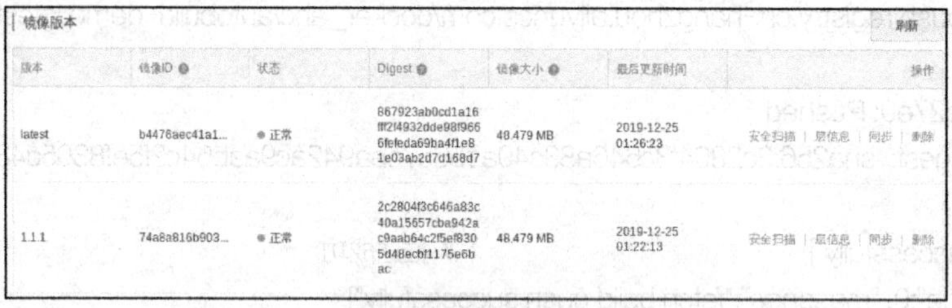

图 7-19　镜像版本列表

任务二　持续集成与持续部署

任务说明

Docker 非常适合自动化，不同场合下运行环境的一致性和轻量级特性使得它特别适合进行持续集成和持续部署。镜像提供完整的运行时环境保证应用程序运行环境的一致性，真正实现了一次构建、各处运行。在软件开发环节将应用程序以镜像的形式打包推送到镜像仓库之后，测试和部署环节只需要从镜像仓库中将配置好的镜像下载到本地再运行镜像即可，无需再手动配置项目运行所需的环境。开发人员通过 Dockerfile 构建镜像，结合持续集成进行测试，这使运维人员可直接在生产环境中部署镜像，还可以通过持续部署流程进行自动化部署。本任务的具体要求如下。

- 了解持续集成和持续部署的基础知识。
- 理解 Drone 的工作机制。
- 了解.drone.yml 文件结构与指令。
- 学会使用 Drone 和 Gogs 搭建持续集成平台。
- 熟悉持续集成和持续部署项目的方法和过程。

知识引入

1. 持续集成与持续部署的概念

持续集成（CI），表示开发应用程序时频繁地向主干提交代码，新提交的代码在最终合并到主干前，需要经过编译和自动化测试工作流进行验证。持续集成的目标是让产品可以快速迭代，同时还能保持高质量。使用持续集成，只要代码有变更，就自动运行构建和测试，并反馈运行结果。持续集成不但能够节省开发人员的时间，避免他们手动集成代码所造成的各种变更，还能提高软件本身的可靠性。

持续部署（CD），表示通过自动化的构建、测试和部署循环来快速交付高质量的软件产品。它要实现的目标是代码在任何时刻都是可部署的，可以进入生产阶段。持续部署意味着所有流程都是自动化的，在没有人为干预的情况下，通过单次提交触发自动化工作流，并最终将生产环境更新为最新版本。

常用 CI/CD 或 CI&CD 表示持续集成与持续部署的整个过程。

2. 持续集成与持续部署的工具

持续集成与持续部署的实施需要借助相关的软件工具，Jenkins 是 CI/CD 领域使用最为广泛的开源项目之一，旨在让开发人员从繁杂的集成业务中解脱出来，专注于更为重要的业务逻辑实现。Jenkins 提供了大量的插件，能够被高度定制以满足不同场合的持续集成需求。它与 Docker 结合起来建立 CI/CD 环境，实现镜像的自动化构建、发布和部署。Jenkins 的功能十分齐全，几乎能够胜任 CI/CD 的所有工作，当然也适用于容器环境。作为一个重量级的工具，Jenkins 生态系统中提供有上千个插件，更适合较大规模的用户使用。

Drone 是一个轻量级的 CI/CD 工具，从应用程序本身的安装部署到工作流的构建都比 Jenkins 简捷得多。它提供原生的 Docker 解决方案，是一个基于容器技术的 CI/CD 平台，所有编译、测试的流程都在一个临时的容器中进行，使开发人员能够完全控制其 CI/CD 环境并实现隔离。

Drone 支持多种代码管理工具、多种平台和多种编程语言。由于与代码管理系统相集成，因此 Drone 不用配置各种账户和权限，直接与 GitLab、GitHub、Bitbucket 等代码管理系统操作源代码的权限保持一致。

Drone 易于安装和使用，能够快速启动和运行，更适合中小规模的用户开展持续集成与持续部署工作。

3. Drone 的工作机制

Drone 持续集成和持续部署的基本流程如图 7-20 所示，具体说明如下。

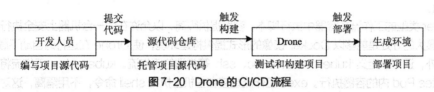

图 7-20　Drone 的 CI/CD 流程

（1）开发人员使用 Git 工具提交源代码到代码管理系统（GitHub、GitLab、Gogs 等）。

（2）代码管理系统通过设置的 Webhook 触发 Drone 的流水线。

（3）Drone 执行流水线定义的任务，完成项目的测试、构建和部署等。

Drone 通过 OAuth 认证（如 GitHub、GitLab）或账户密码（如 Gogs）登录代码管理系统后，会获得完整的控制权。在代码管理系统中创建代码仓库、在 Drone 系统中激活代码仓库后，Drone 会自动将 Webhook 添加到对应的代码管理系统中。

开发人员只需在项目中包含.drone.yml 文件（如果要构建 Docker 镜像，则还要提供 Dockerfile 文件），将代码推送到代码管理系统中的代码仓库，代码管理系统根据该代码仓库的配置自动将 Webhook 请求发送到 Drone 系统以触发 Drone 的持续集成工作。除了代码被推送到仓库，其他情形下也会自动发送 Webhook 请求，如新建一个分支、新建一个标签等，这些都可以在代码管理系统中为特定的仓库进行设置。

Drone 收到 Webhook 的请求后就会被触发，将代码仓库复制下来，并根据项目下.drone.yml 文件的配置执行一系列自动化编译、测试、发布和部署等任务。Drone 使用简单的 YAML 文件.drone.yml 定义 CI/CD，主要是工作流，包含代码构建、代码测试和代码部署等一系列步骤。不同项目具体的工作流不一样。

Drone 本身采用服务器（Server）与代理（Agent）相结合的架构，类似于 Jenkins 的主从架构。Drone 代理组件名为 Drone Runner,具体执行.drone.yml 文件中所定义的 CI/CD 指令。Drone Server 监控代理组件的状态，并收集和展示 CI/CD 结果。当然，Drone Server 同样也可以执行 CI/CD 指令所定义的任务。

4. .drone.yml 文件结构

使用 Drone 的一项重要工作就是编写.drone.yml 文件。.drone.yml 文件的结构和指令与 docker-compose.yml 文件非常类似，主要用于定义项目的持续集成和发布过程，也就是定义测试、构建和部署的步骤，以及工作流如何运行。

下面通过一个示例考察.drone.yml 文件的基本结构。

```
kind: pipeline
type: docker
name: default

steps:
- name: build
  image: golang
  commands:
   - go build
   - go test
```

一个.drone.yml 文件主要包括工作流的定义，分为头部和主体两大部分。

头部部分是对工作流的总体定义。其中 kind 键用于定义类型，其值设置为 pipeline，表示一个工作流。type 键表示 Drone Runner 的类型，其值默认是 docker。name 键表示工作流的名称，其值默认是 default。

docker 类型的工作流在容器中执行脚本，容器提供隔离，以允许在同一台机器上安全执行并发的工作流。它最大的好处是能够以 Docker 镜像的形式提供构建环境，使 Drone 在运行时自动下载 Docker 镜像。此外，还可以定义 kubernetes、exec、ssh 等类型的工作流。kubernetes 工作流将步骤作为 Kubernetes Pod 内的容器执行。exec 工作流直接在主机上执行 shell 命令，不用隔离，这对需要在主机上运行负载，或者不适合在容器内运行负载的情形很有用。ssh 工作流通过 SSH 协议在远程服务器上执行 shell 命令，这适合需要在远程主机上运行负载，或者不适合在容器内运行负载的情形。

.drone.yml 文件的主体部分用于定义工作流中的步骤，由 steps 节定义所有的步骤，一个工作流可包括一个或多个步骤，每个步骤由 name 属性指定一个名称。

Drone 支持配置和编排多个工作流。这非常适合跨主机并行执行任务以减少构建时间，或者在不同平台（如 amd64 和 arm64）上执行构建任务的情形。YAML 文件可由多个文档组成，并用"---"符号分隔。下面是一个基于多平台的多工作流的.drone.yml 文件示例。

```
kind: pipeline
type: docker
name: amd64

platform:
  arch: amd64

steps:
- name: build
```

```
......

---
kind: pipeline
type: docker
name: arm

platform:
  arch: arm64

steps:
- name: build
......
```

早期版本的.drone.yml 文件更简单，无须设置头部部分，直接由 pipeline 节定义工作流，每个工作流中包括若干步骤，例如：

```
pipeline:
  build:                          # 步骤名称
    image: golang:latest
    commands:
      - go build -o baa-cicd
  publish:                        # 步骤名称
    image: plugins/docker
......
```

5. .drone.yml 文件指令

接下来主要以 docker 类型的工作流定义为例讲解其主要指令。

（1）步骤（Step）

每个步骤使用 name 属性命名，在它的下级节点中定义所使用的镜像、命令等。steps 节下面定义一个或多个具体的步骤。对于 docker 工作流来说，每个步骤就相当于定义一个容器。

（2）镜像（Image）

每个步骤必须使用 image 属性定义用于创建容器的 Docker 镜像。Drone 支持从任何 Docker 注册中心下载有效的 Docker 镜像。

默认会自动下载镜像，还可以通过 pull 属性定义如何将镜像下载到本地，如下所示。

```
pull: if-not-exists      # 不存在则下载
pull: never              # 不下载，直接使用本地缓存
pull: always             # 总是下载最新版本
```

（3）命令（Command）

步骤可包括一系列 shell 命令，这些命令在容器中作为入口点（Entrypoint）执行。如果有一条命令返回一个非 0 的退出码，则工作流到此失败并退出。命令在 Git 仓库中的根目录（即工作区）中执行。在步骤定义部分使用 commands 子节定义要执行的命令，例如：

```
steps:
- name: backend
  image: golang
  commands:
```

221

```
- go build
- go test
```

这些命令会被转换成简单的 shell 脚本，示例中转换成的脚本如下。

```
#!/bin/sh
set -e
set -x


go build
go test
```

（4）条件（Condition）

条件用于在运行时限制工作流步骤的执行。在步骤定义部分使用 when 节定义条件。可以按分支来限制步骤的执行，例如：

```
when:
    branch:
    - master
    - feature/*
```

还可以按事件（event:）、引用（ref:）、仓库（repo:）、实例（instance:）、状态（status:）、目标（target:）等定义条件。其中引用条件是指根据 git 引用名称，例如：

```
when:
  ref:
  - refs/heads/feature-*
  - refs/tags/*
```

（5）环境变量（Environment）

Drone 可以针对特定的构建步骤定义环境变量。Drone 自动注入包含仓库的环境变量，并将元数据提交到每个工作流步骤。

Drone 能够从机密数据中获取环境变量。在下面的示例中，将用户名和密码作为环境变量提供给构建步骤。

```
steps:
- name: build
  commands:
  - docker login -u $USERNAME -p $PASSWORD
  - docker build -t hello-world .
  - docker push hello-world
  environment:
    PASSWORD:
      from_secret: password
    USERNAME:
      from_secret: username
```

注意，${变量}表达式会被预处理。如果不希望被预处理，则要进行转义，例如：

```
steps:
- name: build
  commands:
  - echo $GOOS
```

```
    - echo $${GOARCH}
    - go build
    - go test
```

还要注意 environment 子节不能扩展环境变量或者计算 shell 表达式。如果需要，那么应当在 commands 子节中实现，如下所示。

```
steps:
- name: build
  commands:
    - export GOPATH=$HOME/golang
    - go build
    - go test
```

Drone 能够通过替换仓库和构建元数据来实现工作流的动态配置。下面是一个提交替换的示例。

```
steps:
- name: publish
  image: plugins/docker
  settings:
    tags: ${DRONE_COMMIT}
    repo: octocat/hello-world
```

再来看一个标签替换的示例。

```
steps:
- name: publish
  image: plugins/docker
  settings:
    tags: ${DRONE_TAG}
    repo: octocat/hello-world
```

（6）触发器（Trigger）

当将源代码推送到仓库或者创建一个标签时，代码管理系统会自动发送一个 Webhook 给 Drone，Drone 接着触发工作流执行，并使用 trigger 节限制工作流的执行。

例如，下面的示例通过代码分支限制工作流的执行。

```
kind: pipeline
type: docker
name: default

steps:
- name: build
  image: golang
  commands:
    - go build
    - go test

trigger:
  branch:
    - master
```

可以使用通配符匹配触发器，注意触发器要使用全局模式匹配，而不是正则表达式，如下所示。

```
trigger:
  ref:
  - refs/heads/master
  - refs/heads/**
  - refs/pull/*/head
```

（7）调整步骤执行顺序

默认情况下，工作流步骤按顺序执行。可以使用 depends_on 指令调整顺序，例如：

```
steps:
- name: backend
......
- name: frontend
  ......
- name: notify
......
  depends_on:
  - frontend
  - backend
```

（8）复制（Cloning）

Drone 在执行工作流步骤之前自动运行 git 命令复制代码仓库。即使不配置复制功能，Drone 也会自动配置，以用来从代码管理系统下载代码。某些情况下可能需要进行定制来改变默认的复制行为。

默认的复制配置使用 depth 属性。可以通过声明 clone 节并添加 depth 属性来修改复制深度，例如：

```
clone:
  depth: 50
```

默认的复制配置没有使用--tags 选项，如果要获取标签，则应当在工作流中以一个步骤来定义相应的的处理行为，例如：

```
steps:
- name: fetch
  image: alpine/git
  commands:
  - git fetch --tags
```

（9）工作区（Workspace）

Drone 自动创建一个临时卷（也就是工作区）用于复制仓库。工作区是工作流中每一步骤的当前目录。因为工作区是一个卷，所以工作流步骤之间的文件系统变化会被保存下来。也就是说，每个步骤都可以通过工作区进行通信和状态共享。工作流容器中的工作区路径为/drone/src。

可以在 workspace 节中自定义工作区，例如：

```
workspace:
  base: /go
  path: src/github.com/octocat/hello-world

steps:
- name: backend
```

```
image: golang:latest
commands:
 - go get
 - go test


- name: frontend
  image: node:latest
  commands:
   - npm install
   - npm run tests
```

这相当于执行以下 docker 命令。

```
docker volume create my-named-volume
docker run --volume=my-named-volume:/go golang:latest
docker run --volume=my-named-volume:/go node:latest
```

其中 base 属性定义一个可用于所有工作流步骤的共享基本卷，可以确保源代码、依赖和编译的二进制文件在各步骤之间能够持久保存和共享。path 属性定义了构建的工作目录，源代码会被复制到这个位置，并且会成为构建过程中每个步骤默认的工作目录。path 必须是相对路径，并且与 base 路径相结合。

（10）卷（Volume）

Drone 支持两类卷。一类是主机卷，它可以将主机上的一个以绝对路径表示的目录挂载到工作流步骤中，这种设置仅可用于可信仓库。首先定义主机卷，然后配置工作流步骤，将命名的主机卷挂载到容器中，容器路径也必须是绝对路径。例如：

```
steps:
- name: build
  image: node
  volumes:
  - name: cache
    path: /tmp/cache
  commands:
   - npm install
   - npm test

volumes:
- name: cache
  host:
    path: /var/lib/cache
```

另一类是临时卷，它将在工作流开始之前创建，并在完成之后销毁，用于工作流各步骤之间共享文件或文件夹。例如：

```
volumes:
- name: cache
  temp: {}
```

（11）服务（Service）

Drone 支持加载独立的服务容器作为工作流的一部分。例如，当单元测试要用到 Redis 服务器时，就可以通过 services 节来定义，如下所示。

```
kind: pipeline
type: docker
name: default


services:
- name: cache
  image: redis


steps:
- name: ping
  image: redis
  commands:
  - redis-cli -h cache ping
```

服务容器可以通过与容器名称相同的主机名访问。此例中 Redis 容器名为 cache，在工作流中可以通过 tcp://redis:6379 来访问。

6. Drone 插件

Drone 支持插件。插件是工作流中用于封装命令、可以共享和重用的容器。可以使用插件构建、发布项目，发送通知等。Drone 插件的配置和管理非常简单，每个插件都保存在一个镜像中，不需要再添加额外的配置进行管理。在.drone.yml 文件中，插件也是通过 image 属性定义的，下面是一个通知插件。

```
- name: notify
  image: plugins/slack
  settings:
    webhook: https://hooks.slack.com/services/…
```

与 CI/CD 相关的主要工具在 Drone 中都有插件可用。大多数主要的云提供商都提供插件，并且与流行的代码管理系统集成。可以到 Drone 插件市场获取各种插件的详细信息，这里介绍两种常用的 Drone 插件。

（1）Docker 插件

Docker 插件可以用于构建镜像，并将镜像发布到 Docker 注册中心。下面是一个使用 Docker 插件构建并发布 Docker 镜像的示例。

```
- name: docker
  image: plugins/docker                 # 使用 Docker 插件
  settings:
    username: kevinbacon                # 用于身份验证的用户名
    password: pa55word                  # 用于身份验证的密码
    repo: foo/bar                       # 用于存储镜像的仓库名
    tags: latest                        # 镜像标签
```

这个示例会向默认的 Docker Hub 推送镜像。如果要向 Docker Hub 之外的注册中心推送镜像，则应当提供 registry 键来明确指定 Docker 注册中心的地址。

该插件构建镜像默认使用的是 Dockerfile。如果使用文件定义镜像，则要使用 dockerfile 键明确指定。context 键指定构建镜像要使用的上下文路径，默认为 Git 仓库的根目录。auto_tag 键设置是否根据 Git 分支和 Git 标签自动生成标签名称。

（2）SSH 插件

SSH 插件用来在远程服务器上执行操作，下面是一个使用该插件的简单示例。

```
- name: ssh commands
  image: appleboy/drone-ssh          # 使用 SSH 插件
  settings:
    host: foo.com                    # SSH 主机
    username: root                   # SSH 用户名
    password: 1234                   # SSH 密码
    port: 22                         # SSH 端口
    script:                          # 要在远程主机上执行的命令序列
      - echo hello
      - echo world
```

任务实现

1. 基于 Drone 和 Gogs 搭建 CI/CD 平台

持续集成与持续部署平台需要由代码管理系统触发 CI/CD 工作流,如果使用公网上的代码管理系统,则平台需要提供公网接口。为简化实验,这里在本地环境中利用 Drone 和 Gogs 搭建一个完整的持续集成平台。Gogs 是一个使用 Go 开发的轻量级代码管理系统软件,可以非常容易地实现代码托管服务。Gogs 需要使用第三方数据库提供存储,这里选择 MySQL 数据库。如果要构建和发布镜像,则还需要 Docker 注册中心的配合,这里也使用 Docker 的 Registry 官方镜像自建一个 Docker 注册中心。Drone、Gogs、MySQL、Registry 等服务都可以以容器方式部署,为便于统一管理,这里决定使用 Docker Compose 进行统一编排。

基于 Drone 和 Gogs
搭建 CI/CD 平台

（1）创建项目目录

创建项目目录（这里名为 drone-gogs）并切换到该目录。

（2）编写 docker-compose.yml 文件

在项目根目录下创建 docker-compose.yml 文件,并在其中加入以下内容,然后保存该文件。

```
version: '3'
services:
  drone-server:
    image: drone/drone:latest
    ports:
      # Web 管理面板的入口, 当 PROTO=http 时使用该端口
      - "8080:80"
      # Web 管理面板的入口, 当 PROTO=https 时使用该端口
      - 8843:443
    volumes:
      # Drone 数据存储
      - drone_data:/data
    environment:
      #启用 Drone Runner, 如果不启用, 则 Drone Server 将会作为默认的 Runner
      - DRONE_AGENTS_ENABLED=true
      #开启注册, 此配置允许任何人自行注册和登录系统
      - DRONE_OPEN=true
      #服务器主机名, 用于创建 Webhook 和重定向 URL
```

```
      - DRONE_SERVER_HOST=drone-server
    # 协议，用于创建 Webhook 和重定向 URL，默认为 HTTPS（需要 SSL 支持），这里建议用 HTTP
      - DRONE_SERVER_PROTO=http
    # Gogs 服务器
      - DRONE_GOGS_SERVER=http://gogs:3000
    #设置复制公共仓库时是否认证，只有代码管理系统启用私有模式才有意义
      - DRONE_GIT_ALWAYS_AUTH=false
    # RPC 密钥，服务器与 Runner 必须相同
      - DRONE_RPC_SECRET=abc123456

drone-agent:
  image: drone/agent:latest
  depends_on:
    - drone-server
  environment:
    # Drone 服务器地址
    - DRONE_RPC_SERVER=http://drone-server
    #连接 Drone 服务器的协议
    - DRONE_RPC_PROTO=http
    # RPC 密钥，Runner 与服务器必须相同
    - DRONE_RPC_SECRET=abc123456
    #最大并发执行的流水线数
    - DRONE_MAX_PROCS=5
  volumes:
    - /var/run/docker.sock:/var/run/docker.sock

gogs:
  image: gogs/gogs:latest
  ports:
    - "10022:22"
    - "3000:3000"
  volumes:
    - gogs_data:/data
  depends_on:
    - mysql

mysql:
  image: mysql:5.7
  volumes:
    - /var/run/docker.sock:/var/run/docker.sock
    - db_data:/var/lib/mysql
  command: --character-set-server=utf8mb4 --collation-server=utf8mb4_unicode_ci
  environment:
    MYSQL_ROOT_PASSWORD: root
```

```
                MYSQL_DATABASE: gogs
                MYSQL_USER: gogs
                MYSQL_PASSWORD: gogs
                TZ: Asia/Shanghai

        registry:
            image: registry
            volumes:
                - registry_data:/var/lib/registry
            ports:
                - 5000:5000

        volumes:
            drone_data: {}
            db_data: {}
            gogs_data: {}
            registry_data: {}
```

这里涉及 5 个服务。通常部署 Drone 需要一个 Drone Server 和一个 Drone Runner，这里分别部署为 drone-server 和 drone-agent 服务。它们之间的通信和协作通过一些环境变量来定义，相关配置已给出了详细注释。

注意，drone-agent 服务需要绑定挂载/var/run/docker.sock 文件。这是一个 Docker 客户端和 Docker 守护进程在本地进行通信的 UNIX Socket 文件，可以让一个进程通过与处理文件类似的方式和另一个进程通信，即进程间通信（Inter-Process Communication，IPC）。当在主机上安装并且启动 Docker 时，Docker 守护进程会监听 UNIX Socket 文件，也就是/var/run/docker.sock 文件，当一个连接请求到来时，它会使用标准 I/O 读写数据。容器绑定挂载/var/run/docker.sock 后，容器中的进程就可以与 Docker 守护进程通信，执行各种管理操作，也就是说这样的容器权限会非常高，能够管理 Docker 主机上的容器。drone-agent 服务作为容器运行，它本身还要运行容器（每个工作流步骤就是一个容器），需要拥有管理容器的能力，也就需要绑定挂载/var/run/docker.sock。

Gogs 部署为 gogs 服务，与它配套的 MySQL 数据库部署为 mysql 服务。mysql 仅限于在内部为 Gogs 提供服务，不用对外开放端口。

自建的 Docker 注册中心部署为 registry 服务，需要对外开放端口。

（3）运行项目

执行以下命令运行该项目。

```
[root@host1 drone-gogs]# docker-compose up -d
Starting drone-gogs_drone-server_1 ⋯ done
Starting drone-gogs_registry_1      ⋯ done
Starting drone-gogs_mysql_1         ⋯ done
Starting drone-gogs_gogs_1          ⋯ done
Starting drone-gogs_drone-agent_1  ⋯ done
```

执行以下命令检查该项目的运行状态。

```
[root@host1 drone-gogs]# docker-compose ps
Name                          Command              State       Ports
-------------------------------------------------------------------------
drone-gogs_drone-agent_1      /bin/drone-agent       Up
```

```
drone-gogs_drone-server_1   /bin/drone-server      Up   0.0.0.0:8843->443/tcp, 0.0.0.0:8080->80/tcp
drone-gogs_gogs_1    /app/gogs/docker/start.sh ···  Up   0.0.0.0:10022->22/tcp, 0.0.0.0:3000->3000/tcp
drone-gogs_mysql_1   docker-entrypoint.sh --cha ··· Up      3306/tcp, 33060/tcp
drone-gogs_registry_1   /entrypoint.sh /etc/docker ··· Up   0.0.0.0:5000->5000/tcp
```

至此，完成了 Drone 持续集成平台的安装。如果发现出现了问题，则不要以分离模式运行该项目，而是改用 docker-compose up 命令，这样可以很方便地排查问题。

（4）初始化 Gogs 服务器

接下来需要登录 Gogs 服务器并进行初始化设置。

使用浏览器访问 http://localhost:3000/，进入 Gogs 的 "Install Steps For First-time Run" 界面，即首次运行安装步骤。

在 "Database Settings" 区域设置数据库，如图 7-21 所示。这里 "Database Type"（数据库类型）选择 MySQL，按照上述 docker-compose.yml 文件中 mysql 服务的相关配置进行设置，"Host"（主机）由默认的 127.0.0.1 改为 mysql（服务），"User"（用户）"Password"（密码）都设置为 gogs。

在 "Application General Settings" 区域设置 Gogs 的应用程序基本参数，如图 7-22 所示。这里重点是在 "Domain" 文本框中设置域名，以及在 "Application URL" 文本框中设

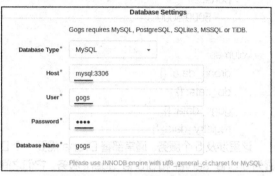

图 7-21　Gogs 的数据库设置

置应用程序 URL。这里应将这两处默认的 localhost 都改成 Docker 主机的 IP 地址，因为 Drone Runner 在自己的容器中通过 localhost 这样的地址是不可能将项目复制下来的。

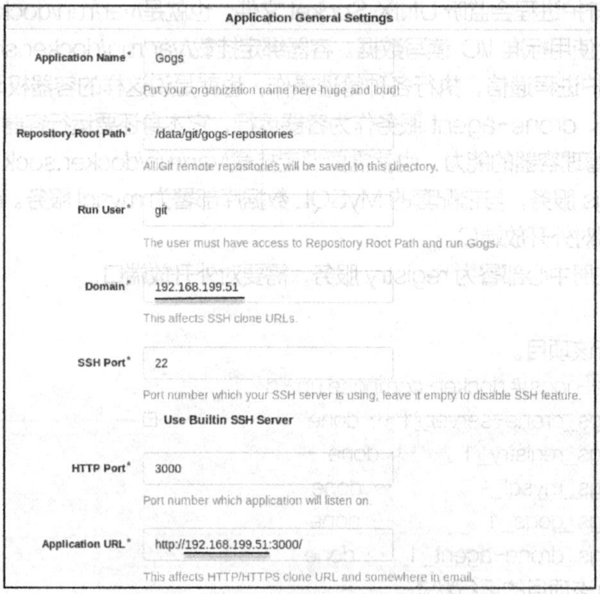

图 7-22　Gogs 的应用程序基本参数设置

在 "Optional Settings" 区域设置可选选项，这里展开 "Admin Account Settings"，创建一个管理员账户，如图 7-23 所示。

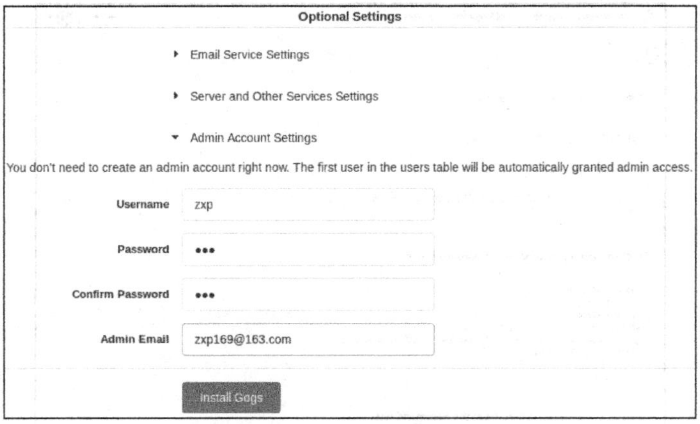

图 7-23　Gogs 的管理员账户创建

其他选项保持默认设置即可，单击"Install Gogs"按钮完成 Gogs 的初始化。

初始化成功之后就可以开始测试持续集成功能了。

（5）创建仓库

用前面创建的管理员账户登录 Gogs 服务器，在其控制面板（Dashboard）界面上单击"+"按钮，选择"New Repository"选项，打开图 7-24 所示的对话框来创建一个代码仓库。这里将代码仓库命名为 demo，设置好之后单击"Create Repository"按钮完成仓库的创建。

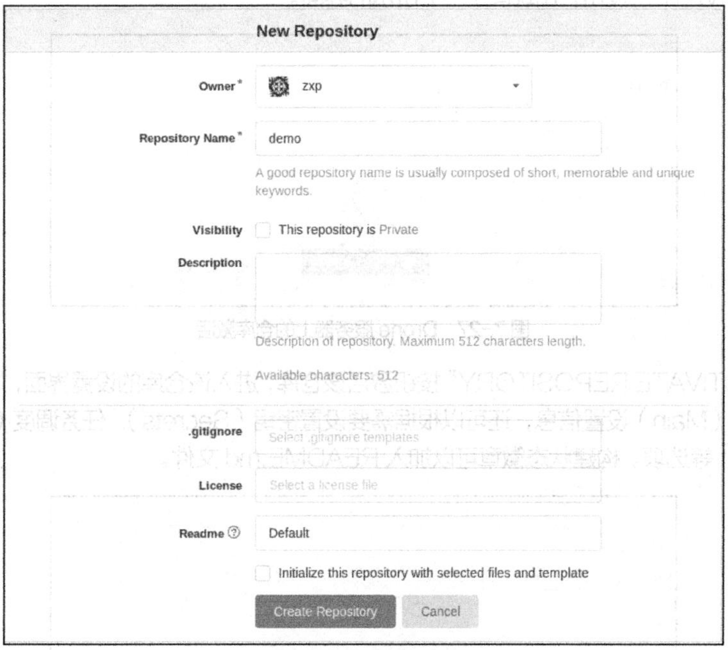

图 7-24　创建代码仓库

新建的仓库如图 7-25 所示。界面上给出了该仓库的操作指南，包括如何复制当前仓库的提示信息，还包括从命令行创建一个新的仓库和从命令行推送已经创建好的仓库。

使用浏览器访问 http://localhost:8080/，使用 Gogs 的管理员账户和密码登录 Drone 服务器，可以发现刚创建的项目出现在"Repositories"（仓库）列表中，如图 7-26 所示。如果没有列出来，请单击"SYNC"按钮，让 Drone 服务器上的仓库与 Gogs 服务器上的仓库同步。

图 7-25　新创建的代码仓库

图 7-26　Drone 服务器上的仓库列表

单击"ACTIVATE"按钮，出现图 7-27 所示的界面。

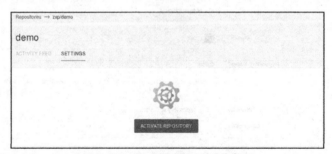

图 7-27　Drone 服务器上的仓库激活

再单击"ACTIVATE REPOSITORY"按钮激活该仓库，进入该仓库的设置界面，如图 7-28 所示。图中仅列出主要（Main）设置信息，还可以根据需要设置密钥（Secrets）、任务调度（Cron Jobs）、徽章（Badges）等选项。构建状态徽章可以加入 README.md 文件。

图 7-28　Drone 服务器上的仓库设置

这样就可以支持持续集成了。仓库激活之后，再切回 Gogs 控制面板，单击"Settings"按钮，再单击"Webhooks"按钮，发现已经自动为该仓库添加了 Webhook，如图 7-29 所示。

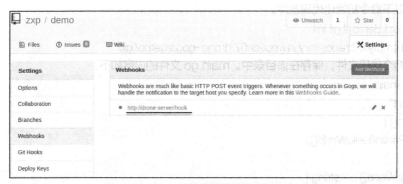

图 7-29　Gogs 服务器上仓库的 Webhook

单击该 Webhook 条目，可以查看和修改其详细配置，如图 7-30 所示。这个 Webhook 默认支持
Create（创建分支或标签）、Delete（删除分支或标签）、Push（将 Git 推送到仓库）、Pull Request（拉
取开启、关闭、重新开启、编辑、指派、撤销指派、标签更新、标签清除、设置里程碑、取消设置里程
碑或代码同步的请求）事件，且处于激活状态（即选中"Active"复选框），当指定事件发生时将会触发
这个 Webhook。

可以单击"Test Delivery"按钮测试发布，如果没有问题，应该会提示成功。

图 7-30　Webhook 详细信息

（6）测试项目构建

① 创建一个项目目录用来存放源代码，这里在 drone-gogs 目录下再创建一个子目录 demo。

② 执行以下命令初始化代码仓库。

```
[root@host1 demo]# git init
Initialized empty Git repository in /root/ch07/drone-gogs/demo/.git/
```

③ 编写两个代码文件，保存在该目录中。main.go 文件的内容如下。

```
package main
import "fmt"
func main() {
    fmt.Println(HelloWorld())
}
func HelloWorld()        string {
    return "hello world"
}
```

另一个用于测试的 main_test.go 文件的内容如下。

```
package main
import (
    "os"
    "testing"
)
func TestMain(m *testing.M) {
    os.Exit(m.Run())
}
func TestHelloWorld(t *testing.T) {
    if HelloWorld() != "hello world" {
        t.Errorf("got %s expected %s", HelloWorld(), "hello world")
    }
}
```

④ 编写.drone.yml 配置文件保存在该目录中，其内容如下。

```
kind: pipeline
type: docker
name: demo

workspace:
  base: /go
  path: .

steps:
- name: test
  image: golang:latest
  commands:
    # 语法检查
    - go vet
```

```
    # 单元测试
      - go test -v -cover
  - name: build
    image: golang:latest
    commands:
      # 编译成一个可执行的文件
      - go build main.go
      # 执行 Go 程序
      - ./main
```

这里定义了两个工作流步骤，分别是测试（test）和构建（build）。Drone 会自动读取这个文件并进行 CI/CD 操作。

⑤ 执行以下命令将代码推送到 Gogs 系统。

```
[root@host1 demo]# git add .
[root@host1 demo]# git commit -m "First commit"
[master (root-commit) 9bba904] First commit
......
[root@host1 demo]# git remote add origin http://192.168.199.51:3000/zxp/demo.git
[root@host1 demo]# git push -u origin master
Counting objects: 6, done.
......
Username for 'http://192.168.199.51:3000': zxp         # 推送代码时提供用户账号和密码
Password for 'http://zxp@192.168.199.51:3000':
To http://192.168.199.51:3000/zxp/demo.git
 * [new branch]        master -> master
Branch master set up to track remote branch master from origin.
```

执行 git init、git add 和 git commit 等命令都是前期准备，相当于将本地的文件都上传到了本地仓库，但是还没有向远程仓库提交。git remote add 命令就是将本地仓库与远程仓库建立一个连接，示例中的参数 origin 是为远程仓库所起的本地名称，一般都是 origin（当然也可以使用其他名称）。http://192.168.199.51:3000/zxp/demo.git 其实是远程仓库的真实地址。git push 命令则是将本地仓库的所有内容推送到远程仓库。因为文件已经存在于本地仓库，所以就不需要再多余地执行提交。

⑥ 访问 Drone 服务器查看项目持续集成进度。

在仓库列表中发现项目持续集成正在进行，如图 7-31 所示。

图 7-31　项目正在持续集成

单击该项目的链接，展开其详细信息，可以查看持续集成进度和详细过程，如图 7-32 所示。这里项目持续集成已经完成，显示的是复制（clone）过程的详细输出信息。复制是默认的工作流步骤，也就是 Drone Runner（以容器方式运行）复制 Gogs 仓库到本地。

工作流和各步骤的当前状态可用以下图标表示。

　🔘 表示正在运行（Running）。

　✅ 表示已成功（Success）。

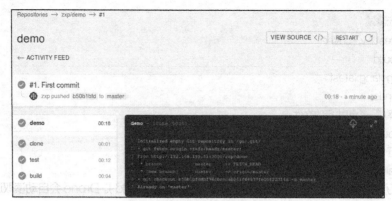

图 7-32　项目持续集成详细过程

⊗ 表示已失败（Failure）。

⊙ 表示挂起等待处理（Pending）。

本例整个 demo 项目的持续集成包括 3 个步骤：复制（clone）、测试（test）和构建（build）。复制是每个工作流内置的步骤，如图 7-32 所示；测试步骤的详细输出信息如图 7-33 所示；构建步骤的详细输出信息如图 7-34 所示。

图 7-33　测试步骤的详细输出信息

图 7-34　构建步骤的详细输出信息

持续集成和持续
部署项目

2. 持续集成和持续部署项目

上面的示例只是简单地测试和构建项目，没有构建和发布镜像，也没有部署项目。这里基于上述 Drone/Gogs 平台实现一个 Python Flask 程序从测试到部署的 CI/CD 流程。

（1）准备项目代码

创建项目目录，这里命名为 drone-cicd，并准备如下代码文件。

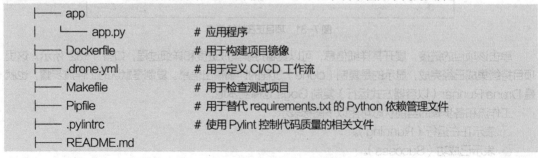

```
├── app
│   └── app.py              # 应用程序
├── Dockerfile              # 用于构建项目镜像
├── .drone.yml              # 用于定义 CI/CD 工作流
├── Makefile                # 用于检查测试项目
├── Pipfile                 # 用于替代 requirements.txt 的 Python 依赖管理文件
├── .pylintrc               # 使用 Pylint 控制代码质量的相关文件
├── README.md
```

```
├──── requirements-dev.txt       # 用于开发环境的 Python 依赖管理文件
├──── requirements.txt           # 用于部署环境的 Python 依赖管理文件
├──── tests                      # 测试用例
│    ├──── __init__.py
│    └──── test_utils.py
└──── utils.py                   # 要测试的程序
```

为简化实验,这里将测试用的代码与部署用的代码分开。主应用程序 app/app.py 是一个基于 Python Flask 框架的简单示例程序,显示"Hello World!"问候语,具体代码如下。

```
from flask import Flask
app = Flask(__name__)


@app.route('/')
def hello_world():
    return 'Hello World!'


if __name__ == '__main__':
    app.run(debug=True,host='0.0.0.0')
```

Dockerfile 文件用于构建 Docker 镜像以便部署,其内容如下。

```
FROM python:3.7.3-slim-stretch
ENV PYTHONUNBUFFERED 1
ENV PYTHONDONTWRITEBYTECODE 1
WORKDIR /app
COPY ./requirements.txt /tmp/
COPY app .
RUN pip install --upgrade pip \
  && pip install -r /tmp/requirements.txt
CMD ["python", "app.py"]
```

（2）定义工作流

最重要的是.drone.yml 文件,其内容如下。

```
kind: pipeline
type: docker
name: FlaskDemo-CI
steps:
# 单元测试
- name: unittest
  image: python:3.7.3
  commands:
    - pip install -U pip
    - pip install -r requirements-dev.txt
    - make test
# 静态代码分析
- name: lint
  image: python:3.7.3
```

```
    commands:
      - pip install -U pip
      - pip install -r requirements-dev.txt
      - make check
---
kind: pipeline
type: docker
name: FlaskDemo-CD
steps:
# 构建并发布镜像
- name: publish
  image: plugins/docker
  settings:
    insecure: true
    registry: 192.168.199.51:5000
    repo: 192.168.199.51:5000/flaskdemo
    tags: ${DRONE_COMMIT}
  when:
    branch:
      - master
# 项目部署
- name: deploy
  image: appleboy/drone-ssh
  settings:
    host: 192.168.199.51
    username: root
    password: abc123
    port: 22
    script:
    # 下载镜像
    - docker pull 192.168.199.51:5000/flaskdemo:${DRONE_COMMIT}
    # 如果不存在 docker-demo, 则 rm 会报错
    - docker rm -f  flaskdemo || true
    # 这里将对外端口改为 5005 以避免与 Registry 服务的端口冲突
    - docker run -d -p 5005:5000 --name flaskdemo 192.168.199.51:5000/flaskdemo:${DRONE_COMMIT}
    - echo "deploy success"
```

这里定义了 FlaskDemo-CI 和 FlaskDemo-CD 两个工作流，利用了 YAML 多文档的格式，使用符号"---"分隔。FlaskDemo-CI 工作流主要用于持续集成，包括单元测试（unittest）和静态代码分析（lint）两个步骤。FlaskDemo-CD 工作流主要用于持续部署，包括构建并发布（publish）镜像和项目部署（deploy），分别用到了 docker 和 drone-ssh 两个 Drone 插件，这是两个使用 Docker 工作流的常用插件。

对于 docker 插件来说，它要将创建的镜像发布到自建的 Docker 注册中心。这个使用 Docker Registry 实现的注册中心不支持 HTTPS，因而需要将 insecure 键值设置为 true 以启用对此注册中心的不安全通信，另外 repo 键用于存储镜像的仓库名，这里名称要写完整。为便于跟踪镜像版本，这里使

用 Drone 提交变量作为镜像标签。另外，自建注册中心不需要提供用户名和密码。

对于 drone-ssh 插件来说，它要在 Docker 主机上部署项目。除了设置主机的 SSH 端口、用户名和密码外，最重要的就是在 script 节中设置要在主机上通过 SSH 执行的命令。这里拉取镜像之后，如果已经创建过容器，则先删除它，再基于该镜像运行项目的容器。

（3）在 CI/CD 平台上创建代码仓库并进行激活

确保上述 Drone 和 Gogs 持续集成平台已经工作，在 Gogs 服务器上创建一个代码仓库，这里命名为 flaskdemo，然后在 Drone 服务器上激活它。

（4）将项目代码推送到 Gogs 上的代码仓库

在本地初始化一个 Git 仓库，并提交代码，然后添加一个远程仓库，再将项目代码推送到远程仓库。具体是在项目根目录下一次性执行以下命令。

```
git init
git add .
git commit -m "first commit"
git remote add origin http://192.168.199.51:3000/zxp/flaskdemo.git
git push -u origin master
```

（5）跟踪和查看工作流进度

登录 Drone 服务器，查看该项目的工作流进度。刚开始会执行 FlaskDemo-CI 工作流，如图 7-35 所示。

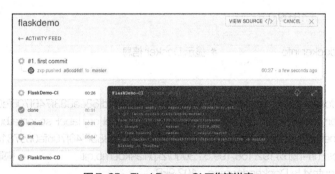

图 7-35 FlaskDemo-CI 工作流进度

图中信息表明单元测试已完成，目前正在进行静态代码分析。此时执行 docker ps 命令，可以发现新增了一个运行 python:3.7.3 镜像的容器，如下所示。

```
CONTAINER ID       IMAGE            COMMAND              CREATED
STATUS             NAMES
4ca3f53f643f       python:3.7.3     "/bin/sh /usr/drone/..."   10 seconds ago
Up 8 seconds       s5yhhk3om029ff9emzp2ab02hkde9c5f
```

这个容器是 lint 步骤进行静态代码分析时临时产生的，完成此步骤后该容器会自动删除。

FlaskDemo-CI 工作流完成之后接着执行 FlaskDemo-CD 工作流，如图 7-36 所示。图中信息表明构建发布和部署两个步骤都已完成，另外任何一个工作流都会首先进行复制操作。

图 7-36 FlaskDemo-CD 工作流进度

239

这个工作流使用两个插件。如在执行构建发布时，在主机终端窗口中执行 docker ps 命令，可以发现新增了一个运行 plugins/docker:latest 镜像的容器，如下所示。

CONTAINER ID	IMAGE	COMMAND	CREATED
STATUS	PORTS	NAMES	
7db89d9ac2c8	plugins/docker:latest	"/usr/local/bin/dock…"	27 seconds ago
Up 25 seconds	2375/tcp	eplc3lz1wjgzhhl8i41mmm5rtedsibma	

这个容器是 publish 步骤构建并发布镜像时临时产生的，完成此步骤后该容器也会自动删除。

另外，编者发现如果在工作流执行过程中强制中断（如按"CANCEL"按钮），可能会导致容器不能自动停止运行，从而影响下一个工作流的执行。要解决此问题，请手动停止该容器。

可以通过查看工作流步骤的代码来进一步了解执行的过程。下面列出 publish 步骤的主要代码。

```
+ /usr/local/bin/dockerd --data-root /var/lib/docker --insecure-registry 192.168.199.51:5000
                              # 启动 Docker 守护进程
Registry credentials not provided. Guest mode enabled.
+ /usr/local/bin/docker version        # 显示 Docker 版本（客户端和服务器端）
Client: Docker Engine – Community
 Version:           18.09.0
……
Server: Docker Engine – Community
 Engine:
  Version:          18.09.0
……
+ /usr/local/bin/docker info           # 显示 Docker 信息
Containers: 0
……
+ /usr/local/bin/docker build --rm=true -f Dockerfile -t a6ccd4df68ea883f746f706fe0b978180397136b .
--pull=true --label org.label-schema.schema-version=1.0 --label org.label-schema.build-date=2019-12-
24T08:32:46Z  --label org.label-schema.vcs-ref=a6ccd4df68ea883f746f706fe0b978180397136b  --label
org.label-schema.vcs-url=http://192.168.199.51:3000/zxp/flaskdemo.git      # 构建镜像
    Sending build context to Docker daemon   102.9kB
……
+ /usr/local/bin/docker  tag  a6ccd4df68ea883f746f706fe0b978180397136b  192.168.199.51:5000/
flaskdemo:a6ccd4df68ea883f746f706fe0b978180397136b            # 为镜像打标签
+ /usr/local/bin/docker push 192.168.199.51:5000/flaskdemo:a6ccd4df68ea883f746f706fe0b978180
397136b
The push refers to repository [192.168.199.51:5000/flaskdemo]          # 将镜像推送到注册中心
ab37efae599c: Preparing
+ /usr/local/bin/docker rmi a6ccd4df68ea883f746f706fe0b978180397136b    # 删除本地刚生成的镜像
Untagged: a6ccd4df68ea883f746f706fe0b978180397136b:latest
+ /usr/local/bin/docker system prune -f                       # 强制清除容器
Total reclaimed space: 0B
```

再来看一下 deploy 步骤的主要代码。

```
======CMD======
docker pull 192.168.199.51:5000/flaskdemo: a6ccd4df68ea883f746f706fe0b978180397136b
docker rm -f   flaskdemo || true
docker run -d -p 5005:5000 --name flaskdemo 192.168.199.51:5000/flaskdemo: a6ccd4df68ea88
```

3f746f706fe0b978180397136b

    echo "deploy success"

    ======END======

    out: a6ccd4df68ea883f746f706fe0b978180397136b: Pulling from flaskdemo

    ......

    out: Status: Downloaded newer image for 192.168.199.51:5000/flaskdemo: a6ccd4df68ea883f746f7
06fe0b978180397136b

    out: 192.168.199.51:5000/flaskdemo:a6ccd4df68ea883f746f706fe0b978180397136b

    out: flaskdemo

    out: bf2fee7a716cedd5903df4dd0b16533e21c3969fd6a23922cb520015734319c6

    out: deploy success

    ===

    Successfully executed commands to all host.

    ===

（6）测试项目部署

执行以下命令获取自建 Docker 注册中心的镜像列表。

```
[root@host1 ~]# curl http://127.0.0.1:5000/v2/_catalog
{"repositories":["flaskdemo"]}
```

可以发现 flaskdemo 镜像已被推送到了 Docker 注册中心，这正是由 publish 步骤实现的。

执行 docker ps 命令，可以发现新增了 flaskdemo 容器，此容器是 deploy 步骤自动部署的，如下
所示。

CONTAINER ID	IMAGE			
COMMAND	CREATED	STATUS	PORTS	NAMES
bf2fee7a716c	192.168.199.51:5000/flaskdemo:a6ccd4df68ea883f746f706fe0b978180397136b			
"python app.py"	8 minutes ago	Up 8 minutes	0.0.0.0:5005->5000/tcp	flaskdemo

可以通过浏览器访问项目，结果如图 7-37 所示，表明部署成功。

图 7-37　访问自动部署的项目

（7）实现项目的自动化迭代

修改项目的源代码，这里只是简单地将主应用程序 app/app.py 中的显示内容"Hello World!"替换
为"You are welcome to test CI/CD."。

依次执行以下命令将代码重新推送到 Gogs 代码仓库。

```
git add .
git commit -m "second commit"
git push -u origin master
```

登录 Drone 服务器查看该项目的工作流进度。发现新推送的代码仓库正在执行持续集成工作流，完
成之后的状态如图 7-38 所示。

整个项目自动重新完成单元测试、静态代码分析、构建并发布镜像，以及部署流程。

可以通过浏览器访问项目，结果如图 7-39 所示，表明自动重新部署成功。

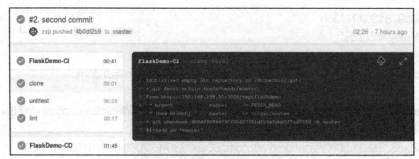

图 7-38　二次推送的工作流状态

图 7-39　访问自动重新部署的项目

（8）利用环境变量设置密码

从安全的角度考虑，不应当在.drone.yml 文件中以明文方式设置密码等机密信息。这些机密信息可以在 Drone 的仓库设置中提供，然后在.drone.yml 文件中引用。

例如，在本例中将.drone.yml 文件中 deploy 步骤的 SSH 用户名和密码部分设置修改如下。

```
- name: deploy
  image: appleboy/drone-ssh
  settings:
    host: 192.168.199.51
    username:
      from_secret: username
    password:
      from_secret: password
```

然后在 Drone 服务器上进入相应仓库的设置界面，如图 7-40 所示，在"Secrets"区域添加 username 和 password 两条机密信息。

图 7-40　在 Drone 服务器上设置机密信息

提交代码并推送到 Gogs 仓库，到 Drone 服务器上跟踪工作流进度，会发现能够正常部署。

同样，使用 docker 插件将镜像推送到 Docker 注册中心时，向 Docker 注册中心提供的用户名和密码也可采用这种方法来设置，例如：

```
- name: publish
```

```
image: plugins/docker:latest
settings:
  username:
    from_secret: docker_username
  password:
    from_secret: docker_password
  repo: example/demo
  tags: latest
```

项目实训

项目实训一　使用阿里云容器镜像服务的自动化构建功能

实训目的
- 掌握自动化构建功能的基本使用方法。
- 考察项目的自动化构建过程。

实训内容
- 绑定阿里云 Code。
- 为阿里云 Code 平台提供自己的 SSH 密钥。
- 通过容器镜像服务创建镜像仓库。
- 设置构建规则。
- 查看自动化构建结果。

项目实训二　实现项目的持续集成和持续部署

实训目的
- 学会搭建基于 Drone/Gogs 的 CI/CD 平台。
- 掌握项目持续集成和持续部署的实施方法。

实训内容
- 基于 Drone 和 Gogs 搭建 CI/CD 平台。
- 准备项目代码（Python Flask 程序）。
- 定义 CI/CD 工作流。
- 创建代码仓库并将项目代码推送到该代码仓库。
- 跟踪和查看工作流进度。
- 测试项目的自动化部署。

项目总结

　　通过本项目的实施，读者应当学会镜像的自动化构建，初步掌握基于 Docker 的持续集成和持续部署的实施方法。持续集成与持续部署是一个软件开发优化过程，涉及开发过程中的编码、构建、集成、测试、交付、部署等多个阶段。本项目只涉及其中的部分内容，只进行了简单的示范，而实际应用中的内容更复杂，需要读者不断地去学习和拓展，如熟悉 Jenkins 的 CI/CD 工作流。不同编程语言或平台的项目，其 CI/CD 工作流也不尽相同，需要根据情况灵活处理。Java、Go 编译型语言编写的程序需要进行编译以构建可执行文件，Python、PHP 之类的解释型语言编写的程序就不需要编译。可以将项目和运行环境打包成镜像，发布到镜像注册中心，也可以将应用程序（二进制文件或源代码）直接部署到服务器，此时需要在目标服务器中提前安装运行环境，关于这方面的内容已在上一个项目讲解过。下一个项目将转到 Docker 集群，即 Docker 部署应用程序的生产环境。

项目八
Docker集群配置与应用

学习目标

- 了解 Docker Swarm，掌握 Swarm 集群建立及节点管理；
- 了解 Swarm 服务，学会在集群中部署和管理服务；
- 了解 Swarm 网络，掌握 overlay 网络的创建和使用；
- 了解 Swarm 高可用性和负载平衡，学会配置外部负载平衡器；
- 熟悉 Docker 栈，会使用它在集群中部署分布式应用程序。

项目描述

本书前述章节的项目都是基于单个 Docker 主机的，所有容器都是运行在同一个主机上的。实际生产环境往往会有多个 Docker 主机，涉及跨主机多子网的容器配置管理，复杂性大大提高。Docker Compose 支持多个服务的编排，但不支持跨主机部署，而集群（Cluster）将多个主机作为一个协同工作的有机整体，使其能够像单个系统那样工作，同时支持高可用、负载平衡和并行处理。在集群中部署应用程序时，用户不必关心应用程序具体部署在哪台主机上，只需关心所需的资源，应用程序由集群管理程序进行调度。Docker 从 1.12 版本开始通过内置 Swarm 模式实现集群管理，实现应用程序自动化部署、可伸缩、高可用和负载平衡。Docker 栈能够以 Swarm 网络为基础，使多个服务相互关联，并在多台主机上运行它们，便于将不同主机上的容器以服务的形式在集群中一步部署到位，为大规模分布式应用程序的部署和管理提供解决方案。本项目的重点是 Swarm 集群的建立和管理，以及应用程序在集群中的部署和管理。Docker 集群可以作为数据中心的替代方案，比虚拟化技术更能实现资源集约利用，符合绿色低碳发展理念，推动形成绿色低碳的生产方式和生活方式。

任务一　建立 Docker Swarm 集群

任务说明

Swarm 是 Docker 官方提供的一款集群管理工具，其主要作用是把若干台 Docker 主机抽象为一个整体，并通过一个入口统一管理这些 Docker 主机上的各种 Docker 资源。要通过 Docker Swarm 来部署和管理应用程序，首先要建立集群，对集群节点进行配置管理。本任务的具体要求如下。

- 了解 Docker Swarm 的背景知识。
- 了解 Swarm 集群及其节点。
- 掌握 Swarm 集群的创建方法。
- 熟悉 Swarm 节点的管理操作。

知识引入

1. 为什么要使用容器集群

单主机的 Docker 引擎和单一的容器镜像只能解决单一服务的打包和测试问题，而要在生产环境中部署企业级应用，就需要容器集群。容器集群的设计目标是在主机集群之间提供一个能够自动化部署、扩容，以及运维的应用容器平台。

在 1.12 版本之前，Docker 在集群管理上依赖第三方解决方案，其中最著名的就是 Kubernetes。Kubernetes 简称 K8s，是 Google 提供的开源的容器编排引擎，用于管理云平台多主机上的容器化应用，支持容器化应用程序的自动化部署、伸缩和管理。Kubernetes 通常结合 Docker 工作，并且整合多个运行 Docker 容器的主机集群，它不仅支持 Docker，而且支持另一种容器技术 Rocket。Kubernetes 采用不同于 Docker 的配置和编排方法，比较复杂，适合大中型集群运行复杂应用程序的环境。

Docker 从 1.12 版本开始引入 Swarm 模式来实现集群管理。Swarm 本意是蜂群，表示动物的群体，Docker 使用这个概念表示由多个 Docker 引擎组成的一个整体，也就是集群。Docker Swarm 是 Docker 原生的集群工具，因而无需使用额外的编排软件创建或管理集群。Docker 工具和 Docker API 都可以无缝地在 Docker Swarm 上使用，只是使用环境从单机转变为更高级别的集群。Docker Swarm 部署更简单，适合规模不大的应用程序环境，尤其适用于简单和快速开发。

用 Docker Swarm 创建集群非常简单，用户不需要额外安装任何软件，也不需要进行任何额外的配置，很适合作为学习和使用容器集群平台的起点，当然也可用于中小规模的 Docker 集群实际部署。

2. 什么是 Swarm 集群

一个 Swarm 集群包含多个以 Swarm 模式运行的 Docker 主机，它们充当管理器（Manager），负责管理成员和代理；或者充当工作者（Worker），负责运行 Swarm 服务。一台 Docker 主机可以是管理器，也可以是工作者，或者同时兼任这两种角色。

Swarm 集群管理的对象主要是服务，而不是独立的容器。服务用于定义要在节点上执行的任务，是整个集群系统的核心结构，也是用户与 Swarm 交互的基本单元，用户在创建服务时可以指定要使用的容器镜像和要在容器中执行的命令。Swarm 服务相对于独立容器的一个关键优势是，无需重启服务就可以修改服务的配置，如要连接的网络和卷。

任务（Task）定义容器和要在容器中运行的命令，它是 Swarm 集群的原子调度单位。管理器节点根据服务规模中设置的副本数量将任务分配给工作者节点。一旦任务被分配给某个节点，就不能转移到另一个节点，只能在所分配的节点上正常运行或运行失败。

当 Docker 以 Swarm 模式运行时，独立容器仍然可以在加入 Swarm 集群的 Docker 主机上运行。只有 Swarm 管理器能够管理 Swarm 集群，而独立容器可以由任何守护进程启动。Docker 守护进程可以作为管理器或工作者加入 Swarm 集群。

与使用 Docker Compose 定义和运行容器编排单主机上的多个服务一样，管理员也可以定义和运行 Swarm 服务栈（Service Stack），实现多个节点多个服务的集群部署。

3. Docker Swarm 的特性

Docker 目前的版本包括原生的 Swarm 模式，其主要特性列举如下。

- 实现与 Docker 引擎集成的集群管理。
- 去中心化设计。Swarm 节点的角色分为管理器和工作者，任一节点的故障都不影响应用程序的使用。
- 声明式服务模型。Docker 引擎使用声明式方法在应用栈中定义各种服务所需的状态。
- 可伸缩服务。
- 状态自动调整。管理器节点持续监视集群状态并调整实际状态与期望状态之间的差异。
- 多主机连网。
- 服务发现（Service Discovery）。管理器节点为 Swarm 集群中的每个服务分配一个唯一的 DNS 名称，并平衡正在运行的容器的负载。
- 默认安全机制。Swarm 集群中的每个节点都强制进行 TLS 相互认证和加密，以保护其自身与所有其他节点之间的通信。

- 滚动更新。一旦有更新推出，就可以以增量方式将服务更新应用于节点。如果出现任何问题，则可以将任务回滚到以前版本。

4. Swarm 节点

Swarm 集群架构如图 8-1 所示，整个集群由一个或多个节点组成。这些节点可以是运行 Docker 引擎的物理机或虚拟机，节点按角色分为管理器节点和工作者节点两种类型。

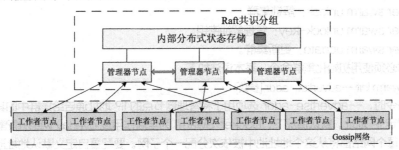

图 8-1　Swarm 集群架构

（1）管理器节点

管理器节点负责下列集群管理任务。

- 维护集群状态。
- 调度服务。
- 提供 Swarm 模式的 HTTP API 端点。

管理器使用 Raft 共识算法，可以维持整个 Swarm 集群及其中运行的所有服务的内部状态一致性。Raft 要求大多数管理器（也称为法定人数）同意对集群的更新建议，如节点添加或者删除。如果仅用于测试，则一个集群使用单个管理器就可以。在单个管理器的集群中，若管理器发生故障，服务会继续运行，但需要创建一个新的集群以进行恢复。

为充分利用 Swarm 模式的容错功能，Docker 建议用户根据自己的高可用性要求部署奇数个节点。当存在多个管理器时，如果管理器节点发生故障，不用停机就可以恢复。可以按照下列建议确定管理器节点数量。

- 3 个管理器的 Swarm 集群最多允许一个管理器节点的失效。
- 5 个管理器的 Swarm 集群最多允许两个管理器节点的同时失效。
- N 个管理器的 Swarm 集群最多允许 $(N-1)/2$ 个管理器节点的同时失效。

Docker 建议一个集群最多包含 7 个管理器节点，添加更多的管理器节点并不意味着更强的可扩展性或更高的性能，情况往往正好相反。

（2）工作者节点

工作者节点也是 Docker 引擎的实例，其唯一目的是运行容器。工作者节点不加入 Raft 分布式状态存储，不进行调度决策，也不提供 Swarm 模式的 HTTP API 服务。

可以创建单个管理器节点的集群，但集群中不能只有工作者节点而没有管理器节点。默认情况下，所有管理器节点同时也是工作者节点。

（3）改变节点的角色

可以将工作者节点升级为管理器节点。例如，要对管理器节点进行离线维护时，可能需要升级工作者节点。当然，也可以将管理器节点降级为工作者节点。

5. Swarm 集群管理命令

Docker 提供了集群管理命令，其基本语法如下。

```
docker swarm 子命令
```

其中的子命令实现集群的管理操作功能，完整的集群管理命令如下。

- docker swarm ca：显示和轮转根 CA。
- docker swarm init：初始化集群。
- docker swarm join：作为节点加入集群。
- docker swarm join-token ：管理加入集群的令牌。
- docker swarm leave：脱离集群。
- docker swarm unlock：解锁集群。
- docker swarm unlock-key：管理解锁密钥。
- docker swarm update：更新集群。

建立集群必须使用初始化集群命令，基本语法如下。

docker swarm init --advertise-addr [参数]

执行此命令时，--advertise-addr 选项用于将管理器节点的 IP 地址通告给集群中的其他节点，该地址必须是固定 IP 地址。默认情况下，Docker Swarm 为全局作用域 overlay 网络分配默认的地址池 10.0.0.0/8，每个网络都将从这个地址池中被依次分配一个子网。要配置自定义默认地址池，可以使用 --default-addr-pool 选项定义，其中子网掩码使用 CIDR 记法。--listen-addr 选项指定用于承载 Swarm 流量的 IP 和端口，通常与--advertise-addr 选项的参数值一致，但是当节点上有多个 IP 地址的时候，可用于指定某个具体 IP 地址。还可以使用--force-new-cluster 选项强制从当前状态创建新的集群，这个操作会删除当前管理器节点以外的所有管理器节点。

执行 docker swarm init 命令会生成两个随机的令牌（Token）作为其他节点加入集群的密钥：一个是工作者令牌，另一个是管理器令牌。当一个节点加入集群时，其角色是工作者还是管理器就取决于传递的是哪个令牌。

建立集群之后，其他主机加入集群需要使用 docker swarm join 命令，其基本语法如下。

docker swarm join [选项] 主机:端口

该命令的主机和端口参数分别指集群创建者的 IP 地址和集群管理的通信端口（通常是 2377）。该命令最重要的选项是--token，用来传递初始化集群所生成的令牌。

docker swarm update 命令使用新的选项值更新现有的集群，此命令在管理器节点上运行。

集群涉及自动锁定，执行 docker swarm init 或 docker swarm update 命令时可设置--autolock 选项值为 true 来生成一个加密密钥，以自动锁定管理器。所有管理器存储的私钥和数据都将受到该加密密钥的保护，如果不提供该密钥，将无法访问。密钥通过 docker swarm unlock 命令提供以重新激活管理器。也可以执行 docker swarm update --autolock=false 命令取消集群的锁定。默认情况下没有自动锁定集群。

6. Swarm 节点管理命令

Docker 提供了节点管理命令，其基本语法如下。

docker node 子命令

其中的子命令实现节点的管理操作功能，完整的节点管理命令如下。

- docker node demote：将一个或多个管理器节点降级为工作者节点。
- docker node inspect：显示一个或多个节点的详细信息。
- docker node ls：列出 Swarm 集群中的节点。
- docker node promote：将一个或多个节点升级为管理器节点。
- docker node ps：列出在一个或多个节点（默认为当前节点）上运行的任务。
- docker node rm：从 Swarm 集群中删除一个或多个节点。
- docker node update：更新节点的选项，如可用性、标签或角色。

这些命令都只能在管理器节点上运行。

任务实现

1. 准备 Swarm 集群运行环境

在创建 Swarm 集群之前，需要准备其基本运行环境，具体要完成以下任务。

（1）准备节点主机

建立 Docker Swarm
集群

集群节点主机可以是物理机、虚拟机、Amazon EC2 虚拟机实例，或以其他方式托管的主机。为方便实验，本例使用 3 台运行 CentOS 7 操作系统的 VMware 虚拟机（可以通过直接复制虚拟机来快速安装操作系统）来建立一个小规模集群，将其中一台主机名改为 manager1，作为管理器节点（同时兼作工作者节点），另外两台主机名改为 worker1 和 worker2，作为工作者节点。

接下来的操作是在各个主机上进行的，这里直接在每台主机的本地终端窗口中进行操作。在实际应用中，可使用 ssh 命令连接远程管理器节点后进行操作。如果使用 Docker Machine，则可以使用 docker-machine ssh 命令，通过 ssh 命令连接到要执行操作的主机再进行操作。

（2）为每台主机安装 Docker

在每台主机上安装 Docker，确保 Docker 守护进程正在每台机器上运行，最好配置镜像加速器。

（3）设置节点主机的 IP 地址

集群中的所有节点主机必须能够通过 IP 地址访问管理器节点。管理器节点应使用固定的 IP 地址，以便其他节点可以通过其 IP 地址联系它。本例中 3 台主机的 IP 地址分别为 192.168.199.51、192.168.199.52 和 192.168.199.53。

（4）各节点主机开放相应的端口

必须在每台主机上开放防火墙的 TCP 端口 2377（用于集群管理通信）、TCP/UDP 端口 7946（用于节点之间的通信）、UDP 端口 4789（用于 overlay 网络流量）。如果要使用加密方式（--opt encrypted）创建 overlay 网络，则要确保允许 IP 协议号为 50 的 ESP 通信。本示例中为简化实验操作，直接关闭各主机上的防火墙。

2. 创建 Swarm 集群

完成上述准备工作之后，需要确保各主机上的 Docker 守护进程已经启动。

（1）在 manager1 主机上运行以下命令创建一个新的 Swarm 集群。

```
[root@manager1 ~]# docker swarm init --advertise-addr 192.168.199.51
Swarm initialized: current node (hlt0hy7pwsngnga65awu0gdyz) is now a manager.
To add a worker to this swarm, run the following command:
    docker swarm join --token
SWMTKN-1-4ek74l8qmnh8hu2dmm4703pn5ah2os6n0ze0s2f0yo0iif679v-f49q5naeoeuiqx9ou0oy
dv003 192.168.199.51:2377
To add a manager to this swarm, run 'docker swarm join-token manager' and follow the instructions.
```

该命令的输出提示当前节点已成为管理器，还给出将工作者加入此集群的命令，该命令也提示将管理器节点加入此集群应执行 docker swarm join-token manager 命令。

（2）复制上述工作者加入集群的整个命令。

（3）在 worker1 主机上进入终端窗口，粘贴上述工作者加入集群的整个命令并运行它，将该主机作为工作者加入现有集群，如下所示。

```
[root@worker1 ~]# docker swarm join --token
SWMTKN-1-4ek74l8qmnh8hu2dmm4703pn5ah2os6n0ze0s2f0yo0iif679v-f49q5naeoeuiqx9ou0oy
dv003 192.168.199.51:2377
This node joined a swarm as a worker.
```

如果当时没记下添加工作者的完整命令，则可以通过 docker swarm join-token worker 命令获取，不过这个命令只能在管理器节点上执行。

如果执行 docker swarm join 命令时出现错误提示"Error response from daemon: --cluster-store and --cluster-advertise daemon configurations are incompatible with swarm mode"，则说明该节点之前加入过集群。解决这个问题的方法是删除相关的集群配置信息（如在 /etc/docker/daemon.json 或 /etc/systemd/system/docker.service.d 目录中的 .conf 文件中删除与 Cluster 相关的配置），重启 Docker。

（4）在 worker2 主机上执行与 worker1 相同的操作，也将它添加为工作者节点，如下所示。

```
[root@worker2 ~]# docker swarm join --token
SWMTKN-1-4ek74l8qmnh8hu2dmm4703pn5ah2os6n0ze0s2f0yo0iif679v-f49q5naeoeuiqx9ou0oy
dv003 192.168.199.51:2377
This node joined a swarm as a worker.
```

（5）在 manager1 主机上执行 docker info 命令查看 Swarm 集群的当前状态，下面仅列出"Swarm"部分的信息。

```
Swarm: active                                  # 集群处于激活状态
NodeID: hlt0hy7pwsngnga65awu0gdyz              # 节点 ID
Is Manager: true                               # 管理器角色
ClusterID: 61qd9gyvv99lj5p77auyxpwfn          # 集群 ID
Managers: 1                                    # 管理器数量
Nodes: 3                                       # 节点数量
Default Address Pool: 10.0.0.0/8               # 默认地址范围
SubnetSize: 24                                 # 子网长度
Data Path Port: 4789                           # 数据路径端口（用于 overlay 网络流量）
Orchestration:
  Task History Retention Limit: 5              # 任务历史记录保留限制
Raft:                                          # Raft 共识算法
  Snapshot Interval: 10000
  Number of Old Snapshots to Retain: 0
  Heartbeat Tick: 1
  Election Tick: 10
Dispatcher:
  Heartbeat Period: 5 seconds                  # 节点报告它们的健康状态间隔的时间
CA Configuration:                              # CA（证书颁发机构）配置
  Expiry Duration: 3 months
  Force Rotate: 0
Autolock Managers: false                       # 没有自动锁定管理器
Root Rotation In Progress: false
Node Address: 192.168.199.51                   # 节点 IP 地址
Manager Addresses:                             # 管理器地址和端口
  192.168.199.51:2377
```

（6）在 manager1 主机上执行 docker node ls 命令查看有关节点的信息，如下所示。

```
[root@manager1 ~]# docker node ls
ID    HOSTNAME    STATUS    AVAILABILITY    MANAGER STATUS    ENGINE VERSION
```

hlt0hy7pwsngnga65awu0gdyz *	manager1	Ready	Active	Leader	19.03.2
h352u76lp6ap8e4lys684e8ii	worker1	Ready	Active		19.03.2
flwpdvzkb806fijqprmdfxzqi	worker2	Ready	Active		19.03.2

节点 ID 右侧的符号"*"指示当前连接的节点。至此，一个有 3 个节点的 Swarm 集群就已经搭建好了。

3. 查看节点信息

显示节点列表的命令 docker node ls 只能在管理器节点上执行，列表结果参见创建 Swarm 集群时的第（6）步。

其中 ID 列表示节点 ID，节点 ID 是全局唯一的。主机加入集群后会被自动分配一个 ID。HOSTNAME 列表示节点主机名，Docker Swarm 自动将节点命名为主机名称。STATUS 表示节点当前状况，Ready 表示正常，Down 表示已宕机。

AVAILABILITY 列显示该节点的可用性状态，共有以下 3 种。

- 活动（Active）：调度器能够安排任务到该节点。
- 暂停（Pause）：调度器不能够安排任务到该节点，但是已经存在的任务会继续运行。
- 排空（Drain）：调度器不能够安排任务到该节点，而且会停止已存在的任务，并将这些任务分配到其他活动状态的节点中。

MANAGER STATUS 列显示管理器状态，共有以下几种状态。

- 领导者（Leader）：为 Swarm 集群做出所有管理和编排决策的主要管理器节点。
- 候选者（Reachable）：如果领导者节点变为不可用，则候选者节点有资格被选举为新的领导者节点。
- 不可用（Unavailable）：该节点不能和其他管理器节点产生任何联系，这种情况下，应该添加一个新的管理器节点到集群中，或者将一个工作者节点升级为管理器节点。
- 空白：表明该节点是工作者节点。

在管理器节点上可以使用 docker node inspect 命令查看指定节点的详细信息，加上--pretty 选项表示以易读方式显示信息，例如：

```
[root@manager1 ~]# docker node inspect worker2  --pretty
ID:                 flwpdvzkb806fijqprmdfxzqi                      # 节点 ID
Hostname:           worker2                                        # 节点主机名
Joined at:          2019-12-26 11:15:13.931238399 +0000 utc        # 加入集群时间
Status:
 State:             Ready                                          # 状况
 Availability:      Active                                         # 可用性
 Address:           192.168.199.53
Platform:                                                          # 节点所用平台
 Operating System: linux
 Architecture:     x86_64
Resources:                                                         # 节点拥有的系统资源
 CPUs:             2
 Memory:           3.683GB
Plugins:                                                           # 插件
 Log:              awslogs, fluentd, gcplogs, gelf, journald, json-file, local, logentries, splunk, syslog
 Network:          bridge, host, ipvlan, macvlan, null, overlay
```

```
Volume:           local
Engine Version:   19.03.2                              # Docker 引擎版本
TLS Info:                                              # TLS 信息
......
```

4. 让节点脱离集群

要将一个节点从 Swarm 集群中移除，可在该节点上执行 docker swarm leave 命令。当一个节点脱离集群时，它的 Docker 引擎停止以 Swarm 模式运行，编排器不再将任务安排到该节点。

例如，要让 worker2 脱离集群，要在 worker2 主机上执行以下命令。

```
[root@worker2 ~]# docker swarm leave
Node left the swarm.
```

此时到 manager1 主机上执行 docker node ls 命令查看相关节点的信息，结果如下。

```
[root@manager1 ~]# docker node ls
ID                          HOSTNAME  STATUS  AVAILABILITY  MANAGER STATUS  ENGINE VERSION
hlt0hy7pwsngnga65awu0gdyz * manager1  Ready   Active        Leader          19.03.2
h352u76lp6ap8e4lys684e8ii   worker1   Ready   Active                        19.03.2
flwpdvzkb806fijqprmdfxzqi   worker2   Down    Active                        19.03.2
```

该节点状况已变为宕机，表明已不能工作。

节点脱离 Swarm 集群后，可以在 manager1 主机上执行 docker node rm 命令，从节点列表中删除该节点，如下所示。

```
[root@manager1 ~]# docker node rm worker2
worker2
```

如果节点变得不可达或者无响应，则执行 docker node rm 命令时可以使用--force 选项强制删除节点。在强制删除管理器节点前，必须先将其降级为工作者节点。如果降级或者删除管理器节点，则应确保集群始终拥有奇数个管理器节点。

脱离集群的节点要重新加入集群，则要执行 docker swarm join 命令，节点重新加入后会被分配一个新的节点 ID。

5. 将节点以管理器角色加入集群

多个管理器节点有利于容错。创建集群之后，如果其他节点要以管理器角色加入集群，则应首先在管理器节点上执行以下命令，获取成为管理器节点的命令（含令牌）。

```
[root@manager1 ~]# docker swarm join-token manager
To add a manager to this swarm, run the following command:
    docker swarm join --token
SWMTKN-1-4ek74l8qmnh8hu2dmm4703pn5ah2os6n0ze0s2f0yo0iif679v-a2d8istrx1vv6vqv6hddcl
kft 192.168.199.51:2377
```

复制该命令，转到 worker2 主机执行，如下所示。

```
[root@worker2 ~]# docker swarm join --token
SWMTKN-1-4ek74l8qmnh8hu2dmm4703pn5ah2os6n0ze0s2f0yo0iif679v-a2d8istrx1vv6vqv6hddcl
kft 192.168.199.51:2377
This node joined a swarm as a manager.
```

这样 worker2 主机就以一个管理器的角色加入集群了。可以直接在该节点上查看当前节点列表，如下所示。

```
[root@manager1 ~]# docker node ls
ID          HOSTNAME    STATUS    AVAILABILITY    MANAGER STATUS    ENGINE VERSION
hlt0hy7pwsngnga65awu0gdyz    manager1    Ready    Active    Leader    19.03.2
h352u76lp6ap8e4lys684e8ii    worker1     Ready    Active             19.03.2
f4xb0rg77juwaza9kgbrbfey7 *  worker2     Ready    Active    Reachable    19.03.2
```

其管理器状态（MANAGER STATUS）显示为 Reachable，表明其是候选者。

6. 降级和升级节点

在管理器节点上执行以下命令将指定的管理器节点降级为工作者节点。

docker node demote   管理器节点列表

执行以下命令将指定的工作者节点升级为管理器节点。

docker node promote   工作者节点列表

例如，在 worker2 主机上执行以下命令将其降级为工作者节点。

```
[root@worker2 ~]# docker node demote worker2
Manager worker2 demoted in the swarm.
```

任务二   在 Swarm 集群中部署和管理服务

任务说明

应用程序是以服务的形式部署到集群中的。要在 Docker 引擎处于 Swarm 模式时部署应用程序镜像，可以创建一个服务。在一些规模更大的应用中，服务通常会成为微服务的镜像。一个服务的示例包括 HTTP 服务器、数据库，或希望在分布式环境中运行的任何其他类型的可执行程序。对于单一的应用程序，其可通过服务直接在集群中部署。本任务的具体要求如下。

- 弄清 Swarm 的服务、任务和容器之间的关系。
- 了解任务的状态。
- 熟悉服务的创建、伸缩、滚动更新、回滚操作和对外发布操作。
- 掌握服务放置的控制。

知识引入

1. 服务、任务与容器之间的关系

将服务部署到 Swarm 集群时，Swarm 管理器将服务定义作为服务的期望状态，然后将该服务作为一个任务或多个任务的副本在节点上进行调度。这些任务在集群的节点上彼此独立运行。

例如，假设要在 HTTP 监听器的 3 个实例之间进行负载平衡。图 8-2 展示了具有 3 个 nginx 副本的 HTTP 监听器服务，其中的每一个实例都是 Swarm 集群中的一个任务。容器是被隔离的进程，采用 Swarm 模式，每个任务只调用一个容器。任务类似于调度程序放置容器的"插槽"，一旦容器处于活动状态，调度程序就会识别出该任务处于运行状态。如果容器未通过健康检查或终止，则任务也将终止。在 Swarm 模式下，Swarm 管理器会监控服务、任务的健康状态，如果容器进入不健康状态，它会停止容器并且重新启动一个新容器来取代它。

2. 任务和调度

任务是 Swarm 集群中调度的原子单位。当通过创建服务或更新服务来声明期望的服务状态时，编排器（Orchestrator）通过调度任务来实现期望的状态。例如，可以定义一个服务，指示编排器始终保持 HTTP 监听器的 3 个实例的运行状态，编排器通过创建 3 个任务来实现该服务。每个任务相当于一个

"插槽"，调度器生成容器来填充它。容器是具体任务的实例化。如果 HTTP 监听器任务未通过健康检查或崩溃，则该编排器会创建一个新的任务副本，以生成一个新的容器。

任务是单向机制，它通过一系列状态（分配、准备、运行等）单调地前进。如果任务失败，则编排器会删除任务及其容器，然后根据服务指定的期望状态创建一个新的任务进行替换。

Docker Swarm 模式的底层逻辑是通用的调度器和编排器。服务和任务抽象本身并不知道它们自己实现的容器。假设要实现其他类型的任务，如虚拟机任务或非容器化的任务，那么调度器和编排器并不知道任务的类型。

图 8-3 展示了 Swarm 模式如何接收服务创建请求，并将任务调度到工作者节点。

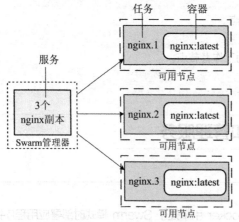

图 8-2 服务、任务与容器之间的关系

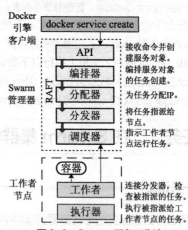

图 8-3 Swarm 服务工作流

3. 挂起的服务

所配置的服务可能遇到集群中当前没有任何节点可以运行其任务的情况，这意味着服务保持在挂起状态。下面列出服务处于挂起状态的几个示例。

- 所有节点都处于暂停或排空状态时，管理员所创建的服务将被挂起，直到某个节点可用。实际上，第一个可用的节点将获得所有任务，在生产环境中要避免使所有节点都处于暂停或排空状态。
- 可以为服务保留一定数量的内存。如果 Swarm 集群中没有节点满足所需的内存，则该服务将保持挂起状态，直到有可用节点运行其任务。如果指定一个非常大的内存值，如 500GB，那么这个任务将永远处于挂起状态，除非真有一个可以满足它的节点。
- 可以对服务配置放置约束，而在给定的时间内不符合约束规则的服务将被挂起。

服务被挂起说明用户任务的要求和配置没有与 Swarm 集群的当前状态紧密联系在一起。集群管理员只需声明集群所期望的状态，使管理器与集群中的节点一起工作来创建该状态，不必过于关注集群上任务的细节。

如果只是要阻止某个服务的部署，那么只需将服务副本数设为 0，而不必以上面几种方式将其配置为挂起状态。

4. 复制服务和全局服务

服务部署有两种类型，即复制服务（Replicated Service）和全局服务（Global Service）。

对于复制服务，需要指定要运行的同一任务的数量。例如，部署一个具有 3 个副本的 HTTP 服务，每个副本提供相同的内容。

全局服务是指在每个节点上都运行一个任务的服务，没有预定的任务数。每次将节点添加到 Swarm 集群时，协调器都将创建一个任务，调度器将该任务分配给新的节点。监控代理是一种全局服务，需要在集群中的每个节点上运行防病毒扫描程序或其他类型的容器。

图 8-4 展示了 3 个复制服务（一个服务的 3 个副本）和一个全局服务（部署在每个节点上）。

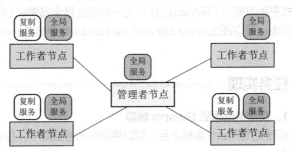

图 8-4　复制服务与全局服务

5. Swarm 任务的状态

Docker 可用于创建能够启动任务的服务。一个服务就是期望状态和工作任务的描述。在 Swarm 模式中，按照以下顺序调度要执行的工作任务。

（1）通过 docker service create 命令创建一个服务。

（2）请求到达管理器节点。

（3）管理器节点将该服务安排在特定的节点上运行。

（4）每个服务根据设置启动若干任务。

（5）每个任务开始其生命周期，经历像新建（NEW）、挂起（PENDING）和完成（COMPLETE）这样的状态。

任务是一次性运行的执行单元。当任务终止时，就不再被执行，但是一个新的任务会取代它。任务经历许多状态直到完成或失败，任务发起时处于新建状态，向前经过一系列状态，不会回退。如任务绝不会从完成状态变为运行（RUNNING）状态。执行 docker service ps 命令可以获取任务的状态信息。

6. Swarm 服务管理命令

Docker 提供了节点管理命令，其基本语法如下。

> docker service　子命令

其中的子命令实现节点的管理操作功能，完整的节点管理命令如下。

- docker service create：创建新的服务。
- docker service inspect：显示一个或多个服务的详细信息。
- docker service logs：获取服务或任务的日志。
- docker service ls：显示服务列表。
- docker service ps：显示一个或多个服务的任务列表。
- docker service rm：删除一个或多个服务。
- docker service rollback：还原对服务配置的更改，即服务回滚。
- docker service scale：扩展一个或多个复制服务。
- docker service update：更新一个服务。

这些命令都只能在管理器节点上运行。

docker service create 命令的选项非常多。在创建服务时，可以指定要使用哪个容器镜像，要在容器中执行哪些命令，还可以为服务设置以下常用选项。

--replicas：任务数量，在 Swarm 集群中要运行的镜像的副本数。

--publish（-p）：对外提供服务的端口。

--network：该服务连接到集群中其他服务的 overlay 网络。

--rollback-delay：滚动更新策略。

服务的默认复制模式是副本模式（Replicated），另一种模式是全局模式（Global），在全局模式下，每个节点上仅运行一个副本。可以通过向 docker service create 命令传递--mode global 参数来部署一个全局服务。

将服务部署到
Swarm 集群

任务实现

1. 将服务部署到 Swarm 集群

创建完 Swarm 集群之后，可以将服务部署到其中，在管理器节点主机中执行以下操作。

（1）执行以下命令部署服务。

```
[root@manager1 ~]# docker service create --replicas 1 --name test-swarm alpine ping 163.com
izbewjf8wlxmpqgrrdr5a6mba                                              #服务 ID
overall progress: 1 out of 1 tasks                                     #整体进度
1/1: running   [==================================================>]  #服务副本进度
verify: Service converged                                             #验证结果：服务已聚合
```

用于创建服务的 docker service create 命令与运行容器的 docker run 命令比较相似。--name 选项将服务命名为 test-swarm，--replicas 选项指定该服务运行实例的副本数，参数 alpine ping 163.com 表示将服务定义为一个 alpine 容器并执行命令 ping 163.com。

（2）执行 docker service ls 命令，显示正在运行的服务的列表，如下所示。

```
[root@manager1 ~]# docker service ls
ID                NAME            MODE          REPLICAS        IMAGE
izbewjf8wlxm      test-swarm      replicated    1/1             alpine:latest
```

每个服务都有自己的 ID 和名称。REPLICAS 列以 m/n 的格式显示当前副本信息，n 表示服务期望的容器副本数，m 表示目前已经启动的副本数。如果 m 等于 n，则说明当前服务已经部署完成，否则就意味着服务还没有部署完成。

（3）执行 docker service ps 命令显示任务列表，查看每个副本在哪个节点运行，处于什么状态，如下所示。

```
[root@manager1 ~]# docker service ps test-swarm
ID            NAME            IMAGE           NODE      DESIRED STATE   CURRENT STATE
ic2732z7h6w1  test-swarm.1    alpine:latest   worker1   Running         Running 3 minutes ago
```

服务的每个副本就是一个任务，有自己的 ID 和名称，名称格式为"服务名.序号"，如"test-swarm.1"，不同的序号表示依次分配的副本。默认情况下，管理器节点可以像工作者节点一样执行任务。DESIRED STATE 列显示期望的状态，CURRENT STATE 列显示当前的实际状态。为集群部署服务之后，可以使用 docker 命令进一步查看服务的详细信息。

（4）执行以下命令显示有关服务的详细信息，--pretty 选项表示以易于阅读的格式显示。

```
[root@manager1 ~]# docker service inspect --pretty test-swarm
ID:            izbewjf8wlxmpqgrrdr5a6mba          # 服务 ID
Name:          test-swarm                          # 服务名称
Service Mode:  Replicated                          # 服务模式，这里为复制服务
 Replicas: 1                                        # 副本数
Placement:                                          # 服务放置
UpdateConfig:                                       # 服务更新配置
```

```
    Parallelism:        1
    On failure: pause
    Monitoring Period: 5s
    Max failure ratio: 0
    Update order:       stop-first
  RollbackConfig:                          # 服务回滚配置
    Parallelism:        1
    On failure: pause
    Monitoring Period: 5s
    Max failure ratio: 0
    Rollback order:     stop-first
  ContainerSpec:                           # 容器定义
    Image:         alpine:latest@sha256:2171658620155679240babee0a7714f6509fae66898db422
ad803b951257db78
    Args:          ping 163.com
    Init:      false
  Resources:
  Endpoint Mode: vip                       # 端点模式
```

如果要以 JSON 格式返回服务的详细信息，可在执行该命令时不带--pretty 选项。

（5）在运行任务的节点上执行 docker ps 或 docker container ls 命令，查看有关任务容器的信息，如下所示。如果服务不在当前节点上运行，则可使用 ssh 连接到运行服务的节点上操作。

```
[root@worker1 ~]# docker ps
CONTAINER ID      IMAGE           COMMAND         CREATED         STATUS          NAMES
38049425ab3f      alpine:latest   "ping 163.com"  6 minutes ago   Up 6 minutes
test-swarm.1.ic2732z7h6w1s14ii77m8uvem
```

每个服务任务都作为一个容器在主机上运行，这些容器也有自己唯一的 ID 和名称。名称的格式为"服务名.序号.服务 ID"，如"test-swarm.1.ic2732z7h6w1s14ii77m8uvem"。

2. 伸缩服务

一旦将服务部署到 Swarm 集群中，就可以使用 Docker 命令行来伸缩服务，增减服务容器的数量。在服务中运行的容器被称为任务，每个任务就是一个服务的副本。

（1）增加服务副本数

对于服务来说，运行多个实例可以实现负载平衡，同时也能提高可用性，使用 Swarm 达成这个目标非常简单，增加服务的副本数就可以了。基于上述内容部署的 test-swarm 服务在管理器节点主机中执行以下操作。

伸缩服务

① 执行以下命令更改在集群中运行的服务所期望的状态。

```
[root@manager1 ~]# docker service scale test-swarm=4
test-swarm scaled to 4                                              #服务副本数增加到 4
overall progress: 4 out of 4 tasks                                  #整体进度
 1/4: running   [===================================================>]   #服务副本进度
 2/4: running   [===================================================>]
 3/4: running   [===================================================>]
 4/4: running   [===================================================>]
verify: Service converged
```

② 执行 docker service ps 命令查看更新的任务列表，如下所示。

```
[root@manager1 ~]# docker service ps test-swarm
ID              NAME            IMAGE           NODE        DESIRED STATE   CURRENT STATE
ic2732z7h6w1    test-swarm.1    alpine:latest   worker1     Running         Running 8 minutes ago
i8mpdx9lg186    test-swarm.2    alpine:latest   worker2     Running         Running 29 seconds ago
3oosz7l59pq5    test-swarm.3    alpine:latest   manager1    Running         Running 44 seconds ago
ifnwsm5insr3    test-swarm.4    alpine:latest   manager1    Running         Running 44 seconds ago
```

可以发现 Swarm 增加了 3 个新的任务，共有 4 个运行的 Alpine 实例。任务分布在集群的 3 个节点之间，在 manager1、worker1 和 worker2 主机上分别运行 2 个、1 个和 1 个任务。

③ 执行 docker ps 命令查看节点上正在运行的任务，这里查看 manager1 上的容器，如下所示。

```
[root@manager1 ~]# docker ps
CONTAINER ID    IMAGE           COMMAND         CREATED         STATUS          NAMES
da48096f320d    alpine:latest   "ping 163.com"  2 minutes ago Up 2 minutes test-swarm.3.3oosz
7l59pq5rbdxmtohs23xw
cda3d18fa2b7    alpine:latest   "ping 163.com"  2 minutes ago   Up 2 minutes    test-swarm.4.ifnwsm
5insr3c56wlv5h97b3k
```

要查看其他节点上运行的容器，可以在该节点登录，或者通过 ssh 命令连接这些节点并执行 docker ps 命令。

（2）减少服务副本数

服务的缩减也就是减少副本数。执行下面的命令将上述服务的副本数减为 2。

```
docker service scale test-swarm=2
```

完成操作之后，执行 docker service ps 命令查看更新的任务列表。可以发现，test-swarm.3 和 test-swarm.4 这两个副本已经被删除了，如下所示。

```
ID              NAME            IMAGE           NODE        DESIRED STATE   CURRENT STATE
ic2732z7h6w1    test-swarm.1    alpine:latest   worker1     Running         Running 11 minutes ago
i8mpdx9lg186    test-swarm.2    alpine:latest   worker2     Running         Running 3 minutes ago
```

3. 删除 Swarm 服务

可以删除 Swarm 中运行的服务。

（1）执行以下命令删除 test-swarm 服务。

```
[root@manager1 ~]# docker service rm test-swarm
test-swarm
```

（2）使用 docker service ps 命令验证是否已删除该服务。

```
[root@manager1 ~]# docker service ps test-swarm
no such service: test-swarm
```

返回的消息指出找不到该服务。

（3）即使该服务不再存在，任务容器也需要几秒才能清理完毕。可以在相关节点上使用 docker ps 命令验证任务何时被删除，直到列表中没有显示该服务的任务容器，才表明服务已经删除完毕。

对服务进行滚动更新

4. 对服务进行滚动更新

上述实验中已经增减了服务实例的数量，接下来部署一个基于 Redis 4.0 镜像的服务，然后使用滚动更新对服务进行升级，以使用 Redis 5.0 镜像。在管理器节点中进行以下操作。

（1）执行以下命令将 Redis 4.0 部署到集群，并配置 10s 的更新延迟策略。

```
docker service create  --replicas 3  --name redis  --update-delay 10s  redis:4.0
```

可以在服务部署时配置滚动更新策略。--update-delay 选项配置更新一个或多个任务之间的时间延迟。时间可使用的单位有秒（s）、分钟（min）或小时（h），还可组合使用多种单位的时间，如 10min 30s，表示延迟 10min30s。

默认情况下，调度器一次更新一个任务。可以通过--update-parallelism 选项来配置调度器同时更新（并发）的最大服务任务数。

默认情况下，当对单个任务的更新完成并返回运行状态时，调度器会调度另一个任务来更新，直到所有任务都被更新。如果在任务更新期间的任何时间都返回失败（FAILED）状态，则调度器会暂停更新。可以使用--update-failure-action 选项来控制 docker service create 或 docker service update 命令的行为。

（2）查看 Redis 服务的详细信息，这里重点查看更新配置，如下所示。

```
[root@manager1 ~]# docker service inspect --pretty redis
ID:            69ms2eut2m903kfptzyqzuwzk
......
UpdateConfig:                                    # 更新配置
 Parallelism:    1                               # 同时更新的最大任务数
 Delay:          10s                             # 更新之间的延迟
 On failure: pause                               # 更新失败的操作
 Monitoring Period: 5s                           # 每个任务更新后的持续时间
 Max failure ratio: 0                            # 更新期间容许的失败率
 Update order:       stop-first                  # 更新顺序
......
ContainerSpec:                                   # 容器定义
 Image:    redis:4.0@sha256:6a973e4cfbbb1e6cf7687e8578e5ab2debf4938f69d7867abdb2f
93867b34edf
......
```

（3）执行 docker service update 命令更新容器镜像，如下所示。

```
docker service update --image redis:5.0 redis
```

管理器根据更新配置策略将更新应用于节点。调度器默认按照以下顺序更新。

- 停止第一个任务。
- 对被停止的任务安排更新。
- 启动已更新的任务的容器。
- 如果更新任务时该任务正在运行，则等待指定的时间延迟，然后启动下一个任务。
- 在更新期间返回失败结果，则停止更新。

（4）执行以下命令查看所期望的状态中的新镜像。

```
[root@manager1 ~]# docker service inspect --pretty redis
ID:            69ms2eut2m903kfptzyqzuwzk
......
UpdateStatus:                                    # 更新状态
 State:        completed                         # 完成状态
 Started:   2 minutes ago
 Completed:     2 seconds ago
 Message: update completed
```

......

ContainerSpec: #　容器定义
  Image: redis:5.0@sha256:1eedfc017b0cd3e232878ce38bd9328518219802a8ef37fe34f58dcf591688ef

......

可以发现，容器的镜像已升级为 Redis 5.0。

如果因失败而暂停更新，那么查看该服务会显示相应的详细信息，示例如下。

Update status:
  State: paused
  Started: 11 seconds ago
  Message: update paused due to failure or early termination of task 9p7ith557h8ndf0ui9s0q951b

要启动一个暂停的更新，可使用以下命令。

docker service update <服务 ID>

为避免某些更新不断失败，可以通过为 docker service update 命令提供相应选项来重新配置服务。

（5）执行 docker service ps 命令来观察滚动更新，如下所示。

```
[root@manager1 ~]# docker service ps redis
ID              NAME           IMAGE       NODE       DESIRED STATE   CURRENT STATE
z995ykpeodil    redis.1        redis:5.0   manager1   Running         Running 56 seconds ago
vbdnljtotsxy    \_ redis.1     redis:4.0   manager1   Shutdown        Shutdown 59 seconds ago
1jflcium9x2e    redis.2        redis:5.0   worker2    Running         Running 2 minutes ago
5hmnq8xck9xz    \_ redis.2     redis:4.0   worker2    Shutdown        Shutdown 2 minutes ago
yidz88pgyxrf    redis.3        redis:5.0   worker1    Running         Running about a minute ago
kqthe1j2h66w    \_ redis.3     redis:4.0   worker1    Shutdown        Shutdown about a minute ago
```

在 Swarm 完成所有更新任务之前，可以发现有些节点正在运行 Redis 4.0，而另外一些节点正在运行 Redis 5.0。上面的输出显示滚动更新完成后的状态。

对服务版本进行回滚

（6）完成实验之后，执行 docker service rm redis 命令删除该服务。

5. 对服务版本进行回滚

如果服务的更新版本没有按预期目标运行，则可以使用带--rollback 选项的 docker service update 命令回滚到该服务的前一个版本。--rollback 选项可以与其他选项组合使用，如组合--update-delay 0s 选项，表示执行回滚时不存在延迟，例如：

docker service update --rollback   --update-delay 0s   my_websrv

可以使用--update-failure-action 选项配置服务更新未能成功部署时服务自动回滚，例如：

docker service create --replicas 3   --name redis   --update-failure-action rollback redis:4.0

下面示范一下服务版本回滚，在管理器节点进行以下操作。

（1）创建服务时设置回滚策略，如下所示。

[root@manager1 ~]# docker service create   --replicas 2   --name redis   --rollback-parallelism 2 --rollback-monitor 20s   --rollback-max-failure-ratio .2 redis:4.0
6g4s7drbjq6wj5q7o66a1lyjl

这里通过--rollback-parallelism 选项定义最多可以并行回滚 2 个任务；--rollback-monitor 20s 表示在回滚之后，将对任务进行 20s 的监视，以确保它们不会退出；--rollback-max-failure-ratio .2 表示允许最大故障率为 20%。

还可以根据需要使用--rollback-delay 选项设置回滚任务之间的延迟（默认值为 0），通过

--rollback-failure-action 选项设置回滚失败之后的操作（默认值为 pause）。

（2）执行更新服务升级版本，如下所示。

```
[root@manager1 ~]# docker service update --image redis:5.0 redis
redis
```

（3）手动回滚到前一个版本，如下所示。

```
[root@manager1 ~]# docker service update --rollback redis
redis
rollback: manually requested rollback
overall progress: rolling back update: 2 out of 2 tasks
1/2: running   [>                                              ]
2/2: running   [>                                              ]
verify: Service converged
```

（4）执行 docker service ps 命令查看回滚状态，如下所示。

```
[root@manager1 ~]# docker service ps redis
ID             NAME         IMAGE        NODE       DESIRED STATE    CURRENT STATE
tq6fuppi1ilh   redis.1      redis:4.0    worker2    Running          Running 2 minutes ago
wx4cis5hvxfz   \_ redis.1   redis:5.0    worker1    Shutdown         Shutdown 2 minutes ago
94ynk3uqfccd   \_ redis.1   redis:4.0    manager1   Shutdown         Shutdown 4 minutes ago
osvk6yjkv9bt   redis.2      redis:4.0    manager1   Running          Running 2 minutes ago
gen5zol3x0iw   \_ redis.2   redis:5.0    worker2    Shutdown         Shutdown 2 minutes ago
phe0vvlagfuz   \_ redis.2   redis:4.0    worker2    Shutdown         Shutdown 4 minutes ago
```

可以发现服务升级版本后又恢复到了原来的版本。

（5）完成实验之后执行 docker service rm redis 命令删除该服务。

6. 控制服务的放置

Swarm 提供多种方式控制服务在不同节点上的规模和放置。

（1）指定服务需要运行特定数量的副本

对于复制服务，使用--replicas 选项指定要调度到可用节点上的复制任务的数量。例如，以下命令启动具有 3 个任务的 nginx 复制服务。

```
docker service create  --name my_web  --replicas 3  nginx
```

对于全局服务，调度程序在每个可用节点上放置一个任务，以满足服务的放置约束和资源要求。可以使用--mode 选项控制服务的类型，默认是复制类型。例如，以下命令启动一个服务，在集群的每个节点上运行 Alpine。

```
docker service create   --name myservice  --mode global  alpine top
```

（2）配置服务的资源要求

可以配置服务的 CPU 或内存要求，使服务只在能够满足这些需求的节点上运行。

为服务预留内存或 CPU，可使用--reserve-memory 或--reserve-cpu 选项。如果没有可用节点能够满足要求，则服务将保持挂起状态，直到有合适的节点运行其任务。

（3）配置放置约束

使用放置约束来控制可以分配给服务的节点，将服务配置为仅在具有特定元数据的节点上运行，如果没有合适的节点，则会导致部署失败。在下面的示例中，服务只在 region 标记设置为 east 的节点上运行。

```
docker service create --name my-web --replicas 1 --constraint node.labels.region==east   nginx
```

如果没有该标记的节点可用，则任务将被挂起，直到它们可用为止。--constraint 选项可使用 "=="

或 "!=" 操作符。对于复制服务，可能所有服务都运行在同一个节点上，或者每个节点只运行一个副本，或者一些节点不运行任何副本。对于全局服务，服务在满足放置约束和资源要求的每个节点上运行。

标记可以灵活描述节点的属性，其形式是"键=值"，用户可以任意指定，如为 worker2 添加标记 region=east，则应在管理器节点上执行以下命令。

```
docker node update --label-add region=east worker2
```

这样上述放置约束会将 my-web 服务均部署在 worker2 节点上运行。

（4）配置放置首选项

放置约束限制服务可以运行的节点，而放置首选项尝试按照一定算法（目前仅支持均匀分布）将任务放置在适当节点上。例如，如果为每个节点都指定一个 rack 标记，则可以设置放置首选项，以便将服务均匀地部署在有 rack 标记的节点上。

放置首选项不会被严格执行。如果没有节点具有首选项中指定的标签，则服务的部署方式与未设置放置首选项一样。对于全局服务，放置首选项将被忽略。

下面的示例设置了一个首选项，根据 datacenter 标记的值将部署分散到各个节点。如果一些节点具有标记 datacenter=east，而其他节点具有 datacenter=west，则服务将尽可能均匀地部署在这两组节点上。

```
docker service create   --replicas 9 --name redis --placement-pref 'spread=node.labels.datacenter' redis:4.0
```

放置约束、放置首选项和 CPU/内存约束可以一起使用。

7. 为服务添加绑定挂载、卷

为了获得最佳性能和可移植性，应该避免直接将重要数据写入容器的可写层，而是使用卷或绑定挂载，这一原则也适用于服务。无论使用哪种类型的挂载，在创建服务时都使用--mount 选项配置，在更新现有服务时都使用--mount-add 选项添加新的挂载，或使用--mount-rm 选项删除已有的挂载。如果不指定类型，则默认挂载卷。

（1）创建使用命名卷的服务

这里给出一个简单的示例。

```
docker service create   --name my-service   --replicas 3 \
--mount type=volume,source=my-volume,destination=/tmp,volume-label="color=red"   nginx:alpine
```

对于服务的每个副本，引擎都从部署有任务的默认卷驱动（local）中请求一个名为"my-volume"的卷，如果该卷不存在，则引擎会自动创建。任务启动后，该卷被挂载到容器中的/tmp 目录下。注意，默认的 local 卷驱动只具有本地作用域，这就意味着依据任务部署的位置，任务不是获得一个新的 my-volume 卷，就是与该服务的其他任务共享同一个 my-volume 卷。多个容器写入一个共享卷可能导致数据损坏。另外，还要考虑到容器可能被 Swarm 编排器重新调度并被部署到不同的节点的情况。

（2）创建使用匿名卷的服务

这里给出一个使用匿名卷的简单示例。

```
docker service create   --name my-service   --replicas 3 \
--mount type=volume,destination=/tmp,   nginx:alpine
```

这个示例中，没有为卷指定源（source），每个任务都会创建一个新的卷，这可以保证每个任务都获得自己的卷，该卷不能与其他任务共享。但是，使用匿名卷的任务一旦结束，匿名卷就被自动删除了，不能用来持久保存数据。

（3）创建使用绑定挂载的服务

这里给出一个使用绑定挂载的简单示例。

```
docker service create   --name my-service   --replicas 3 \
--mount type= bind,source=/path/on/host,destination=/path/in/container,   nginx:alpine
```

如果将主机路径绑定到服务的容器中，则该路径必须存在于集群的每个节点上。另外，绑定挂载不可移植。当使用绑定挂载时，不能保证应用程序在开发中以与在生产中相同的方式运行。

8. 为服务提供健康检查

在分布式系统中，经常需要利用健康检查机制来检查服务的可用性，防止其他服务调用时出现异常。Docker 拥有原生的健康检查机制，可以在 Dockerfile 中声明应用程序自身的健康检测配置，并在 Docker Swarm 模式中提供对健康检查策略的支持。

这里给出一个创建服务时指定健康检查策略的示例。

```
docker service create -d    --name myweb \
  --health-cmd "curl --fail http://localhost:80/ || exit 1" \
  --health-interval 5s    --health-retries 12    --health-timeout 2s \
  httpd
```

其中，--health-cmd string 选项指定健康检查命令；--health-interval 选项指定健康检查间隔；--health-retries int 选项指定失败重试的次数；--health-timeout 选项指定允许一次健康检查最长运行的时间。

健康检查命令可以是任何一个单独的命令，Docker 会在容器中执行该命令。如果返回 0，则容器被认为是健康的（Healthy）；如果返回 1，则容器被认为是不健康的（Unhealthy）。上面示例中如果 curl 命令检测到任何一个错误的 HTTP 状态码，则返回 1，说明健康检查失败。

9. 对外发布服务

默认情况下，Swarm 服务并没有暴露给外部网络，只能在 Docker 集群内部访问。要将服务发布到 Swarm 集群外部，可以在通过 docker service create 或 docker service update 命令创建或更新服务时使用--publish 选项来实现。基本语法如下。

```
docker service create    --name <服务名称> \
  --publish published=<发布端口>,target=<容器端口>  <镜像>
```

如果省略 published 参数，则服务任务会被指定一个随机的高位端口，具体值需要查看任务的详细信息才能确定。

这里给出一个示例，将 Nginx 容器的 80 端口对外发布到集群中任何节点的 8080 端口。

```
[root@manager1 ~]# docker service create    --name my-nginx    --publish published=8080,
target=80
  --replicas 2    nginx
v1rha3oliwcqahur0dqxyi0bf
```

然后访问任一节点的 8080 端口时，Docker 会将请求路由到一个处于活动状态的容器上。本示例中进行如下测试，结果表明可以通过 worker1 节点的 8080 端口来访问服务。

```
[root@manager1 ~]# curl 192.168.199.51:8080
<!DOCTYPE html>
<html>
<head>
<title>Welcome to nginx!</title>
......
```

发布服务端口也可使用-p 选项，它支持传统的冒号分隔语法，使用短格式参数，如下所示。

```
docker service create    --name <服务名称> -p <发布端口>:<容器端口>  <镜像>
```

10. 通过排空节点来阻止任务部署

在前面的操作中，所有节点都在可用性为活动的状态下运行。Swarm 管理器可以将任务指派给任何活动节点，所有节点都可以接收任务。在单个管理器节点的集群中，可以执行类似 docker service create

通过排空节点来阻
止任务部署

的命令，调度器会将所有任务放置到本地引擎上。要阻止调度器将任务放置到多节点集群中的某个节点（最典型的就是管理器）上，应将该节点的可用性设置为排空。调度器会停止排空模式节点上的任务，并将该任务调配给处于活动状态的节点。调度器不会将新任务分配给可用性为排空的节点。还有些场合需要将节点排空，如在计划维护期间，需要排空节点。

将一个节点设置为排空不会移除该节点上的独立容器，如那些由 docker run、docker-compose up 或 Docker 引擎 API 创建的容器，节点的状态（包括排空）只会影响节点调度 Swarm 服务负载的能力。

假设要维护 worker1 节点，下面以排空该节点为例进行示范，在管理器节点上执行以下操作。

（1）执行以下命令查验当前各节点的可用性。

```
[root@manager1 ~]# docker node ls
ID                          HOSTNAME    STATUS   AVAILABILITY   MANAGER STATUS      ENGINE VERSION
hlt0hy7pwsngnga65awu0gdyz *  manager1    Ready    Active         Leader              19.03.2
h352u76lp6ap8e4lys684e8ii    worker1     Ready    Active                             19.03.2
hzs3rai28gu3b54487b9zkjwx    worker2     Ready    Active                             19.03.2
```

（2）如果没有启动的服务，则执行以下命令部署一个服务。

```
[root@manager1 ~]# docker service create --replicas 3 --name redis --update-delay 10s redis:4.0
vlkxlyizqeijabgqosde4os56
```

（3）执行以下命令查看 Swarm 管理器如何将任务分配给不同节点。

```
[root@manager1 ~]# docker service ps redis
ID              NAME       IMAGE       NODE       DESIRED STATE   CURRENT STATE
tzlz84bf8ayq    redis.1    redis:4.0   worker2    Running         Running 34 seconds ago
tuv9wd1py8ft    redis.2    redis:4.0   worker1    Running         Running 34 seconds ago
v4mmb2nxpf2x    redis.3    redis:4.0   manager1   Running         Running 34 seconds ago
```

在这种情形下，Swarm 管理器为每个节点分配一个任务。读者可能会发现，自己的实验环境中节点之间的任务分布有所不同。

（4）使用以下命令排空已分配任务的节点。

```
[root@manager1 ~]# docker node update --availability drain worker1
worker1
```

（5）查看该节点的可用性详细信息，如下所示。

```
[root@manager1 ~]# docker node inspect --pretty worker1
ID: h352u76lp6ap8e4lys684e8ii
Labels:
 - env=test
Hostname: worker1
Joined at: 2019-12-26 11:14:56.708865709 +0000 utc
Status:
 State: Ready
 Availability: Drain                # 排空状态
......
```

被排空的节点显示的 AVAILABILITY 列的值为 Drain。

（6）执行以下命令查看 Swarm 管理器如何更新服务的任务分配。

```
[root@manager1 ~]# docker service ps redis
```

ID	NAME	IMAGE	NODE	DESIRED STATE	CURRENT STATE
tzlz84bf8ayq	redis.1	redis:4.0	worker2	Running	Running 2 minutes ago
ufwlz5n3p08f	redis.2	redis:4.0	manager1	Running	Running about a minute ago
tuv9wd1py8ft	_ redis.2	redis:4.0	worker1	Shutdown	Shutdown about a minute ago
v4mmb2nxpf2x	redis.3	redis:4.0	manager1	Running	Running 2 minutes ago

Swarm 管理器通过结束可用性为排空状态的节点上的任务，并在可用性为活动状态的节点上创建一个新的任务，来维护所期望的状态。

（7）执行以下命令将已排空的节点恢复到活动状态。

```
[root@manager1 ~]#docker node update --availability active worker1
worker1
```

（8）检查该节点以查看更新的状态，如下所示。

```
[root@manager1 ~]# docker node inspect --pretty worker1
ID:h352u76lp6ap8e4lys684e8ii
Labels:
 - env=test
Hostname: worker1
Joined at:2019-12-26 11:14:56.708865709 +0000 utc
Status:
 State:Ready
 Availability: Active                    # 活动状态
……
```

将节点可用性恢复为活动状态时，在以下情况下，它可以接收新的任务。

* 在服务扩展期间。
* 在滚动更新期间。
* 排空另一个节点时。
* 另一个活动节点上的任务失效时。

（9）执行 docker service ps redis 命令查看该服务的任务列表，发现与第 6 步操作显示的结果一致。这说明排空节点恢复到活动状态后，原来的任务并未还原到该节点。

（10）完成实验之后，执行 docker service rm redis 命令删除该服务。

任务三　配置管理 Swarm 网络

任务说明

Docker 使用 overlay 网络来管理 Swarm 集群中的 Docker 守护进程之间的通信。overlay 网络是使用 overlay 驱动程序的 Docker 网络，主机与服务、服务与服务之间通过 overlay 网络可以相互访问。管理员可以将服务连接到一个或多个现有 overlay 网络中，以启用服务之间的通信；还可以根据需要在 Swarm 集群中进一步配置和使用网络。本任务的具体要求如下。

* 了解 Swarm 模式的 overlay 网络。
* 了解 Swarm 模式的路由网。
* 理解 Swarm 服务发现的工作机制。
* 掌握自定义 overlay 网络的创建和使用方法。

知识引入

1. 容器的跨主机通信方式

容器跨主机通信可以通过对本地作用域网络进行扩展来实现。可用的具体方案如下。

- 容器使用 Docker 主机网络（host 模式），直接使用主机的 IP 地址。
- 容器使用桥接网络（bridge 模式），通过 DNAT 实现外部访问。
- 建立直接路由，即容器均使用网桥，在 Docker 主机上添加一条静态路由来实现跨主机通信。
- 容器使用 macvlan 网络，通过 MACVLAN 桥接模式建立容器接口和主机接口之间的连接，为容器提供在物理网络中可路由的 IP 地址。

以上这些方案不支持全局作用域，具有一定的局限性。更完善的容器跨主机通信解决方案是直接使用全局作用域网络，这种方式通过专门的网络驱动来建立跨主机网络。Docker 提供的原生网络驱动是 overlay，其专门用于创建支持多主机网络的分布式网络，让容器连接这种分布式网络并进行安全通信，而 Docker 透明地处理每个 Docker 守护进程与目标容器之间的数据包的路由。其他解决方案均使用 Docker 远程网络驱动，属于第三方解决方案，常用的包括 Contiv、Weave、Calico、Kuryr 和 Flannel。

overlay 是一种新的数据格式，其在不改变现有网络基础设施的前提下，通过某种约定通信协议，将二层报文封装在 IP 报文之上，以充分利用成熟的 IP 路由协议进行数据分发。overlay 采用扩展的隔离标识位数，能够突破 VLAN 数量最多 4094 个的限制，支持高达 1600 万的用户量，并在必要时可将广播流量转化为组播流量，避免了广播数据泛滥。因此，overlay 网络实际上是目前主流的容器跨节点数据传输和路由方案。

2. Swarm 模式的 overlay 网络

只要建立 Swarm 集群，并将其他节点主机加入集群，集群内的服务就自动建立了 overlay 网络。连接到同一 overlay 网络的容器，无论位于哪台主机上，都能相互通信；不同 overlay 网络内的容器之间是相互隔离的。

Swarm 模式的 overlay 网络具有以下特性。

（1）多个服务可以连接到同一个 overlay 网络。

（2）默认情况下，服务发现为每个 Swarm 服务分配一个虚拟 IP 地址和 DNS 名称，使得在同一个网络中，容器之间可以使用服务名称相互通信。

（3）可以配置使用 DNS 轮询而不使用虚拟 IP（Virtual IP，VIP）提供外部访问服务。

（4）使用 Swarm 模式的 overlay 网络，集群中各节点需要开放 TCP/UDP 端口 7946 用于容器网络发现，开放 UDP 端口 4789 用于容器 overlay 网络通信。

在 Docker 主机上初始化 Swarm 集群，或者将一个 Docker 主机加入一个现有的 Swarm 集群，都会自动在该 Docker 主机上创建以下两个网络。

- ingress 网络。该网络的驱动为 overlay，作用域为 Swarm 集群，用于处理与 Swarm 服务相关的控制流量和数据流量。ingress 是 Swarm 模式默认的 overlay 网络名称，Swarm 集群的每个节点都能使用它，如果创建的 Swarm 服务没有明确指定网络，则集群中的容器会连接到该网络。
- docker_gwbridge 网络。该网络的驱动为 bridge，作用域为本地，用于将 ingress 网络连接到 Docker 主机的网络接口，使流量可以在 Swarm 管理器节点和工作者节点之间直接传输。它是一个虚拟网桥，存在于 Docker 主机的内核中，但并不是 Docker 设备。

例如，初始化 Swarm 集群之后，管理器节点 manager1 上的网络列表如下。

```
[root@ manager1 ~]# docker network ls
NETWORK ID        NAME              DRIVER          SCOPE
```

df38ff769e7f	bridge	bridge	local
5d65956e1616	docker_gwbridge	bridge	local
ae84e6362c5f	host	host	local
gin5nent3mez	ingress	overlay	swarm
cadcd47a6f63	none	null	local

默认 overlay 网络并不是生产环境的最佳选择。在生产环境中部署服务建议使用自定义的 overlay 网络，可以使用 docker network create 命令创建用户自定义的 overlay 网络。

3. Swarm 模式的路由网

Swarm 模式使用路由网（Routing Mesh）将内部服务暴露到非容器网络（如 Docker 主机网络、主机外部网络或 Internet）中，并通过发布服务端口对外提供访问。名称为 ingress 的默认 overlay 网络就是一个路由网。将 Swarm 集群中运行的任何服务设置发布端口之后，路由网使每个节点都接收对该端口的访问请求，即使集群中的某些节点上没有运行任何任务。路由网将可用节点发布端口上的所有传入请求路由到一个活动状态的容器中。这种发布模式又称 ingress 模式，通过-p 或者--publish 选项发布服务，可以保证外部用户从 Swarm 集群内的任一节点（即使没有运行服务的副本）都能访问该服务。使用路由网时，不能确定具体由哪个 Docker 节点响应客户端请求。

也可以绕过路由网，直接在运行服务的节点上发布该服务。这种发布模式必须使用--publish 选项，并且将 mode 参数设置为 host，因而又称主机模式，所发布的服务只能通过运行服务副本的节点来访问。

4. Swarm 服务发现与服务间通信

将所有服务均对外发布，可能会将不必要的服务也同时暴露到外部环境，从而增加安全隐患。而使用服务发现，可以在集群内部实现服务之间的通信，从而让多个容器（服务任务）跨节点进行相互通信。

Docker 利用内置的 DNS 服务为 Swarm 模式下的服务任务提供服务发现功能。Swarm 模式下会为每个节点的 Docker 引擎内置一个 DNS 服务器，各个节点间的 DNS 服务通过 Gossip 协议互相交换信息，来实现容器之间的服务发现。每一个容器都有一个域名解析器，可以将域名查询请求转发到 Docker 引擎上的 DNS 服务中。Docker 引擎收到请求后，就会在发出请求的容器所在的网络中检查域名对应的是容器还是服务，然后从存储的键值库中查找对应的 IP 地址，并把这个 IP 地址（对服务来说是虚拟 IP）返回给发起请求的域名解析器。Docker 服务发现的作用范围是网络级别，这也就意味着同一个网络上的容器或服务任务才能利用内置 DNS 服务实现相互发现。

任务实现

1. 创建自定义 overlay 网络

在管理器节点上创建名为 nginx-net 的自定义 overlay 网络，如下所示。

```
[root@manager1 ~]# docker network create -d overlay nginx-net
sceob7fm6njyiok16uiald7n8
```

通过 docker network ls 命令查看该节点上已有网络的列表，发现其中有该自定义 overlay 网络，这里仅列出该网络的信息。

NETWORK ID	NAME	DRIVER	SCOPE
sceob7fm6njyiok16uiald7n8	nginx-net	overlay	swarm

不需要在其他节点上再创建该 overlay 网络，因为这些节点上的服务副本开始运行时会自动创建该网络。创建 overlay 网络可以指定 IP 地址范围、子网、网关和其他选项。

将 Swarm 服务连接到
自定义 overlay 网络

2. 将 Swarm 服务连接到自定义 overlay 网络

部署服务时如果不使用--network 选项显式声明，则服务将连接到默认的 ingress 网络。在生产环境中，建议使用自定义 overlay 网络。

（1）创建服务时指定要连接的自定义 overlay 网络

在管理器节点上执行以下命令创建连接到 nginx-net 网络的 Nginx 服务（2 个副本）。该服务对外发布 80 端口，所有服务任务容器都可以互相通信，不需要开放任何端口。

```
[root@manager1 ~]# docker service create  --name my-nginx  --publish published=8000,
target=80
--replicas=2  --network nginx-net nginx
auwh1h813vbcofbpyn43ra7ti
```

查看该服务的详细信息，可以发现该服务连接到 nginx-net 网络，如下所示。

```
[root@manager1 ~]# docker service inspect   my-nginx --pretty
......
Networks: nginx-net                          # 所连接的网络
Endpoint Mode: vip
Ports:
 PublishedPort = 80
  Protocol = tcp
  TargetPort = 8000
  PublishMode = ingress
```

其中自定义 overlay 网络的服务发布模式仍然为 ingress，即通过路由网发布。

（2）为 Swarm 服务更换 overlay 网络连接

① 执行以下命令创建一个新的 overlay 网络 nginx-net1。

```
[root@manager1 ~]# docker network create -d overlay nginx-net1
w2doiu35qpj6s9emw7k7coe64
```

② 执行以下命令更新上述 my-nginx 服务，为该服务增加一个到 nginx-net1 网络的连接。

```
[root@manager1 ~]# docker service update   --network-add nginx-net1   my-nginx
my-nginx
```

③ 查看该服务的详细信息，可以发现该服务连接到 nginx-net1 网络，如下所示。

```
[root@manager1 ~]# docker service inspect    my-nginx --pretty
......
Networks: nginx-net nginx-net1
Endpoint Mode: vip                           # 端点模式
......
```

④ overlay 网络在 Swarm 工作者节点上会随着服务的删除而自动删除，但并不会在管理者节点自动删除。在管理器节点上依次执行以下命令删除上述服务和网络，以恢复实验环境。

```
docker service rm my-nginx
docker network rm nginx-net nginx-net1
```

验证 Swarm 服务
发布模式

3. 验证 Swarm 服务发布模式

（1）使用默认的路由网发布模式

① 执行以下命令创建 2 个副本的服务并以默认的路由网模式对外发布端口。

```
[root@manager1 ~]# docker service create   --name my-nginx   --publish published=8080,
target=80
   --replicas 2   nginx
jmlo292n4l8soe88t9aprbh5x
```

② 执行以下命令查看该服务的详细信息，会发现其发布模式为 ingress。

```
[root@manager1 ~]# docker service inspect my-nginx1 --pretty
……
Ports:
 PublishedPort = 8000                    # 发布端口
  Protocol = tcp                         # 发布协议
  TargetPort = 80                        # 目标端口
  PublishMode = ingress                  # 发布模式
```

③ 执行以下命令查看该服务的任务部署情况。

```
[root@manager1 ~]# docker service ps my-nginx
ID            NAME          IMAGE         NODE        DESIRED STATE        CURRENT STATE      …
yyjzr7672vii  my-nginx.1    nginx:latest  manager1    Running              Running            …
w6ych4j9hlqk  my-nginx.2    nginx:latest  worker1     Running              Running            …
```

这里服务任务部署在 manager1 和 worker1 节点上，目前未在 worker2 节点上运行。

④ 访问 worker2（192.168.199.53）节点上的服务，发现能够正常获取结果，如下所示。

```
[root@manager1 ~]# curl http://192.168.199.53:8080
<!DOCTYPE html>
……
```

结果表明路由网生效了。访问任一节点，Docker 都会将请求路由到任何一个处于活动状态的容器上。

⑤ 执行 docker service rm my-nginx 命令删除该服务，以恢复实验环境。

（2）使用主机发布模式

① 执行以下命令创建 2 个副本的服务并以主机模式对外发布端口。

```
[root@manager1 ~]# docker service create   --name my-nginx   --publish
published=8088,target=80,mode=host   --replicas 2   nginx
trlqmpn7v8icuqhi7ri1zl9t6
```

② 执行以下命令查看该服务的详细信息，会发现其发布模式为 host。

```
[root@manager1 ~]# docker service inspect my-nginx --pretty
……
Ports:
 PublishedPort = 8088
  Protocol = tcp
  TargetPort = 80
  PublishMode = host                 # 发布模式
```

③ 执行以下命令查看该服务的任务部署情况。

```
[root@manager1 ~]# docker service ps my-nginx
ID            NAME          IMAGE         NODE        DESIRED STATE   CURRENT STATE … PORTS
lpdtbtesn08n  my-nginx.1    nginx:latest  manager1    Running         Running         … *:8088->80/tcp
```

| 0llwbpzf75l8 | my-nginx.2 | nginx:latest | worker1 | Running | Running | ... *:8088->80/tcp |

上面结果表明服务任务目前未在 worker2 节点上运行。

④ 访问 worker2（192.168.199.53）节点上的服务，发现访问被拒绝，如下所示。

[root@manager1 ~]# curl http://192.168.199.53:8088

curl: (7) Failed connect to 192.168.199.53:8088; Connection refused

这表明路由网被绕过了，只有运行服务任务的节点才能对外提供服务。

⑤ 执行 docker service rm my-nginx 命令删除该服务，以恢复实验环境。

任务四　高可用性与负载平衡配置

任务说明

在生产环境中部署和运行应用程序通常需要实现高可用性和负载平衡。Swarm 内置故障转移（Failover）策略，具备状态自动调整功能，可以轻松实现应用程序的高可用性。Swarm 支持内部的负载平衡，可在集群内的服务之间分配请求，同时支持外部负载平衡配置，以实现双层负载平衡，支持大规模的应用。本任务的具体要求如下。

- 了解 Swarm 的状态自动调整与故障转移。
- 理解 Swarm 负载平衡工作机制。
- 验证 Swarm 故障转移。
- 配置外部负载平衡器。

知识引入

1. Swarm 的高可用性

可用性意味着可靠性和可维护性，高可用性一般意味着自动检测、自动切换和自动恢复功能，以确保应用程序的持续运行。

Swarm 集群具备状态自动调整功能，管理器节点持续监控集群状态，并调整实际状态与期望状态之间的差异。故障转移是 Swarm 内置的功能，无需专门声明。创建服务时只要声明期望状态（如运行 3 个副本），无论发生什么状况，Swarm 都会尽最大努力达到这个期望状态。在 Swarm 集群中，当一个节点关闭或崩溃时，管理器节点将创建新的副本来替换该节点上失效的副本，并将新副本分配给正在运行且可用的节点，从而实现故障转移。

2. Swarm 的负载平衡

Swarm 使用 ingress 负载平衡器暴露要提供给 Swarm 集群外部用户的服务。它可以自动为服务分配一个发布端口，或者由用户为该服务配置一个发布端口，可以指定任何未使用的端口。如果不指定端口，那么 Swarm 将为该服务自动分配一个 30000~32767 范围内的高位端口号。

外部用户可以访问集群中任何节点的发布端口上的服务，Swarm 集群的所有节点会将所有传入请求路由到正在运行的任务实例中，如图 8-5 所示。ingress 网络是一个特殊的 overlay 网络，有助于服务的节点直接进行负载平衡。当 Swarm 的任何节点在已发布的端口上接收到请求时，它将该请求转发给调用的 IPVS（IP 虚拟服务）模块，IPVS 跟踪参与该服务的所有容器的 IP 地址，从中选择一个，并通过 ingress 网络将请求路由给它。Swarm 模式拥有一个内部 DNS 组件，它自动为集群中的每个服务分配一个 DNS 条目。Swarm 管理器根据服务的 DNS 名称，使用内部负载平衡器在集群内的服务之间分配请求。

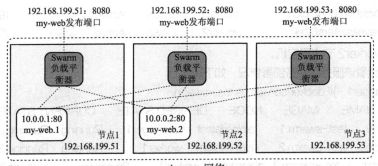

192.168.199.51：8080
my-web发布端口

192.168.199.52：8080
my-web发布端口

192.168.199.53：8080
my-web发布端口

图 8-5　Swarm 的负载平衡

3. Swarm 的端点模式

Swarm 的服务发现和负载平衡是结合到一起的，实现的机制有两种：一种是 IPVS，另一种是 DNS 轮询（DNS Round-robin）。实现的机制会影响连接到 Swarm 集群的外部客户端的服务发现方法，也就是端点模式（Endpoint Mode）。IPVS 和 DNS 轮询这两种机制对应的端点模式分别是 vip 和 dnsrr。

采用默认的 vip 端点模式，Docker 为每个服务分配了一个虚拟 IP，将其作为客户端访问网络上服务的前端，由内核 IPVS 模块实现相应的负载平衡。这个 IP 专门为某个服务指定，对应的不是一个具体的服务任务或容器。Docker 在外部客户端和可提供服务访问的工作者节点之间路由请求，用户不必知道该服务到底部署了多少个节点，以及部署任务的 IP 或端口是什么。

采用 dnsrr 模式，DNS 轮询的服务发现不使用单个虚拟 IP。Docker 为服务设置 DNS 条目，使得服务名称的 DNS 查询返回一个 IP 地址列表，并且让外部客户端直接连接到其中的一个 IP 地址。这种模式不可以再设置发布端口，也不能加入 ingress 网络，必须在服务的前端运行自己的负载平衡器。

任务实现

1. 验证服务的故障转移

可以通过验证故障转移来测试服务的高可用性。

（1）执行以下命令创建一个拥有 3 个副本的服务。

```
[root@manager1 ~]# docker service create --replicas 3 --name test-swarm
alpine ping 163.com
j5lqbuk3869427vaibg15vhvs
```

验证服务的故障转移

（2）执行以下命令查看该服务的任务部署情况。

```
[root@manager1 ~]# docker service ps test-swarm
ID           NAME          IMAGE          NODE       DESIRED STATE  CURRENT STATE …
6zlx54ewjs19  test-swarm.1  alpine:latest  manager1   Running        Running 1 minutes ago
u6qgmfpt9kcu  test-swarm.2  alpine:latest  worker2    Running        Running 1 minutes ago
sal8n2bzkv78  test-swarm.3  alpine:latest  worker1    Running        Running 1 minutes ago
```

目前服务的 3 个任务分布在 3 个节点上运行。

（3）模拟故障。这里断开 worker2 主机的网络连接来模拟故障。

```
[root@manager1 ~]# docker node ls
ID                         HOSTNAME    STATUS AVAILABILITY  MANAGER STATUS  ENGINE VERSION
hlt0hy7pwsngnga65awu0gdyz *  manager1   Ready  Active        Leader          19.03.2
```

zl2yjf00pk8yxohvmbodmclcq	worker1	Ready	Active	19.03.2
jna94eor7cexnksx4ers62zij	worker2	Down	Active	19.03.2

可以发现 worker2 节点已宕机。

（4）再次查看该服务的任务部署情况，如下所示。

```
[root@manager1 ~]# docker service ps test-swarm
ID              NAME            IMAGE           NODE        DESIRED STATE    CURRENT STATE        …
6zlx54ewjs19    test-swarm.1    alpine:latest   manager1    Running          Running 3 minutes ago
2kdmhpi17bdc    test-swarm.2    alpine:latest   worker1     Running          Running 21 seconds ago
u6qgmfpt9kcu    \_ test-swarm.2 alpine:latest   worker2     Shutdown         Running 3 minutes ago
sal8n2bzkv78    test-swarm.3    alpine:latest   worker1     Running          Running 3 minutes ago
```

可以发现，worker2 节点上名为 _ test-swarm.2 的任务的期望状态被标记为 Shutdown（已关闭），由于无法监测到 worker2 节点，因此其当前状态仍然为 Running（在运行）。而在 worker1 节点上名为 test-swarm.2 的任务正常运行，其 ID 变更为 2kdmhpi17bdc，这是一个新创建的服务任务。这说明故障转移并不是直接将一个任务从一个节点迁移到另一个节点。

（5）恢复故障节点。这里通过恢复 worker2 主机的网络连接来模拟恢复故障节点。

（6）再次查看该服务的任务部署情况，如下所示。

```
[root@manager1 ~]# docker service ps test-swarm
ID              NAME            IMAGE           NODE        DESIRED STATE    CURRENT STATE        …
6zlx54ewjs19    test-swarm.1    alpine:latest   manager1    Running          Running 5 minutes ago
2kdmhpi17bdc    test-swarm.2    alpine:latest   worker1     Running          Running 4 seconds ago
u6qgmfpt9kcu    \_ test-swarm.2  alpine:latest  worker2     Shutdown         Shutdown 35 seconds ago
sal8n2bzkv78    test-swarm.3    alpine:latest   worker1     Running          Running 5 minutes ago
```

可以发现 worker2 节点上任务的当前状态已变为 Shutdown，此时管理者节点监测到 worker2 节点的实际状态。节点在某段时间不可用后再重新连接到集群时，Swarm 并不会自动将工作负载分配给闲置节点。

配置外部负载平衡器

2. 配置外部负载平衡器

可以为 Swarm 服务配置一个外部负载平衡器。ingress 路由网内置负载平衡器，可以在此基础上再建立一层负载平衡。这里以部署 HAProxy 负载平衡软件为例，对工作者节点暴露的端口进行再次代理，实现 ingress 路由网与外部负载平衡器结合的双层负载平衡，如图 8-6 所示。实际应用中应当将外部负载平衡器部署在 Swarm 集群之外，为便于实验，这里直接部署在管理器节点上。

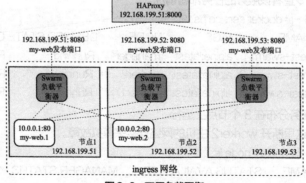

图8-6　双层负载平衡

（1）创建一个名为 haproxy 的项目目录，并切换到该目录。

（2）在该目录下创建一个名为 haproxy.cfg 的配置文件，并加入以下内容。

```
global
    daemon
    maxconn 25600
defaults
    mode http
    timeout connect 5000ms
    timeout client 50000ms
    timeout server 50000ms
#前端设置
frontend http-in
    bind *:8000                                    # 前端端口为 8000
    default_backend servers
#后端设置
backend servers
    balance roundrobin                             # 负载平衡算法采用轮询
    server node1 192.168.199.51:8080 check         # check 表示启动对此服务器执行健康状态检查
    server node2 192.168.199.52:8080 check
    server node3 192.168.199.53:8080 check
```

这里的关键是后端设置，包括在 3 个节点之间的轮询响应设置，目的是让 HAProxy 对转发到端口 8080 的 Web 服务的请求进行平衡。

（3）执行以下命令以容器方式启动 HAProxy。

```
[root@manager1 haproxy]# docker run -d --rm -v "$(pwd)"/haproxy.cfg:/usr/local/etc/haproxy
/haproxy.cfg  -p 8000:8000 --name myhaproxy haproxy
67e6d18298a190a64566214c10d5226b2cd8725ed04b6d132f4dad085d5742cf
```

其对外发布的端口为 8000。

（4）执行以下命令部署 3 个副本的 Nginx 服务，发布端口为 8080。

```
[root@manager1 haproxy]# docker service create --name my-web   --publish published=8080,
target=80 --replicas 3   nginx
pfty4ddifj7fg5ferbi917icm
```

（5）访问 HAProxy 负载平衡器并进行测试。在本地主机上访问的结果如下。

```
[root@manager1 haproxy]# curl http://127.0.0.1:8000
<!DOCTYPE html>
......
```

返回的是 Nginx 服务的结果，说明负载平衡转发成功。

在其他机器上，需要通过 HAProxy 负载平衡器的主机地址访问。例如，从外部主机访问 HAProxy 的结果如图 8-7 所示。

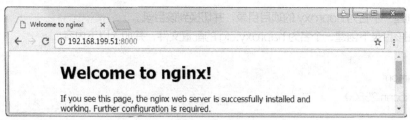

图 8-7　从外部主机访问 HAProxy

访问 8000 端口上的 HAProxy 负载平衡器时，它会将请求转发到 Swarm 节点。Swarm 的路由网将请求路由到处于活动状态的任务容器，这用到的是内部的负载平衡机制。

为 Swarm 服务配置外部负载平衡器也可以完全不使用路由网，这需要将端点模式设置为 dnsrr。在这种情形下，Docker 不再为服务创建虚拟 IP 地址，而会为服务设置 DNS 条目，DNS 服务直接利用轮询的策略将服务名称解析成一个服务实例的 IP 地址，管理员要做的工作是将 IP 地址和端口清单提供给外部负载平衡器。

任务五　使用 Docker 栈部署分布式应用程序

任务说明

在 Swarm 集群中使用 docker service 命令一次只能部署一个服务，它侧重于单个服务的多节点分布式负载平衡。Docker Compose 可以用来编排多个服务，但更适合在单个 Docker 主机上部署多服务应用程序。而 Docker Stack 可以在 Swarm 集群中一次启动多个关联的服务，实现多服务分布式应用程序的一站式部署，特别适合生产环境，如微服务架构的应用程序部署。Docker Stack 作为 Swarm 模式的一部分集成在 Docker 引擎中，不需要安装额外的软件包。Stack 可译为堆栈，这里将其译为栈。学习过 Docker Compose 后，再学习 Docker 栈的使用方法就会非常简单，因为栈就是将 Docker Compose 完全集成到 Docker Swarm 中，可用于管理应用程序的整个生命周期。本任务的具体要求如下。

* 了解 Docker 栈的背景知识。
* 了解 Docker 栈的文件格式。
* 理解 Docker Compose 与 Docker 栈的区别。
* 熟悉使用 Docker 栈部署和管理应用程序。

知识引入

1. 什么是栈

栈是一组相互关联的服务和基础设施，包括服务、网络、卷、密钥等 Docker 资源。栈可以对这些资源进行统一的部署和管理，其中的服务可以共享依赖关系，并且可以进行编排和伸缩。栈将应用程序所包含的服务（如服务的副本数、镜像、映射端口等定义）、依赖的密码、卷等资源，以及它们之间的关系定义在一个 YAML 文件中。这个文件使用与 Compose 文件相同的语法和指令，使用栈部署方式对已有的 Compose 文件稍加改造，就可以完成 Docker 集群环境下多服务的统一编排。

Docker 栈之于 Docker 服务，就相当于 Docker Compose 之于 Docker 容器。栈基于 Docker Swarm 完成应用程序的部署。栈位于 Docker 应用层级的最顶端，基于服务进行构建，而服务又基于容器运行。单个栈就能够定义和编排整个应用程序，只有非常复杂的应用程序才需要使用多个栈。

2. 栈的优势

栈是 Docker 原生的多服务应用程序部署及全生命周期管理解决方案，具有以下优势。

- 容易部署应用程序。部署应用程序只需一条 docker stack deploy 命令。栈的这种自包含特性使得在不同的 Docker 环境中部署应用程序变得极其简单。在开发、测试和生产环境中的部署都可以采用同一份 YAML 文件，而且每次部署的结果都是一致的。

- 像管理代码一样管理部署。任何对应用程序部署环境的修改都可以通过修改 YAML 文件来实现。可以将 YAML 文件纳入版本控制系统中进行管理，任何对 YAML 文件的修改都会被记录和跟踪，所有的细节都在 YAML 文件中可见。

3. 栈文件格式

栈文件是应用程序的一个自描述文件，其定义了应用程序的很多依赖要素。栈文件采用 YAML 格式，其本身就是一个 Compose 文件（要求其格式版本不低于 3.0）。其中最关键的是在 Compose 文件中使用 deploy 关键字定义服务的部署和运行的相关配置。它仅在使用 docker stack deploy 命令部署到一个集群时才起作用，而使用 docker-compose up 和 docker-compose run 命令时将被忽略。下面是一个简单的栈文件示例。

```
version: "3.7"
services:
  redis:
    image: redis:alpine
    deploy:
      replicas: 6
      update_config:
        parallelism: 2
        delay: 10s
      restart_policy:
        condition: on-failure
```

这里重点讲解 deploy 关键字的主要选项。

（1）endpoint_mode

设置端点模式，即连接到 Swarm 集群的外部客户端的服务发现方法。该选项要求 Compose 文件格式版本不低于 3.3。其默认值为 vip，表示 Docker 为服务分配独立的虚拟 IP 地址；另一个选项值是 dnsrr，表示 DNS 轮询。

（2）labels

为服务指定标记，只能对服务设置，不能对服务的任何容器设置。

（3）mode

设置服务模式是 global 还是 replicated，默认为 replicated。global 表示全局服务，每个节点只能有一个容器；replicated 表示复制服务，可以指定容器的数量。

（4）placement

为服务设置放置的约束规则（由子选项 constraints 定义）和首选项（由子选项 preferences 定义）。关于这方面的介绍请参见任务二。下面是一个简单的示例。

```
deploy:
  placement:
    constraints:                                          # 放置约束
      - node.role == manager                              # 匹配管理器角色
      - engine.labels.operatingsystem == ubuntu 14.04     # 匹配 operatingsystem 标记
```

```
        preferences:                              # 放置首选项
          - spread: node.labels.zone              # 根据节点 zone 标记的值分散到各个节点
```

（5）replicas

如果是复制服务，该选项用于指定容器的副本数量。

（6）resource

该选项用于配置资源约束。下面是一个简单的示例。

```
deploy:
  resources:
    limits:                                       # 资源限制
      cpus: '0.50'                                # 限制使用不超过 50% 的 CPU 时间
      memory: 50M                                 # 限制使用不超过 50MB 的内存
    reservations:                                 # 资源要求
      cpus: '0.25'                                # 要求至少有 25% 的 CPU 空闲时间
      memory: 20M                                 # 要求至少有 20MB 的空闲内存
```

（7）restart_policy

用于设置重启容器的策略，包含以下 4 个子选项。

- condition：重启条件，选项值可以是 none（不重启）、on-failure（失效时）或 any（不受限制），默认为 any。
- delay：尝试重启所等待的时间，默认值为 0s。
- max_attempts：放弃重启之前可尝试重启的次数，默认为 never give up（不放弃重启）。
- window：确定重启是否成功之前所等待的时间，默认为 decide immediately（立即决定）。

（8）rollback_config

用于配置更新失败时如何回滚服务，包含以下 6 个子选项。

- parallelism：同时回滚的容器数量。如果设置为 0，则所有容器同时回滚。
- delay：容器组之间回滚的等待时间，默认为 0s。
- failure_action：回滚失败时的行为，默认值为 pause（暂停），选项值还有 continue（继续）。
- monitor：每次任务更新后允许监视失败的时间，默认为 0s，表示不受限制。
- max_failure_ratio：回滚期间所允许的失败率，默认为 0。
- order：回滚期间的操作顺序，值可以是 stop-first（启动新任务之前停止旧任务）或 start-first（首先启动新任务，正在运行的任务短暂重叠），默认值为 stop-first。

（9）update_config

用于定义服务如何升级，提供与 rollback_config 相同的 6 个选项。其中 failure_action 定义升级失败时的行为，值可以是 continue、rollback（回滚）或 pause，默认值为 pause。

4. 栈文件与 Docker Compose 的 Compose 文件

除了 deploy 关键字之外，栈文件与 Docker Compose 的 Compose 文件还有以下不同之处。

（1）不支持的关键字和选项

Compose 文件中的 build、cgroup_parent、container_name、devices、tmpfs、external_links、links、network_mode、restart、security_opt、sysctls 和 userns_mode 关键字和选项不被 docker stack deploy 命令或 deploy 关键字支持。

（2）卷的定义和使用

在栈文件中使用卷时，要注意支持服务的任务容器都可以被部署在集群中的任何节点上，每当服务更新时，任务容器所在的节点可能不同。

在没有指定源的命名卷的情况下，Docker 为支持服务的每个任务创建一个匿名卷。当关联的容器被删除后，匿名卷不能持久保存数据。

如果要持久保存数据，应使用命名卷和支持多主机的卷驱动，这样就可以从任意节点访问数据。或者对该服务设置放置约束，使任务在提供卷的节点上部署。

下面给出一个简单的栈文件示例，定义一个名为 db 的服务运行 postgres 数据库。所配置的命名卷用于在集群中保存数据，并被限制到管理器节点上运行。

```
version: "3.7"
services:
  db:
    image: postgres:9.4
    volumes:
      – db-data:/var/lib/postgresql/data
    networks:
      – backend
    deploy:
      placement:
        constraints: [node.role == manager]
```

（3）网络的定义和使用

Docker 根据某个栈文件部署应用程序时，首先会检查 networks 关键字对应的网络。如果对应网络不存在，则 Docker 会自动进行网络创建。

5. Docker 栈和 Docker Compose 的区别

对用户来说，从 Docker Compose 切换到 Docker 栈非常容易。虽然栈可以使用 Docker Compose 的配置文件，但两者的区别也非常明显。

（1）Docker Compose 可以构建镜像，更适用于开发场景和多服务的单机部署。Docker 栈不支持构建指令，无法构建新的镜像，要求镜像已构建并发布到镜像注册中心，更适合生产环境和多服务的集群部署。

（2）Docker Compose 支持 3.0 版本以下的 Compose 文件格式，而 Docker 栈要求 Compose 文件格式的版本不低于 3.0。

（3）Docker Compose 是一个独立的工具，需要安装，而 Docker 栈作为 Swarm 模式的一部分，无需安装。

6. Docker 栈操作命令

Docker 栈操作命令的基本语法格式如下。

docker stack [选项] 子命令

选项有两个，一个是--kubeconfig，用于指定 Kubernetes 配置文件，以便部署到 Kubernetes 集群中；另一个是--orchestrator，用于指定所用的编排器，默认为 Swarm。

完整的栈操作命令如下。

- docker stack deploy：根据栈文件部署新的栈或更新现有栈。
- docker stack ls：列出集群中现有的全部栈，包括每个栈拥有多少个服务。
- docker stack ps：列出栈中任务的部署信息，包括任务在节点的分布情况，以及期望状态和当前状态。
- docker stack rm：删除一个或多个栈。
- docker stack services：列出栈中的服务。

7. 使用 Docker 栈部署和管理应用程序的基本方法

使用 Docker 栈跨主机部署应用程序时，不能像 Docker Compose 那样直接在运行时构建镜像，而需要使用现成的镜像。容器在哪台主机上启动，由 Swarm 管理器根据算法策略自动决定。完整的部署流程如下。

（1）准备应用程序镜像。如果需要构建自己的镜像，则可使用 docker build 命令基于 Dockerfile 文件构建，也可以通过 docker-compose build 命令基于 Compose 文件构建。

（2）将镜像推送到 Docker 注册中心。

（3）编写栈文件，然后使用 docker stack deploy 命令一键部署。栈文件中包含了构成应用程序所需的全部服务和基础设施。对于开发、测试和生产等不同的环境而言，可以维护多个相应的栈文件。

（4）对于已部署应用程序的更新，应当先修改栈文件，再用 docker stack deploy 命令一键更新。

微服务架构的应用程序最适合使用容器集群部署，如 Spring Cloud 应用程序。Spring Cloud 涉及多个组件，如用于服务发现的 Netflix Eureka、用于客户端负载均衡的 Netflix Ribbon、用作断路器的 Netflix Hystrix、用作服务网关的 Netflix Zuul 和用于分布式配置的 Spring Cloud Config 等，这些组件可在集群中以分布方式进行部署和管理。首先完成 Spring Cloud 项目的代码开发，然后为不同的组件编写 Dockerfile，准备其他上下文以完成镜像的构建，最后编写栈文件完成整个应用程序的部署。

使用 Docker 栈发布
简单的服务

任务实现

1. 使用 Docker 栈发布简单的服务

这里通过 Docker 栈在集群中发布一个 Nginx 服务，作为示范，这里仅部署 2 个副本。

（1）创建一个名为 nginx-stack 的项目目录，并切换到该目录下。

（2）在该目录下创建一个栈文件，命名为 nginx-stack.yml，并加入以下定义。

```
version: "3"
services:
  web:
    image: nginx: 1.16
    ports:
     – 8080:80
    deploy:
      mode: replicated
      replicas: 2
      placement:
        constraints: [node.role == worker]
```

最后一行定义了放置约束，要求将服务部署在工作者节点上。

（3）执行以下命令创建栈。

```
[root@manager1 nginx-stack]# docker stack deploy --compose-file nginx-stack.yml   nginx-stack
Creating network nginx-stack_default
Creating service nginx-stack_web
```

执行 docker stack deploy 命令，需要使用--compose-file（短格式为-c）选项来指定栈文件。

最后一个参数是栈名。每个网络、卷和服务的名称都以栈名作为前缀，所有资源名称的格式都为"栈名_资源名"。

从创建栈的过程来看，网络是先于服务创建的，这是因为服务依赖于网络，所以网络需要在服务启动前创建。由于栈文件中没有明确定义网络，因此这里会自动创建一个默认的网络 nginx-stack_default。

（4）执行 docker stack ls 命令检查集群中当前有哪些栈，如下所示。

```
[root@manager1 nginx-stack]# docker stack ls
NAME              SERVICES           ORCHESTRATOR
nginx-stack       1                  Swarm
```

这会列出 Swarm 集群中的全部栈，包括栈的名称、每个栈的服务数量和所用的编排器。

（5）使用 docker stack ps 命令查看栈的任务部署情况，如下所示。

```
[root@manager1 nginx-stack]# docker stack ps nginx-stack
ID            NAME              IMAGE        NODE      DESIRED STATE    CURRENT STATE
86hythnqo7p7  nginx-stack_web.1 nginx:1.16   worker1   Running         Running 4 minutes ago
ou1hbz5ibv9l  nginx-stack_web.2 nginx:1.16   worker2   Running         Running 4 minutes ago
```

可见该栈有两个任务分别部署在两个工作者节点上，且正常运行。

（6）使用 docker stack services 命令查看栈的服务部署情况，如下所示。

```
[root@manager1 nginx-stack]# docker stack services nginx-stack
ID            NAME              MODE         REPLICAS    IMAGE        PORTS
pv64n8vdgxso  nginx-stack_web   replicated   2/2         nginx:1.16   *:8080->80/tcp
```

（7）查看创建栈所生成的网络的详细信息，如下所示。

```
[root@manager1 nginx-stack]# docker network inspect nginx-stack_default
[
    {
        "Name": "nginx-stack_default",
        "Id": "ry1pp6lsey9ntapo9fd5qsmsz",
        "Created": "2019-12-30T09:42:23.775756288Z",
        "Scope": "swarm",
        "Driver": "overlay",
        "EnableIPv6": false,
        "IPAM": {
            "Driver": "default",
            "Options": null,
            "Config": [
                {
                    "Subnet": "10.0.0.0/24",
                    "Gateway": "10.0.0.1"
                }
            ]
        },
        ......
        "Options": {
            "com.docker.network.driver.overlay.vxlanid_list": "4097"
        },
```

```
        "Labels": {
            "com.docker.stack.namespace": "nginx-stack"
        }
    }
]
```

可见，这是一个作用域为 Swarm 的 overlay 网络。

（8）访问该服务进行实测，如下所示。

```
[root@manager1 nginx-stack]# curl http://192.168.199.51:8080
<!DOCTYPE html>
......
```

Docker 内置路由网，访问 Swarm 集群中任一节点的 8080 端口都可路由到该应用程序。

（9）修改栈文件，这里将最后 3 行修改如下。

```
    replicas: 1
    placement:
        constraints: [node.role == manager]
```

这样将减少一个副本，且将任务部署到管理器节点上。

（10）再次运行上述创建栈的命令，将更新该栈的部署；如下所示。

```
[root@manager1 nginx-stack]# docker stack deploy --compose-file nginx-stack.yml   nginx-stack
Updating service nginx-stack_web (id: pv64n8vdgxsobystcx0wcnnc9)
```

（11）再次使用 docker stack ps 命令查看栈的任务部署情况，如下所示。

```
[root@manager1 nginx-stack]# docker stack ps nginx-stack
ID              NAME              IMAGE         NODE        DESIRED STATE      CURRENT STATE
4ajywgr7labh    nginx-stack_web.1    nginx:1.16    manager1    Running        Running 2 minutes ago
86hythnqo7p7   \_ nginx-stack_web.1 nginx:1.16    worker1      Shutdown       Shutdown 2 minutes ago
```

这时会发现只在管理器节点部署了一个任务，原 worker1 节点上的服务也被关闭了。

（12）执行 docker stack rm 命令删除该栈，如下所示。

```
[root@manager1 nginx-stack]# docker stack rm nginx-stack
Removing service nginx-stack_web
Removing network nginx-stack_default
```

可以发现，该栈创建的服务和网络都被删除了，而且服务先于网络删除。

2. 使用 Docker 栈部署应用程序及容器监控系统

使用 Docker 栈部署
应用程序及容器
监控系统

生产环境中很少仅部署单个服务。下面的示例展示多服务多节点的栈部署，使多个服务相互关联，并在多台主机上运行。这里用到两个监控工具，一个是 Visualizer，用于直观地显示 Swarm 集群中节点的状态和节点上运行容器的状态，另一个是 Portainer，它作为 Docker 图形化管理工具，提供状态显示面板、应用模板快速部署、容器镜像网络数据卷的基本操作、事件日志显示、容器控制台操作、Swarm 集群和服务等集中管理和操作、登录用户管理和控制等功能，能够满足中小规模容器监控的需求。

（1）创建一个项目目录，命名为 appmon-stack，并切换到该目录下。

（2）在该目录下创建一个栈文件，命名为 appmon-stack.yml，并加入以下定义。

```
version: "3"
```

```
services:
  web:
    image: httpd
    ports:
      - 8000:80
    networks:
      - frontend
      - backend
    deploy:
      mode: replicated
      replicas: 3
  redis:
    image: redis:alpine
    ports:
      - "6379"
    networks:
      - frontend
    deploy:
      replicas: 2
      update_config:
        parallelism: 2
        delay: 10s
      restart_policy:
        condition: on-failure
  db:
    image: postgres:9.4
    volumes:
      - db-data:/var/lib/postgresql/data
    networks:
      - backend
    deploy:
      placement:
        constraints: [node.role == manager]
  visualizer:
    image: dockersamples/visualizer
    ports:
      - "8080:8080"
    stop_grace_period: 1m30s
    volumes:
      - "/var/run/docker.sock:/var/run/docker.sock"
    deploy:
      replicas: 1
      placement:
```

```
          constraints: [node.role == manager]
    portainer:
      image: portainer/portainer
      ports:
        - "9000:9000"
      volumes:
        - "/var/run/docker.sock:/var/run/docker.sock"
      deploy:
        replicas: 1
        placement:
          constraints: [node.role == manager]
networks:
  frontend:
  backend:
volumes:
  db-data:
```

应用程序由 httpd、redis 和 postgres 组合而成，redis 和 postgres 分别连接前端和后端网络，而 httpd 则同时连接前端和后端网络。postgres 数据库部署在管理器节点上，且挂载一个命名卷。作为示范，该架构比较简单。

将监控工具 Visualizer 和 Portainer 部署到管理器节点上，连接默认创建的网络。其中 volumes 关键字绑定挂载/var/run/docker.sock，让 Visualizer 和 Portainer 访问 Docker 主机套接字文件，从而获得监控容器的能力。

Visualizer 服务的定义使用了 stop_grace_period 关键字，用于指定在发送了 SIGTERM 信号之后容器退出等待的时间，默认为 10s，这里增加到 1min30s，可以使该服务更平稳地停止下来。

（3）执行以下命令部署整个应用程序。

```
[root@manager1 appmon-stack]# docker stack deploy -c appmon-stack.yml appmon-stack
Creating network appmon-stack_default
Creating network appmon-stack_frontend
Creating network appmon-stack_backend
Creating service appmon-stack_web
Creating service appmon-stack_redis
Creating service appmon-stack_db
Creating service appmon-stack_visualizer
Creating service appmon-stack_portainer
```

在部署栈的过程中，依次创建所需的网络和所要求的服务。

（4）部署成功之后，查看部署情况，如下所示。

```
[root@manager1 appmon-stack]# docker stack ps appmon-stack
ID                NAME                       IMAGE                               NODE
DESIRED STATE     CURRENT STATE
vlnxokf9u60e      appmon-stack_portainer.1   portainer/portainer:latest          manager1
Running           Running …
xy1tpv35jn3x      appmon-stack_visualizer.1  dockersamples/visualizer:latest     manager1
```

Running	Running ···		
a6qogzcy0fqj	appmon-stack_db.1	postgres:9.4	manager1
Running	Running ···		
firpy0y3cz5v	appmon-stack_redis.1	redis:alpine	worker2
Running	Running ···		
9zy4uywxt0b2	appmon-stack_web.1	httpd:latest	manager1
Running	Running ···		
x6e3m1slbopq	appmon-stack_redis.2	redis:alpine	manager1
Running	Running ···		
jej64tz39wym	appmon-stack_web.2	httpd:latest	worker2
Running	Running ···		
i9a1v5q39a5p	appmon-stack_web.3	httpd:latest	worker1
Running	Running ···		

（5）在浏览器中访问监控工具进行实测。由于有 Swarm 路由网支持，因此可通过集群中任一节点的端口 8080 访问 Visualizer，如图 8-8 所示，使用 Visualizer 显示的任务部署情况与使用 docker stack ps 命令查看的结果一致。

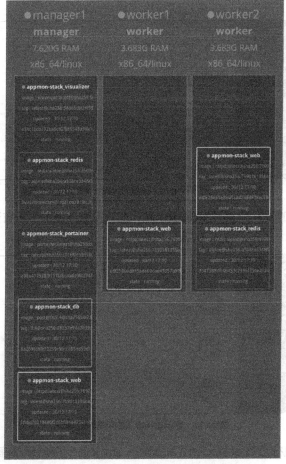

图 8-8　使用 Visualizer 显示节点及其任务的状态

可通过集群中任一节点的端口 9000 访问 Portainer，首次访问 Portainer 需要创建一个用户账号，根据提示操作即可。创建账号并成功登录之后，显示图 8-9 所示的界面，选择要监管的 Docker 环境，这里选择监管本地的 Docker 环境。

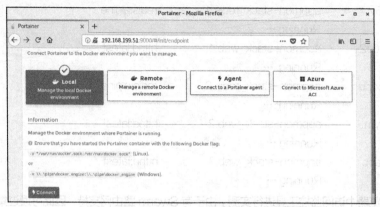

图 8-9　选择 Portainer 要监管的 Docker 环境

单击"Connect"按钮连接到 Docker 环境之后，页面显示 Docker 环境的基本信息，如图 8-10 所示。

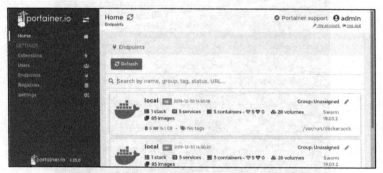

图 8-10　访问 Portainer 获取 Docker 环境的基本信息

可根据需要查看和管理其他配置选项或信息，如显示该环境下的所有资源清单，如图 8-11 所示。

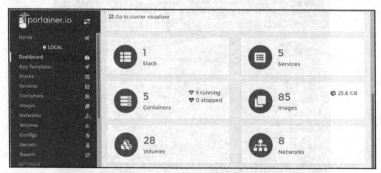

图 8-11　显示该环境下的所有资源清单

（6）实验完毕，执行 docker stack rm appmon-stack 命令删除栈以恢复实验环境。

项目实训

项目实训一　建立 Swarm 集群并测试服务创建

实训目的

- 掌握建立 Swarm 集群的方法。
- 掌握 Swarm 服务的创建方法。

实训内容

- 准备 3 个节点的集群环境。
- 在管理器主机上初始化集群。
- 将另两个节点以工作者角色加入集群。
- 查看集群节点的信息。
- 使用 docker service create 命令将基于 httpd 镜像的 3 个副本的服务部署到集群中。
- 查看服务的部署情况和运行状态。
- 删除刚创建的服务。

项目实训二　使用 Docker 栈在集群中部署 WordPress

实训目的

- 掌握栈文件的编写方法。
- 使用 docker stack deploy 命令部署应用程序。

实训内容

- 参考项目五任务一使用 Docker Compose 部署 WordPress 的过程。
- 对 docker-compose.yml 文件进行修改，增加 deploy 关键字定义，将 db 服务部署在管理者节点上，将 WordPress 以 2 个副本的形式部署在工作者节点上。
- 基于该栈文件使用 docker stack deploy 命令一键部署。
- 从任一节点通过浏览器访问 WordPress 进行实测。
- 修改 docker-compose.yml 文件，将 WordPress 的副本数增加到 3。
- 基于修改的栈文件使用 docker stack deploy 命令一键更新原来的部署。
- 删除栈。

项目总结

通过本项目的实施，读者应当掌握 Docker Swarm 集群的建立和维护方法，熟悉应用程序在集群中的部署和管理。Swarm 集群的最大优势是复杂的分布式应用程序可以在跨主机的生产环境中自动化部署和管理，只需一个栈文件就可以定义复杂的多服务应用程序，只需一条 docker stack deploy 命令就可以基于栈文件完成应用程序的部署。Docker 适用于开发和测试，而 Docker 栈则适用于大规模场景和生产环境。Swarm 集群的扩展功能还包括管理敏感数据和服务配置数据，目的是将数据与服务解耦，以提高安全性和管理性，限于篇幅，本项目对此没有进行介绍，感兴趣的读者可查阅官方文档进行学习。